人物形象设计系列教材

化妆品化学

吴星 顾问　宋金海 主审
郑民 主编　邱明 副主编

中国轻工业出版社

图书在版编目（CIP）数据

化妆品化学 / 郑民主编. —北京：中国轻工业出版社，2024.9

人物形象设计系列教材

ISBN 978-7-5019-8936-2

Ⅰ. ①化… Ⅱ. ①郑… Ⅲ. ①化妆品—应用化学—教材 Ⅳ. ①TQ658

中国版本图书馆CIP数据核字（2012）第177540号

责任编辑：史祖福　　责任终审：张乃柬　　设计制作：锋尚设计
策划编辑：史祖福　　责任校对：燕　杰　　责任监印：张京华

出版发行：中国轻工业出版社（北京鲁谷东街5号，邮编：100040）
印　　刷：河北鑫兆源印刷有限公司
经　　销：各地新华书店
版　　次：2024年9月第1版第8次印刷
开　　本：889 × 1194　1/16　印张：13.75
字　　数：316千字
书　　号：ISBN 978-7-5019-8936-2　定价：38.00元
邮购电话：010-85119873
发行电话：010-85119832　010-85119912
网　　址：http://www.chlip.com.cn
Email：club@chlip.com.cn

241592J2C108ZBW

前 言

为了确保职业教育的教学质量，适应我国职业教育事业的快速发展，本书作为五年制高职学校的人物形象设计专业教材，力求贯彻培养目标，适合教学实际，努力提高学生的科学文化素养和专业理论知识，为今后的学习、进修和工作打下坚实基础。

本教材编写时注意广泛吸取了同类、同层次教材的长处，做好与初中化学课程的衔接，适应生源变化的实际，适当降低理论起点，致力于基础性和实用性的和谐统一，力求做到“重视基础、突出应用、反映前沿”，既能保证学生应有的科学文化素质，又能为学生的学科学习、终身学习和今后的自主发展打好基础。在教学内容的安排和取舍上遵循“尊重学科，但不恪守学科”的原则，删旧增新，适当减少理论推导，着重阐明实际应用价值，注意与专业课程的对接，力求做到立足实践与应用，拓宽基础知识面，强化能力训练和迁移，使一般能力的培养与职业能力的培养相结合。

本教材在初中化学知识的基础上，进一步加深化学的基础知识、基本理论和基本实验技能的学习与训练，提高学生的学习兴趣。编写过程中尽量结合专业操作和日常生活中的具体实例，并努力做到深入浅出，通俗易懂。教材遴选了一定数量的阅读材料与借鉴案例，每个项目的任务之后附有练习题。另外，本教材还安排了10个相关的学生实验，以提高学生的实际动手操作技能。

本教材由江苏省扬州商务高等职业学校副校长宋金海副教授担任主审，郑民副教授担任主编，负责教材的大纲编排、全书统稿并编写了其中部分内容。参加本教材编写的有：国家税务总局扬州税务进修学院的邱明、江苏省扬州商务高等职业学校的冯小兰、顾瑛、杨冬梅和陈彪等教师。特聘扬州大学化学化工学院吴星教授担任顾问，审读教材并提出了非常宝贵的建议和意见，在此一并表示感谢。

由于编者水平所限，缺点和不足在所难免，在使用过程中恳请广大师生提出宝贵建议和改进意见。

编者

二○一二年六月

目录

绪　论

改革开放以来，随着人民生活水平的不断提高，我国美容美发行业的兴起异常迅猛，研究科学健康地美化人们的肤色与发型，已成为一门新兴的学科。美容美发已经从单纯使用油与水结合的膏体状化妆品发展到现在与生物学、医学、美容学紧密结合的新兴产业。从单纯性的洁肤、护肤、美肤作用发展到功效性化妆品，化妆品的“回归大自然”是一种发展趋势。“化妆品化学”学科作为五年制高职“人物形象设计”专业一年级学生的专业基础理论课，对于他们掌握和了解化妆用品的成分、性质、变化及用途是非常重要的。

一　化妆品的定义与作用

根据2007年我国卫生部《化妆品卫生规范》对化妆品的定义，化妆品是以涂抹、喷洒或其他类似方法，施于人体表面任何部位（皮肤、毛发、指甲、口唇等），以达到清洁、消除不良气味、护肤、美容和修饰目的的日用化学工业产品。其主要作用如下。

（1）清洁作用　去除皮肤、毛发、口腔和牙齿上面的垢物，以及人体分泌与代谢过程中产生的不洁物质。如清洁霜、洗面奶、洁面乳、香波等。

（2）护肤作用　保护皮肤及毛发等，使其滋润、柔软、光滑、富有弹性，以抵御寒风、烈日、紫外线等损害，增加皮肤的功能，防止皮肤干裂、毛发枯断。如雪花膏、润肤霜、面膜、奶液、防晒霜、护发素等。

（3）养肤作用　补充皮肤和毛发的营养，增加细胞活力，保持皮肤水分，延缓皮肤衰老，防止脱发等。如美容霜、面膜、发乳等。

（4）美容作用　美化皮肤及毛发，增加皮肤魅力，散发香气、改变皮肤异味。如粉底霜、香水、唇膏、发胶、摩丝、染发剂等。

（5）特殊作用　有育发、染发、烫发、脱毛、美乳、保养、除臭、祛斑、防晒等作用。如防晒霜等。

二 化妆品的发展历史

中世纪时期，欧洲人认为皮肤洁白才是贵族的风采。17世纪时，欧洲流行擦香粉，妇女们用蛋白和香粉搅拌后，抹在皮肤上，以为越厚越好。英国女王伊丽莎白一世，不仅在脸部涂有厚厚的粉层，而且还在粉层上轻轻勾画出微血管，宛如半透明的皮肤。19世纪时，一度用碳酸铅来制造香粉，可是它含铅有毒，结果浓妆艳抹几年，容颜反而给毁了。

中国古代妇女修饰容颜的习惯历史悠久，化妆品也一向自给自足，大多以天然植物、动物油脂、香料等为原料，经过煮沸、发酵、过滤等步骤而制成。使用美容化妆品不仅仅是为了装饰打扮，也有矫正人体生理缺陷的作用。在我国清宫秘方中，护肤用的“面手脂膏”中，除加珍珠粉外，还加有猪蹄胶，以达到消除、延缓皮肤皱纹的目的。慈禧太后用的搓脸粉，据说是用精选米粒磨粉精制而成。胭是一种化妆用的红色颜料，脂是油膏。胭脂最早产于燕国，因此又称“燕脂”。

如今，市售化妆品多数是从石油副产品或矿物质中提取原料，加上甘油和芳香剂等制成。虽种类繁多、日新月异，但据成分和结构来看，以乳剂型为多，都能使油和水发生乳化作用。若长期使用此类化妆品，对皮肤有一定刺激，会使之粗糙。

近年来，含药化妆品的崛起，引起人们很大的兴趣，最突出的是其中掺入了一些中草药成分，既能美容，又能治疗某些皮肤病。如人参泡沫剂是一种刺激剂，可以增进人体血液循环，使毛细血管和小动脉扩张，从而增加了皮肤的营养。维生素也是人体不可缺少的营养物质，可以直接用在皮肤上。实践证明，皮肤外用维生素，可以延缓皮肤衰老，治疗皮肤干燥、长鳞屑、生皱纹等维生素缺乏症。

三 常用化妆品种类

1. 按使用功用分类

化妆品按使用功能分类，一般可分为清洁、护肤、营养、药物、美容和美发等六大类。

（1）清洁类　为了保护皮肤健美，首先要使皮肤清洁。清洁类有皂类洗涤剂、液体洗涤剂、清洁霜等。如香皂、透明皂、清洁奶液、泡沫液等。

（2）护肤类　皮肤是否滋润、光滑、健美与皮肤内水分含量、皮肤腺分泌的多少及皮肤天然调湿因子的多少有密切关系。护肤品的种类有膏霜类和脂类。如雪花膏、香霜、护肤霜、奶液、冷霜、防水霜、防油霜、防纹霜、防晒霜、柠檬香霜、营养香霜、清凉香脂等。

（3）营养类与药物类　此类化妆品的特点是给人们的皮肤提供营养或治疗作用。常见有人参霜、珍珠霜、蜂皇霜、银耳霜、胎盘霜、灵芝霜、丝素膏、雀斑霜、粉刺霜、痱子粉、祛臭剂、抑汗剂等。

（4）美容类　该类化妆品是起美化作用的。如香粉、胭脂、唇膏、香水、眉笔等。

（5）美发类　这类化妆品能美化头发。常用的有护发素、发油、发胶、发蜡、发乳、染发香波、烫发剂、润发液、卷发液、蓬松剂等。

2. 按外部基本形态分类

化妆品按外部基本形态分类，可分为气溶胶类、水剂、乳剂、油剂、膏霜类和粉类。

3. 按对象年龄分类

化妆品按对象年龄分类，可分为婴儿用化妆品、少年用化妆品和成人用化妆品。

四 化妆品常用化学原料

化妆品是由多种化学原料经配方加工制成的。化妆品质量的优劣，除了受配方、加工技术及制造设备等条件影响外，主要决定于所采用的化学原料的质量。用于化妆品的原料种类繁多，而且不断有新的原料面世，但一般来讲，化妆品中最基本的化学原料有如下七类：

1. 油脂和蜡类

油脂和蜡类原料是组成膏霜类化妆品以及发蜡、唇膏等油蜡类化妆品的基本原料，主要起护肤、润滑等作用。化妆品中使用的油脂和蜡多为天然产物，如椰子油、橄榄油、羊毛脂、蜂蜡、鲸蜡等。

2. 粉类

粉类原料都是有一定细度的无机化合物，是组成香粉、爽身粉、胭脂等化妆品基体的原料。主要起遮盖、滑爽、吸收等作用。如滑石粉、高岭土、钛白粉、氧化锌等。

3. 香水类

香水类原料是组成香水、发油等液体化妆品基体的原料，主要起溶解，稀释等作用。在化妆品中常用的是乙醇。

4. 乳化剂

乳化剂是使油脂、蜡与水合制为乳化体的原料。如冷霜、雪花膏、奶液等是水和油的乳化体。乳化剂的作用主要是促使乳化体的形成，提高乳化体的稳定性；其次是控制乳化类型，即油包水型或水包油型。

5. 香精

香精是赋予化妆品一定香气的原料。香精是由各种原料调配混合而成。化妆品用的香精有天然与合成两种，天然的取自动植物，如麝香、海狸香、灵猫香、茉莉油、玫瑰油等；合成香料则是通过化学合成的方法制得的。

6. 色素

色素是赋予化妆品一定颜色的原料。人们选择化妆品往往凭视、触、嗅等感觉，而颜色是视觉最敏感的部分，因此色素对化妆品极为重要。化妆品用色素可分为合成色素、无机色素和天然色素三类。

7. 防腐剂和抗氧化剂

防腐剂和抗氧化剂是防止化妆品变质的原料。防腐剂能防止微生物的生长，抗氧化剂能防止油脂酸败。由于大多数化妆品均含有水分，此外还有胶质、脂肪酸、蛋白质、维生素等均易受微生物的作用而变质，因此在化妆品中必须加入一定量的防腐剂和抗氧化剂，其中防腐剂尤为必要。

五 化妆品中的有害化学物质

随着科学的进步，化妆品的功能逐渐由简单的美容修饰作用向功能性方面延伸，出现了多种用途特殊的化妆品。根据《化妆品卫生规范》的规定，共列出在化妆品组分中禁用的化学物质有1286种，限用的化学物质有313种。这些物质具有强烈的毒性、致突变性、致癌性、致畸性，或者对皮肤、黏膜可能造成明显损伤，或者有特殊的而化妆品中不希望具有的生物活性。在此，主要介绍一些禁用和限用的化学物质的毒性及临床表现。

1. 某些禁用物质的毒性及临床表现

（1）汞及其化合物　作为杂质存在其限量为小于1 mg/kg。但是，鉴于硫柳汞（乙基汞硫代水杨酸钠）具有良好抑菌作用，允许用于眼部化妆品和眼部卸妆品，其最大允许使用浓度为0.007%（以汞计）。硫化汞是一种红色颜料，一般添加在口红、胭脂等化妆品中可使其颜色鲜艳持久；氯化汞具有洁白、细腻之特点。汞离子能干扰人体皮肤内酪氨酸变成黑色素的过程，一般被添加于增白、美白、祛斑化妆品中。汞超标易引起人体疲劳、乏力、嗜睡、淡漠、情绪不稳、头痛、头晕、震颤等症状，同时伴有血红蛋白含量及红细胞、白细胞数降低、肝脏受损等现象发生。

（2）砷及其化合物　生产过程中，化妆品原料和化妆品易被砷污染，作为杂质，砷在化妆品中的限量为10 mg/kg（以砷计）。砷及其化合物被认为是致癌物质，长期使用含砷高的化妆品可引起皮炎、色素沉积等皮肤病，最终导致皮癌。中毒表现为末梢神经炎症状，如四肢疼痛、行走困难、肌肉萎缩、头发变脆易脱落，皮肤色素高度沉着，手掌脚跖皮肤高度角化，赘状物增生，皲裂，溃疡经久不愈，可以转变皮肤癌，并可能死于合并症。

（3）铅及其化合物　铅能增加肤色的洁白，所以一般被添加于增白、美白化妆品中。但在化妆品中含量不得超过40 mg/kg（以铅计），含乙酸铅的染发剂在染发制品中含量必须小于0.6%（以铅计）。其通过皮肤吸收而危害人类健康。主要表现为食欲不振、口内金属味、铅性面容、齿龈铅线、腹绞痛、恶心、呕吐、腹泻；血色素低，正常红细胞型贫血或小细胞型贫血，出现点彩红细胞、网络红细胞增多；中毒性肝炎、肝肿大或黄疸，肾脏也有一定的损害，造成少尿、无尿、血红蛋白尿，引起肾炎或肾萎缩，还可造成心肌损伤，出现心衰。

（4）镉及其化合物　作为杂质成分，在化妆品中含量不得超过40 mg/kg（以镉计）。金属镉的毒性很小，但镉的化合物属剧毒，尤其是氧化物。主要临床表现为高血压、心脏扩张和早产儿死亡，诱发肺癌。

2. 某些限用物质的毒性及临床表现

（1）甲醇　作为溶剂添加在香水及喷发胶系列产品中，允许浓度为2000 mg/kg。甲醇（又名木醇或木精）主要经呼吸道和胃肠道吸收，皮肤也可部分吸收。甲醇吸收至体内后，其氧化速度是乙醇的1/7，最后代谢产物为甲醛和甲酸。甲醇具有明显的麻醉作用，可引起脑水肿；引起视神经萎缩，导致双目失明等。

（2）氢醌（对苯二酚）　氢醌作为去除雀斑和杀菌剂是有一定危险的，允许使用范围及限制条件是染发用的氧化着色剂，在化妆品中最大允许浓度为2%。氢醌是苯在人体内代谢所产生的主要中间代谢物之一，这些苯的代谢物与苯的致白血病等肿瘤的性质直接相关。此外，1-甲基氢醌和2-甲基氢醌有吸收紫外线的性质，因此其有可能作为防晒剂使用，动物实验表现，这两种化合物会致生长减慢。

3. 化工原料的毒性刺激及临床表现

化妆品原料包括油、水、乳化剂、化学添加剂、粉质、香料、颜料等化工原料，各种成分采用不同比例混合并经过乳化及粉碎、碾磨、混合等物理方法最终制成各种产品。化学添加剂中诸如防腐剂、表面活性剂、抗氧化剂、收敛剂、抗干燥剂等都可引起皮肤损伤。此外，染发剂中的对苯二胺、化妆品基质中的羊毛脂、丙二醇可引起变态反应性接触性皮炎。此外化妆品中某些成分尚有诱发基因突变的作用。法国某研究所分析了169种染发剂、发现其中156种具有致癌潜能，长期接触此类物质可能诱发癌症。

化妆品中的有害物质主要来自化妆品的化工原料、添加的禁用和超量使用限用的化学物质，轻者刺激皮肤，使之红斑、水肿，重者致畸、致癌。

美容美发化妆品的知识涉及面比较广，不仅与物理化学、表面化学、胶体化学、有机化学、香料化学等有关系，还和医学、生物科学、环境学、心理学、美学、美容学等学科相关。近几年化妆品的新原料、新技术、新工艺、新设备、新包装等不断推出，为行业的蓬勃发展提供了新的空间，也对这一专业学生的学习提出了新的要求。

本书内容共有十一个项目分三大模块（基础知识、专业知识和实践实训），主要以化学及相关理论介绍应用于美容美发化妆品的原料与辅料，如油脂和蜡、保湿剂、防晒剂、色素、香料和香精、营养剂、表面活性剂等的分类、结构和性质及在化妆品中的作用机制；还分别介绍了皮肤、毛发及特殊用途等化妆品的作用（含案例配方）。通过本课程学习，使学生对各类化妆品有比较清晰的了解，能与本专业其他课程紧密联系，并对提升专业水平有所帮助。

本书栏目的具体编排及目的如下：

【活动探究】引领学生积极投身实践，在“做中学”的自主探究中享受发现的快乐。

【观察思考】展示专业现象和问题，帮助大家开启化学思维。

【生活向导】或【专业向导】结合化学原理解释一些生活现象，对专业操作或实际生活中的某些化学现象与用品提出了合理的解释和建议。

【视野拓展】提供更多的生动素材，让学生开拓视野，进一步领略化学的奇妙和魅力。

【练 习 题】帮助巩固知识，合作探讨，应用知识解决某些实际问题。

【归纳小结】对有关化学现象和专业知识进行系统地整理，用表格、图示等方法归纳总结出一般的规律与结论。

化学并不神秘，它就在你身边。人的日常生活从早到晚，从衣食住行到工作学习，时时处处都与化学紧密相关。人们需要的药品、洗涤剂和化妆品等日常生活必不可少的用品，也大都是化学制剂。由此可见，我们的生活离不开化学产品，可以说我们是生活在化学的世界里。目前，现代社会中越演越烈的化学污染等诸多问题将会随着化学及其他科学的发展才能得到很好的解决。

化学是伴随我们一生的科学。当我们以一种积极的姿态来学习和理解《化妆品化学》这门学科时，你眼中的物质世界与你今后的专业生活就会变得更加美好！

模块一

基础知识（一）

项目一 物质结构 元素周期表

在实际操作中，我们使用的美容美发产品的化学成分相当复杂，有些取自天然动、植物成分的；有些是石油化学合成产品；加之加工生产渠道或储藏期间不慎引起的污染及包装材料带来的问题，等等。物质在不同条件下表现出来的各种性质，都与它们的结构有着密切关系。为了从本质上去认识物质的性质及其变化规律，我们首先需要进一步学习原子结构、同位素、元素周期律及元素周期表等有关化学理论的基础知识。

任务一 原子结构 同位素

从19世纪末放射性元素的逐一发现到如今，人们已建立起一整套描述原子内在结构的理论和方法，使化学能迅速进入微观领域的研究。

一 原子核

原子是由居于原子中心带正电荷的原子核和核外带负电荷的电子构成的。由于原子核带的电量和核外电子的电量是相等而电性相反，因此，原子作为一个整体不显电性。原子很小，而原子核更小，它的半径约是原子的十万分之一，它的体积只是原子体积的几千亿分之一，由此可见，原子核和电子处在一个十分空旷的空间里，并存在着电场，电场把原子核与电子紧紧地联系在一起。

原子核由质子和中子构成。质子带一个单位正电荷，中子呈电中性。因此，在原子中，质子数决定原子核所带的正电荷数即核电荷数。核电荷数的符号为Z。

核电荷数（Z）=核内质子数=核外电子数=原子序数

质子的质量为1.6726×10^{-27} kg，中子的质量稍大些，为1.6788×10^{-27} kg，电子的质量很小，仅

为质子质量的1/1836，所以，原子的质量主要集中在原子核上。由于质子、中子的质量很小，计算不方便，因此，通常用它们的相对质量。

作为原子量标准的^{12}C的质量是1.9927×10^{-26} kg，它的1/12为1.6606×10^{-27} kg。质子和中子的相对质量分别是1.007和1.008，取近似整数值为1。显然，如果忽略电子的质量，将原子核内所有质子和中子的相对质量取近似整数值加起来，所得的数值，叫做质量数，用符号A表示。中子数用符号N表示。则

质量数（A）=质子数（Z）+中子数（N）

因此，只要知道上述三个数值中的任意两个，就可以推算出另一个数值来。

归纳起来，如以$^{A}_{Z}X$代表一个质量数为A、质子数为Z的原子，那么，组成原子的粒子间的关系可以表示如下：

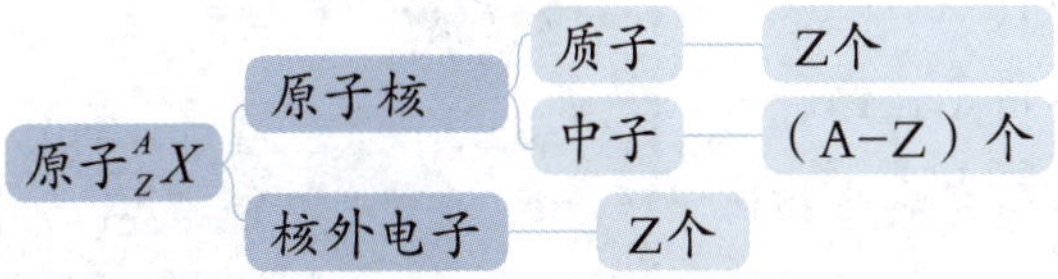

例如，知道硫原子的核电荷数为16，质量数为32，则

硫原子的中子数=A-Z=32-16=16

二　同位素

具有相同核电荷数（质子数）的同一类原子的总称叫做元素。也就是说，同种元素的原子核的质子数相同。那么，它们的中子数是否相同呢？科学实验研究证明，中子数不一定相同。例如，氢元素就有三种原子，它们的名称、符号和组成等见表1-1。

表1-1　氢元素三种原子的名称、符号和组成

名　称	符　号	俗　称	原子核的组成		核电荷数	质量数
			质子数	中子数		
氕（音撇）	$^{1}_{1}$H或H	氢（普通氢）	1	0	1	1
氘（音刀）	$^{2}_{1}$H或D	重氢	1	1	1	2
氚（音川）	$^{3}_{1}$H或T	超重氢	1	2	1	3

上表中的$^{1}_{1}$H、$^{2}_{1}$H和$^{3}_{1}$H那些具有相同质子数和不同中子数的同一种元素的不同原子，因为它们在周期表中占统一位置，所以互称为同位素。许多元素都有同位素。碳元素有$^{12}_{6}$C、$^{13}_{6}$C和$^{14}_{6}$C等几种同位素，而$^{12}_{6}$C就是我们将它的质量作为原子量标准的那种碳原子（通常也叫做碳12）。

同一种元素的各种同位素虽然质量数不同（即中子数不同），但它们的化学性质几乎完全相同。

在天然存在的某种元素里，无论是游离态还是化合态，各种同位素的原子含量一般是不变的。我

们平常所说的某种元素的原子量，是按各种天然同位素原子所占的一定百分比算出来的平均值。

例题：自然界中氧就有三种同位素$^{16}_{8}O$，$^{17}_{8}O$，$^{18}_{8}O$，含量分别为99.790%，0.043%，0.167%，根据所提供的数据试求出平均原子量？

解：O元素的平均原子量为：$16 \times 0.99790+17 \times 0.00043+18 \times 0.00167=16.00377$

【视野拓展】

同位素的应用

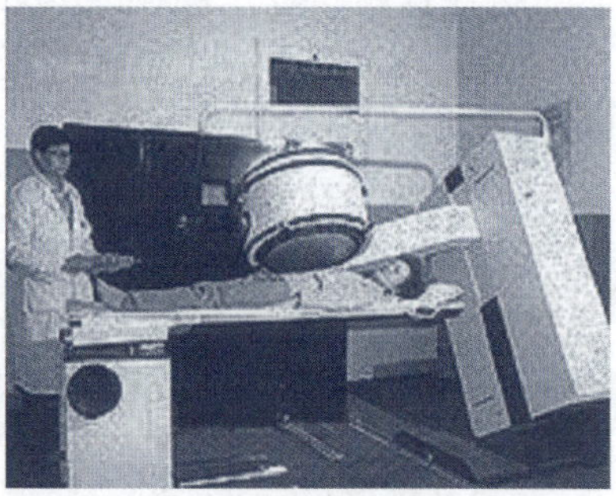

同位素的应用已遍及医学、工业、农业、能源和科学研究等各个领域。其中在医学领域中的应用最为活跃，它主要用于显像、诊断和治疗，另外还用于医疗用品消毒、药物作用机理研究和生物医学研究等。

同位素辐射育种提供了改进农产品质量、增加产量的新技术。科学家利用辐射诱变技术已经培育出许多抗病能力更强或更能适应不同地区生长条件的农作物新品种，从而增加了谷物产量，并提高了食品的质量。利用同位素示踪技术，可检测并确定植物的最佳肥料吸入量和农药吸入量。而^{14}C的放射性可用于考古断代。生物体内的^{14}C在碳元素中的原子分数因衰变而减少，每5730年^{14}C就减少一半。测定出土文物标本中^{14}C在碳元素中原子分数的减少程度，就可以推算出其死亡的年代。

然而，某些同位素的放射性会对环境以及人体健康产生危害，我们应科学地使用放射性同位素。

【练习题】

一、选择题

1. 下列关于$^{42}_{20}Ca$元素的叙述错误的是（　　）。

A. 质子数为20　　B. 电子数为20　　C. 中子数为20　　D. 质量数为20

2. 原子的质量主要集中在（　　）。

A. 质子　　B. 中子　　C. 电子　　D. 原子核

3. 据报道，上海某医院正在研究用放射性碘治疗肿瘤。这种碘原子的核电荷数为53，相对原子质量为125。下列关于这种原子的说法中，错误的是（　　）。

A. 中子数为72　　B. 质子数为72

C. 电子数为53　　D. 质子数和中子数之和为125

4. 下列关于原子核的叙述中，正确的是（　　）。

①通常由中子和电子构成　②通常由质子和中子构成　③带负电荷　④不显电性　⑤不能再

分　⑥体积大约相当于原子　⑦质量大约相当于原子

A. ①⑤　　B. ②⑦　　C. ③④　　D. ②⑥⑦

二、计算题

自然界中，氯有两种同位素，它们的同位素$^{35}_{17}Cl$与$^{37}_{17}Cl$在自然界的含量分别是75.77%和24.23%，试计算氯元素的平均原子量。

任务二　元素周期律　元素周期表

在以前的化学学习中，我们已经初步了解了1~20号元素的核外电子排布的基本情况，那么，元素的性质是否随原子序数递增而呈周期性变化呢？这正是我们本节所要进一步研究的内容，认识原子核外的电子排布、原子半径、元素化合价等随原子序数的递增而呈现出的周期性变化规律。

一　原子核外电子的排布

我们已经知道，不同元素原子核外电子的数目各不相同。科学家运用多种方法研究这些电子在原子核外的运动状态，揭示了核外电子的排布规律。本任务我们将讨论元素原子核外电子排布，认识元素性质与原子结构的关系。

观察下图的元素原子结构示意图。你能发现随着元素核电荷数的递增，元素电子核外电子的排布有什么规律吗？

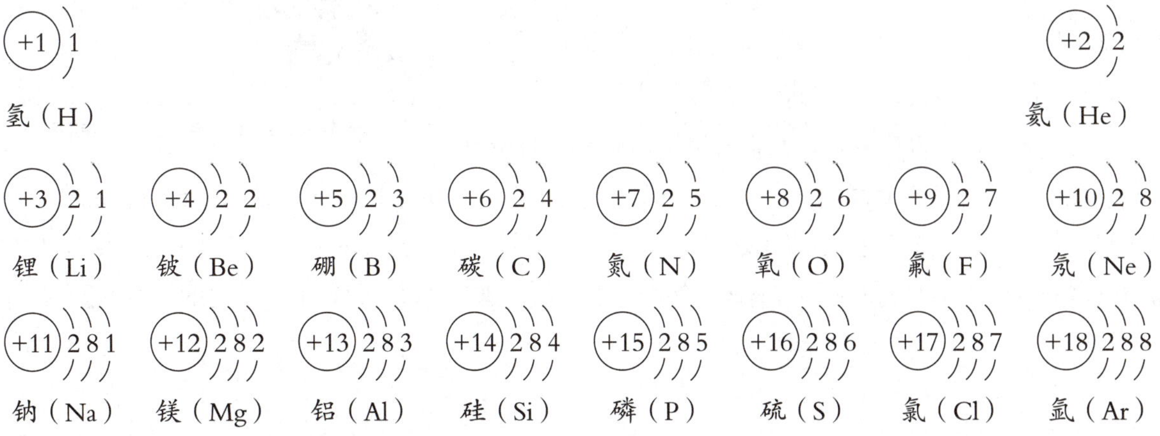

经过长期研究，人们发现，含多个核外电子的原子中，电子运动的主要区域离核有远有近，在离核较近的区域运动的电子能量较低，在离核较远的区域运动的电子能量较高，即电子在原子核外是分层排布的。排布在最外电子层的电子能量最高且不稳定。

原子核外各电子层最多能容纳的电子数是一定的。科学研究证明，电子在原子核外排布时，总是尽量先排在能量最低的电子层里。

【活动探究】

1. 从稀有气体元素的原子核外电子排布可看出，各电子层最多能容纳的电子数是多少？请由此推出原子核外各电子层最多能容纳的电子数和电子层序数n的关系。

2. 各稀有气体元素原子中最外电子层最多能容纳的电子数是多少？次外电子层最多能容纳的电子数是多少？

通过以上分析，原子核外各电子层与最外电子层最多能容纳的电子数为$2n^2$。稀有气体元素原子中最外电子层都已经填满，形成了稳定的电子层结构。

二 元素周期律

分析核电荷数为1~18的元素原子核外电子排布可以发现，随着元素核电荷数的递增，元素原子最外层电子的排布呈现周期性变化，除H、He元素外，最外电子层上的电子数重复出现从1递增到8的变化。人们按核电荷数由小到大的顺序给元素编号，这种编号叫做原子序数。元素的原子序数在数值上等于该元素原子的核电荷数。

从图1-1中可以发现，同一横行元素随着核电荷数的递增，原子半径的变化规律是由大变小。

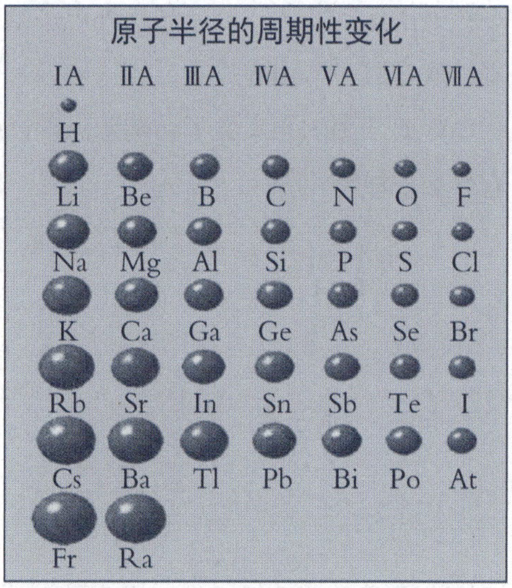

图1-1　元素的原子半径示意图

随着元素原子序数的递增，元素原子最外层电子的排布和元素的原子半径（除稀有气体元素外）呈现周期性变化。那么，元素的性质是否有相应的周期性变化规律呢？

人们在长期的研究中发现，元素的单质和化合物的某些性质有助于判断元素的金属性、非金属性强弱：通常情况下，元素的金属性越强，它的单质越容易从水或酸中置换出氢，该元素最高价氧化物的水化物的碱性越强；元素的非金属性越强，它的单质越容易与氢气反应形成气态氢化物，气态氢化物越稳定，该元素最高价氧化物的水化物的酸性越强。

【活动探究】

图1-2　钠与水反应图

进行下列实验，探究钠、镁、铝单质活动性强弱。

【实验1】切取绿豆大小的一小块金属钠，用滤纸吸干其表面的煤油。在一只250 mL烧杯中加入少量的水，在水中滴加两滴酚酞溶液，将金属钠投入烧杯中，观察并记录实验现象。

【实验2】将已用砂纸打磨除去氧化膜的一小段镁条放入试管中，向试管中加入适量的水，再向水中滴加两滴酚酞溶液，观察实验现象。再加热试管，观察并记录实验现象。

【实验3】在两支试管中，分别放入已用砂纸打磨除去氧化膜的一小段镁条和铝片，再向试管中各加入2 mol/L盐酸2 mL，观察并记录实验现象。

实验 \ 物质		钠	镁	铝
与水的反应	与冷水反应			—
	与热水反应	—		—
与盐酸反应		—		

钠、镁、铝单质活动性强弱的顺序是 ________________________________ 。

同理，可以探究氯、硫、磷单质的活动性强弱。得出下列结论：

（1）11~17号元素最高价氧化物的水化物的酸碱性强弱的变化规律是 ____________________；11~17号元素的金属性和非金属性强弱的变化规律是 ________________________。

（2）11~17号元素的最高化合价和最低化合价的变化规律 ____________________________；11~17号元素的最高化合价和最低化合价的数值与原子核外最外层电子数的关系是 ____。

更多的研究表明，随着元素核电荷数的递增，元素的原子半径（除稀有气体元素外）、元素的金属性和非金属性、元素的主要化合价（最高化合价与最低化合价）都呈现周期性变化。

元素的性质随着元素核电荷数的递增而呈周期性变化的规律叫做元素周期律。元素周期律是元素原子核外电子排布随着元素核电荷数的递增发生周期性变化的必然结果。

三　元素周期表

人们把已经发现的元素按一定的规则排列成元素周期表。元素周期表直观地反应了元素的性质随着核电荷数的递增呈周期性变化的规律。

在元素周期表中，ⅠA~ⅦA族是主族元素，主族和0族由短周期元素、长周期元素共同组成；ⅠB~ⅦB族是副族元素，副族和Ⅷ族完全由长周期元素构成。

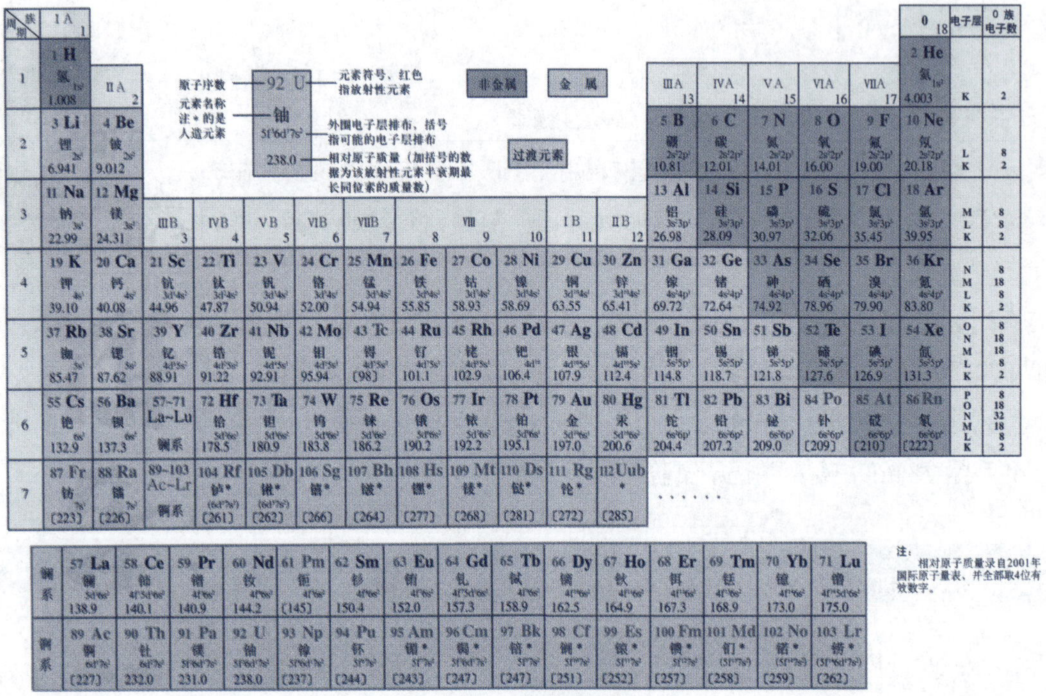

图1-3　元素周期表

元素周期表是元素周期律的具体表现形式。同一周期元素（稀有气体元素除外）的原子，核外电子层数相同，随着核电荷数的递增，最外层电子数逐渐增加，原子半径逐渐减小，元素的原子得到电子的能力逐渐增强，失去电子的能力逐渐减弱。因此，同一周期的元素，从左到右金属性逐渐减弱，非金属性逐渐增强。同理，同一主族的元素，从上到下金属性逐渐增强，非金属性逐渐减弱。

元素周期表中共有7个周期，1~3周期是短周期，4~7周期是长周期，第7周期由于还有尚待发现的元素，又称为不完全周期。

在元素周期表中，从左到右和从上到下，各主族元素性质的递变规律可以用表1-2清楚地表示出来。在周期表中从硼、硅、砷、碲、砹和铝、锗、锑、钋之间画一折线，折线的左下方是金属元素区，右上方是非金属区。左下角Cs是金属性最强的元素，右上角F是非金属性最强的元素，最右边的纵行是稀有气体元素。由于元素的金属性和非金属性没有严格的界限，所以位于折线两边附近的元素，既表现某些金属性，又表现某些非金属性的两性特点。

表1-2　　元素金属性和非金属性的递变

周期　　族	ⅠA　ⅡA　ⅢA　ⅣA　ⅤA　ⅥA　ⅦA　　0
1 2 3 4 5 6	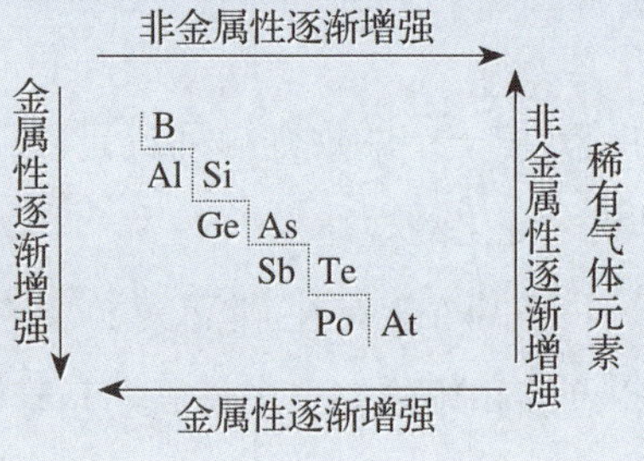

四　元素周期律和元素周期表的意义

历史上，为了寻求各种元素及其化合物间的内在联系和规律性，许多人进行了各种尝试。

1869年，俄国化学家门捷列夫在前人探索的基础上发现了元素周期律，并编制了第一个元素周期表。直到20世纪原子结构理论有了发展之后，元素周期律和元素周期表才发展成为现在的形式。

元素的原子结构决定了元素在周期表中的位置，元素在周期表中的位置反映了元素的原子结构和元素的性质特点。我们可以根据元素在周期表中的位置，推测元素的原子结构，预测其主要性质。

元素周期表能帮助我们更好地学习和研究化学。在表中位置相近的元素性质相似，人们可以借助元素周期表研究合成有特定性质的新物质。

元素周期表不仅对元素进行了分类，也揭示了一系列的科学观念，如结构决定性质、量变引起质变、复杂现象中蕴涵着简洁的规律等，这对化学科学的发展起到了积极的推进作用。

【视野拓展】

门捷列夫发现元素周期律

1834年2月7日，伊万诺维奇·门捷列夫诞生于西伯利亚的托波尔斯克，父亲是中学校长。16岁时，进入圣彼得堡师范学院自然科学教育系学习。毕业后，门捷列夫去德国深造，集中精力研究物理化学。1861年回国，任圣彼得堡大学教授。

在编写无机化学讲义时，门捷列夫发现这门学科的俄语教材都已陈旧，无法适应新的教学要求，因而迫切需要有一本能够反映当代化学发展水平的新的无机化学教科书。在编写有关化学元素及其化合物性质的章节时，他遇到了难题：按照什么次序排列它们的位置呢？当时已发现的化学元素有63种。为了寻找元素的科学分类方法，他不得不研究有关元素之间的内在联系。门捷列夫抓住了化学家研究元素分类的历史脉络，夜以继日地分析思考，并动手在一张张卡片上写上元素名称、原子量、化合物的化学式和主要性质。写好后分成几类，然后摆放在宽大的实验台上卡片进行系统整理。他每天手拿元素卡片像玩纸牌那样，收起、摆开，再收起、再摆开，皱着眉头地“玩”……摆着，摆着，在门捷列夫面前出现了完全没有料到的现象，每一行元素的性质都是按照原子量的增大而从上到下地逐渐变化着。“这就是说，元素的性质与它们的原子量呈周期性有关系。”门捷列夫兴奋地抓起记事簿写道：“根据元素原子量及其化学性质的近似性试排元素表。”

1869年2月底，门捷列夫终于在化学元素符号的排列中，发现了元素具有周期性变化的规律。同年，德国化学家迈尔根据元素的物理性质及其他性质，也制出了一个元素周期表。

元素周期律使人类认识到化学元素性质发生变化是由量变到质变的过程，把原来认为各种元素之间彼此孤立、互不相关的观点彻底打破了，使化学研究从只限于对无数个别的零星事实作无规律的罗列中摆脱出来，从而奠定了现代化学的坚实基础。

【练习题】

一、填空题

1. 元素周期表中共有____个横行，即____个周期。

2. 同一周期的主族元素，从左到右，原子半径逐渐__________，失电子能力逐渐__________，得电子能力逐渐__________，金属性逐渐__________，非金属性逐渐__________。

3. 同一主族元素，从上到下原子半径逐渐__________，失电子能力逐渐__________，得电子能力逐渐__________，金属性逐渐__________，非金属性__________。

4. 主族元素最高正化合价一般等于其________________________序数，非金属元素的负化合价等于____________________________________。

5. 填写下列空格

核外电子排布	(+11) 2 8 1	(+12) 2 8 2	(+7) 2 5	(+16) 2 8 6
周期数				
族数				
元素名称及符号				
最高正化合价				

二、选择题

1. 元素的性质随着原子序数的递增呈现周期性变化的原因是（　　）。

   A. 元素原子的核外电子排布呈周期性变化

   B. 元素原子的电子层数呈周期性变化

   C. 元素的化合价呈周期性变化

   D. 元素的相对原子质量呈周期性变化

2. 下列元素的原子半径最小的是（　　）。

   A. N　　B. F　　C. Mg　　D. Cl

3. 下列元素中最高正化合价数值最大的是（　　）。

   A. Na　　B. P　　C. Cl　　D. Ar

4. 原子序数从3~10的元素，随着核电荷数的递增而逐渐增大的是（　　）。

   A. 电子层数　　B. 电子数　　C. 原子半径　　D. 化合价

三、问答题

1. 用原子结构的观点说明为什么元素性质随原子序数的递增呈周期性的变化？

2. 比较下列各对元素，哪一种元素表现出更强的金属性或非金属性？

① Na　K　　② B　Al　　③ P　Al　　④ O　S　　⑤ S　Cl

3. 已知元素A、B、C、D的原子序数分别为6、8、11、13，试回答：

① 它们各是什么元素？

② 不看周期表，你如何来推断它们各位于哪一周期、哪一族？

归纳小结

一　原子结构

1. 构成原子的粒子间的关系如下

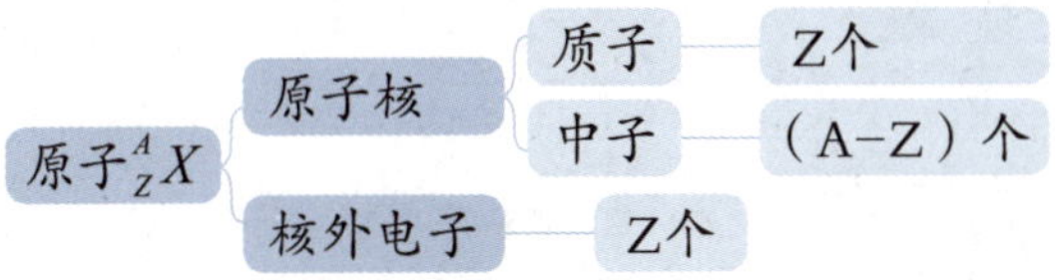

2. 质子数

质子数决定元素的种类和元素在周期表中的位置

质子数=核电荷数=核外电子数=原子序数

3. 同位素

具有相同质子数和不同中子数的同一元素的原子互称为同位素。

二　元素周期律和元素周期表

1. 核外电子的排布

（1）电子层　根据电子的能量差别和通常运动区域离核的远近不同，核外电子处于不同的电子层。

（2）各电子层容纳的电子数　各电子层最多容纳的电子数是$2n^2$个，最外层电子数不超过8个（K层不超过2个），次外层电子数不超过18个。

（3）电子层排布倾向能量最低　核外电子总是尽先排布在能量最低的电子层，然后由里往外，依次排布在能量逐步升高的电子层。

（4）电子层排布的表示方法　电子层排布可用原子结构示意图表示。

2. 元素周期律

元素的性质随着元素原子序数的递增而呈周期性变化的规律叫做元素周期律。

元素性质的周期变化是原子结构（特别是核外电子排布的周期性变化的结果）。

3. 元素周期表

元素周期表是元素周期律的具体表现形式。

同周期元素性质递变规律：从左到右（稀有气体除外），元素的金属性逐渐减弱，非金属性逐渐增强。

同主族元素性质递变规律：从上到下，元素的金属性逐渐增强，非金属性逐渐减弱。

项目二 非金属元素

在已经发现的元素中，非金属元素只有22种（包括稀有气体），虽然种类不多，但它们的化合物却是化学世界里最庞大的家族。在人类生活和国民经济的发展中，非金属元素有着极其重要的意义。例如，氮、磷、钾属于肥料三要素。氟和碘则是人体健康不可缺少的元素。一氧化碳、二氧化硫等气体对环境产生污染，导致大气臭氧层变薄，甚至出现了“空洞”等。这些都是人类广泛关注又与非金属及其化合物有着密切关系的问题。在本项目中，我们将介绍卤族元素、氧族元素、氮族元素和碳族元素的有关内容，着重学习氯、硫、氮、磷、硅等几种非金属元素及其主要化合物的内容。

任务一 卤族元素

由于氟、氯、溴、碘等元素在原子结构和元素性质上具有一定的相似性，又是人类最早知道的成盐元素。因此，将它们统称为卤族元素，简称卤素。

一 卤素的原子结构及单质的物理性质

卤素在自然界里都以化合态存在，它们的单质可由人工制取，卤素的单质都是双原子的分子。表2-1所示为各元素的原子结构和单质的物理性质（请画出其中的电子层结构图）。

表2-1 卤族元素的原子结构和单质的物理性质

元素名称	元素符号	核电荷数	电子层结构	单质	颜色和状态（常态）	密度	沸点/℃	熔点/℃	溶解度（100 g水中）
氟	F	9		F_2	淡黄绿色气体	1.69 g/L	−188.1	−219.6	反应
氯	Cl	17		Cl_2	黄绿色气体	3.214 g/L	−34.6	−101	226 cm^3

续表

元素名称	元素符号	核电荷数	电子层结构	单质	颜色和状态（常态）	密度	沸点/℃	熔点/℃	溶解度（100 g水中）
溴	Br	35		Br_2	深红棕色液体	3.119 g/L	58.78	−7.2	4.17 g
碘	I	53		I_2	紫黑色固体	4.93 g/L	184.4	113.5	0.029 g

从表中可以看出，氟、氯、溴、碘的原子的最外层电子数是相同的，都是7个电子，但电子层数不同。因此，它们的原子半径都随着电子层数的增多而增大。它们的离子都因为得到了1个电子，离子半径比相应的原子半径增大了。

另外，卤素单质的物理性质有较大的差别。比如常温下，氟、氯是气体，溴是液体，碘是固体，它们的沸点、熔点都逐渐升高，颜色由淡黄绿色到紫黑色，逐渐转深。

二　卤素单质的化学性质

我们知道，氯的化学性质很活泼，它的原子的最外电子层是7个电子，在化学反应中很容易得到1个电子而成为8电子的稳定结构。氟、溴、碘的原子的最外电子层也都是7个电子，因而它们的化学性质跟氯有着很大的相似性。

1. 卤素跟金属反应，生成金属卤化物

氟、氯、溴、碘都可以和钠等金属起反应。自然界里，也存在许多种的金属跟卤素的化合物，如氟化钙、氯化钠、氯化镁、溴化钾、碘化钾等卤化物。

2. 卤素和氢气反应，生成卤化氢

氟的性质比氯更活泼，氟气跟氢气的反应不需要光源，在暗处就能剧烈化合并发生爆炸。溴的性质不如氯活泼，溴气跟氢气的反应在达到500℃时即较慢地进行。碘的性质比溴更不活泼，碘跟氢气的反应在不断加热条件下缓慢进行，生成的碘化氢很不稳定，同时发生分解。

3. 卤素和水反应，生成次卤酸

氟遇水发生剧烈的反应，生成氟化氢和氧气。溴跟水的反应比氯气跟水的反应更弱一些，碘跟水只有很微弱的反应。$X_2+H_2O=HX+HXO$（X：表示Cl、Br、I）

4. 卤素各单质的活动性比较

【实验1】把少量新制的饱和氯水分别注入盛着溴化钠溶液和碘化钾溶液的2支试管里，用力振荡后，注入少量无色汽油（或四氯化碳）再振荡。观察油层和溶液颜色的变化。

【实验2】把少量溴水注入盛着碘化钾溶液的试管里，用力振荡。观察溶液颜色变化。

通过溶液颜色的变化，说明氯可以把溴或碘从它们的化合物里置换出来，溴可以把碘从它的化合物中置换出来。

$$2NaBr+Cl_2=2NaCl+Br_2$$

$$2KI+Cl_2=2KCl+I_2$$

$$2KI+Br_2=2KBr+I_2$$

由此可以证明，氯、溴、碘这三种元素里，氯比溴活泼，溴又比碘活泼。

从卤素的化学性质可以看出，它们有很多相似的地方，但也有差别。卤素的原子，最外层都有7个电子，结合外来电子的能力很强，所以卤素是活泼的非金属元素。如表2-2所示。

表2-2　卤素单质的化学性质

化学式	跟氢气的反应和氢化物的稳定性	跟水的反应	卤素的活动性比较
F_2	在冷暗处就能剧烈化合而爆炸，HF很稳定	使水迅速分解，放出氧气	氟最活泼，能把氯、溴、碘从它们的化合物中置换出来
Cl_2	在强光照射下，剧烈化合而爆炸，HCl较稳定	在日光照射下，缓慢放出氧气	氯次之，能把溴、碘从它们的化合物中置换出来
Br_2	在高温条件下，较慢地化合，HBr较不稳定	反应较氯为弱	溴又次之，能把碘从它的化合物中置换出来
I_2	持续加热，慢慢化合，HI不稳定，同时发生分解	很微弱的反应	碘较不活泼

卤素容易得到电子而被还原，它们本身是强氧化剂。但是，氟、氯、溴、碘各原子的核电荷数不同、核外电子层数不同，原子的大小也都不同，各原子核对外层电子的引力也有所不同，原子半径的大小对非金属的活动性有很密切的关系。总的看来，卤素是活泼的非金属元素，它们的活动性又随着核电荷数的增加、原子半径的增大而减弱。

$$\xrightarrow[\text{氧化性逐渐减弱}]{F_2\qquad Cl_2\qquad Br_2\qquad I_2}$$

卤素单质的氧化性顺序

【视野拓展】

自来水消毒

自来水要进行消毒，消毒剂用氯气。氯气易溶于水，与水结合生成次氯酸和盐酸，在整个消毒过程中其主要作用的是次氯酸。对产生臭味的无机物来说，它能将其彻底氧化消毒，对于有生命的天然物质如水藻，细菌而言，它能穿透细胞壁，氧化其酶系统（酶为生物催化剂）使其失去活性，使细菌的生命活动受到障碍而死亡。次氯酸本身呈中性，容易接近细菌体而显示出良好的灭菌效果，次氯酸根离子也具有一定的消毒作用，但它带负电荷而难于接近细菌体（细菌体带负电荷），因而较之次氯酸，其灭菌效果要差得多，所以氯气消毒效果要比采用漂白粉消毒更佳。

三 卤素的几种重要化合物

卤素的化学性质非常活泼，能与很多单质和化合物反应，因此，含卤化合物的种类非常多。这里只简单介绍几种与日常生活和人体健康有关的卤化银和碘化物的一些知识。

1. 卤化银

【实验3】将少量$AgNO_3$溶液分别滴入盛有NaCl溶液、NaBr溶液和KI溶液的三支试管中，观察并比较三支试管中发生的现象。再各加入少量稀硝酸，观察有什么变化？

可以看到，在三支试管里分别有白色、浅黄色、黄色的沉淀生成。而且，这三种沉淀都不溶于稀硝酸。

$$NaCl+AgNO_3=AgCl\downarrow（白色）+NaNO_3$$

$$NaBr+AgNO_3=AgBr\downarrow（浅黄色）+NaNO_3$$

$$KI+AgNO_3=AgI\downarrow（黄色）+KNO_3$$

在上述反应中，三支试管里的Cl^-、Br^-、I^-分别与Ag^+反应，生成了相应的不溶性卤化银。我们也经常用$AgNO_3$溶液来检验卤素离子的存在。

卤化银都有感光性，在光的照射下会发生分解反应。卤化银的这种感光性质，常被用于制作感光材料。照相用的胶卷和相纸上都有一层药膜，其主要成分就是溴化银。在拍照时，胶片上的溴化银即发生分解反应（即我们常说的感光），用显影剂和定影剂处理后，就可以得到明暗程度跟实物相反的底片。而后使相纸通过底片感光，再经过显影、定影处理，就可得到明暗程度跟实物一致的照片了。

在人工控制气象方面，碘化银起着重要的作用。在必要的情况下，向空中播撒碘化银粉末，可达到人工降水（雨、雪）等目的。

2. 碘化物的主要用途

碘酸钾、碘化钾等含碘的化合物，不仅是我们在实验室中常用的化学试剂，而且也能供给人体必不可少的微量元素——碘。

人体一般每日摄入0.1~0.2 mg碘就可以满足需要。在正常情况下，人们可以通过食物、饮水及呼吸即可摄入所需的微量碘。但在一些地区，由于各种原因，水和土壤中缺碘，食物中的含碘量也较少，造成人体摄碘量少。有些地区由于在食物中含有阻碍人体吸收碘的某些物质，也会造成人体缺碘。值得注意的是，人体摄入过多的碘也是有害的，因此，不能认为高碘的食物吃得越多越好，要根据个人的身体情况而定。

【生活向导】

人体必需的微量元素——碘

碘有极其重要的生理作用，在人体中碘的总量为12~20 mg，其中约1/2分布在甲状腺内。甲状腺内的甲状腺球蛋白是一种含碘的蛋白质，是人体的碘库。一旦人需要时，甲状腺球蛋白就很快水解为有生物活性的甲状腺素，并通过血液到达人体的各个组织。

甲状腺素是一种含碘的氨基酸，它具有促进体内物质和能量代谢、促进身体生长发育、提高神经系统的兴奋性等生理功能。人体中如果缺碘，甲状腺就得不到足够的碘，甲状腺素的合成就会受到影响，使得甲状腺组织产生代偿性增生，形成甲状腺肿（即我们常说的大脖子病）。碘缺乏病是世界上分布最广、发病人数最多的一种地方病。我国是世界上严重缺碘的地区，全国有四亿多人缺碘。碘缺乏病给人类的智力与健康造成了极大的损害，对婴幼儿的危害尤其严重。因为严重缺碘的妇女，容易生出患有克汀病和智力低下的婴儿。克汀病的患儿身体矮小、智力低下、发育不全，甚至痴呆，即使是轻症患儿也多有智力低下的表现。

为了防止碘缺乏病，各国都采取了一些措施。例如，提供含碘食盐或其他含碘的食品，食用含碘丰富的海产品等，其中以食用含碘食盐最为方便有效。1991年，我国政府为了消除碘缺乏病，在居民的食用盐中均加入了一定量的碘酸钾，以确保人体对碘的摄入量。

【活动探究】

白纸显字

找一张吸水性好的白纸，用淀粉溶液（也可用米汤或面粉糊代替）在纸上写字或作画。待字迹稍干，字、画就难以辨认了，随即用毛笔或棉花蘸少量碘酒涂抹在纸上，纸上原来看不到的文字或图画就会显现出来。请说出这一实验的化学原理。

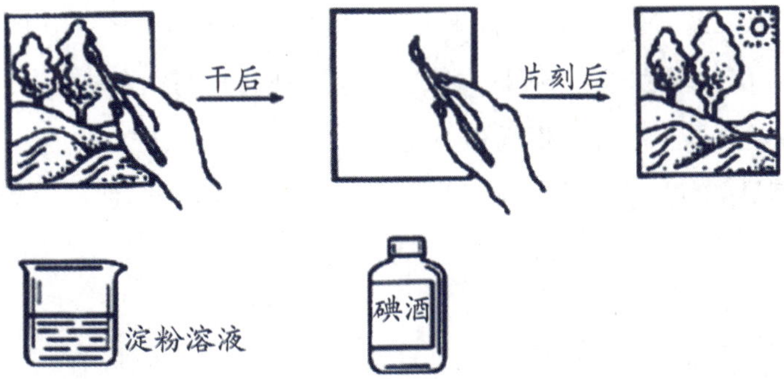

【练习题】

一、填空题

1. 通常状况下，卤素单质中 ______ 和 ______ 是气体，______ 是液体，______ 是固体。

2. 卤素原子最外层的电子数都是 ______ 个，在化学反应中卤素原子容易得到 ______ 个电子。在卤化物中，卤素最常见的化合价是 ______ 价。

3. 在卤族元素中，氧化性最强的是 ______，原子半径最小的是 ______。

二、选择题

1. 下列物质中，能使淀粉碘化钾溶液变蓝的是（　　）。

A. 氯水　　B. 碘水　　C. KBr　　D. KI

2. 下列物质中，在光照下易分解的是（　　）。

A. 氯水　　B. NaBr　　C. KI　　D. AgBr

3. 下列物质中，与$AgNO_3$溶液混合后，不能产生黄色沉淀的是（　　）。

A. KF　　B. KI　　C. KCl　　D. KBr

三、现有KBr、NaOH、$CuCl_2$、$AgNO_3$四种溶液，分别置于A、B、C、D四支试管中并进行下述实验：

1. 将A、B混合，产生蓝色沉淀；
2. 将A、D混合，产生白色沉淀；
3. 将C、D混合，产生浅黄色沉淀。

根据以上现象判断A、B、C、D试管中各是什么溶液？

任务二　氧族元素

和以前我们学过的氧元素一样，硫、硒、碲、钋元素原子的最外层都有6个电子，在化学反应中都易得2个电子，成为8电子的稳定结构，统称为氧族元素。现在我们就来认识和了解这个大家族中的各位成员，它们在结构以及性质上有什么相同和不同呢？

元素周期表中的第ⅥA族元素又称氧族元素，它包括氧（O）、硫（S）、硒（Se）、碲（Te）、钋（Po）等几种元素。

一　氧族元素的原子结构及性质变化

【观察思考】

1. 根据氧族元素在元素周期表中的位置和表2-3分析，氧族元素原子的核电荷数、电子层数及原子半径等是如何变化的。

2. 各元素单质的熔点、沸点、密度等物理性质是怎样变化的。

3. 从氢化物的稳定性来分析各元素的非金属性是怎样变化的。

表2-3　　氧族元素的原子结构和单质的物理性质

元素名称	元素符号	核电荷数	原子结构示意图	化合价	原子半径/nm	单质					氢化物		氧化物	
						颜色	状态	熔点/℃	沸点/℃	密度/（g/cm^3）	化学式	稳定性	化学式	最高价氧化物水化物化学式
氧	O	8		-2	0.074	无色	气体	-218.4	-183	1.43（固体）	H_2O		-	-
硫	S	16		-2 +4 +6	0.102	黄色	固体	112.8	444.6	2.07	H_2S		SO_2 SO_3	H_2SO_4
硒	Se	34		-2 +4 +6	0.116	灰色	固体	217	684.9	4.81	H_2Se	减少	SeO_2 SeO_3	H_2SeO_4
碲	Te	52		-2 +4 +6	0.1432	银白色	固体	452	1390	6.25	H_2Te		TeO_2 TeO_3	H_2TeO_4

从表2-3中可以看出，氧、硫、硒、碲单质的物理性质随核电荷数的增加而发生变化。它们的熔点、沸点随着核电荷数的增加而逐渐升高，它们的密度也随着核电荷数的增加而逐渐增大。氧族元素原子的电子层结构很相似，它们原子的最外电子层都有6个电子。氧族元素随着核电荷数的增加，电子层数增多，原子半径逐渐增大，原子核对最外层电子的引力逐渐减弱，使原子获得电子的能力也依次减弱，失去电子的能力依次增强。所以，氧、硫、硒、碲单质的化学性质也随核电荷数的增加而发生变化。它们的非金属性逐渐减弱，金属性逐渐增强。如氧、硫表现出比较显著的非金属性，硒是半导体，而碲则能够导电。

在化学反应里，氧族元素的原子可以从其他原子那里获得2个电子，生成-2价的化合物；它们原子的最外电子层的6个电子，或其中的4个电子一般也可以发生偏移，生成+6价或+4价的化合物。

在元素周期表中，氧族元素位于卤族元素的左边，非金属性比同周期卤素的非金属性弱。

我们知道，硫是一种比较活泼的非金属，其氧化物有SO_2和SO_3。SO_3对应的水化物是H_2SO_4，H_2SO_4是常见的三大强酸之一。

氧、硫、硒的单质可以直接与氢气化合，生成氢化物。例如，硫与氢气反应时，生成硫化氢：$2S+H_2=2H_2S$。

氧气与氢气的反应最容易，最剧烈，生成的化合物也最稳定；硫或硒与氢气则只有在较高的温度下才能够化合，生成的氢化物也不稳定；而碲通常不能与氢气直接化合，只能通过其他反应间接制取碲化氢，生成的氢化物也最不稳定。

氧族元素能与大多数金属直接化合。在生成的化合物中，它们的化合价一般都是-2价。

二　硫单质的性质

1. 硫的物理性质

硫单质是淡黄色的晶体，密度约为水的2倍。它不溶于水，微溶于酒精，溶于二硫化碳（CS_2）。硫蒸汽急剧冷却后会凝聚成粉末，叫做硫化。

2. 硫的化学性质

硫的化学性质比较活泼，硫能和除金、铂以外的各种金属直接化合，生成金属硫化物并发出热量。硫还能和很多非金属反应。硫蒸气能和氢气直接化合成硫化氢。硫在空气或纯氧中燃烧时，呈现蓝色火焰，生成二氧化硫。

三　硫的几种重要化合物

1. 硫化氢

硫化氢是一种无色有臭鸡蛋味的气体，密度比空气略大，有毒，是一种大气污染物，吸入大量硫化氢会造成昏迷或死亡。农业上，若稻田里通风不好，会产生硫化氢，导致稻苗烂根。动植物体腐败时会产生硫化氢气体。硫化氢能溶于水，在常温常压下，1体积水能溶解2.6体积的H_2S。

2. 二氧化硫

二氧化硫是一种无色、有刺激性气味的有毒气体。它的密度比空气大，容易液化（沸点是-10℃），易溶于水，也是一种大气污染物。在常温、常压下，1体积水大约能溶解40体积的二氧化硫。

（1）二氧化硫与水的反应

【实验1】将一支装满SO_2的试管倒立在滴有紫色石蕊试液的水槽中（图2-1）。观察实验现象。

我们可以看到，装有SO_2的试管倒立在水槽中以后，试管中的水面上升，试管中的液体变成红色。

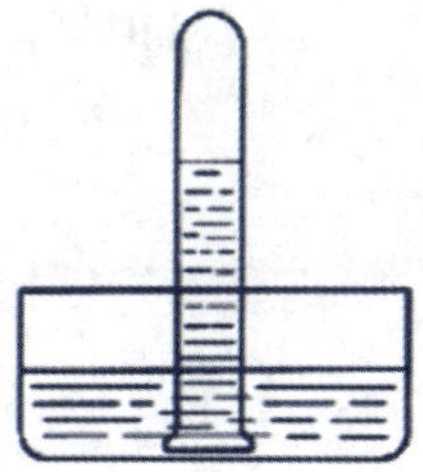
图2-1　SO_2与水反应

【观察思考】

SO_2溶于水后形成的溶液可以使紫色的石蕊试液变红，此溶液是碱性还是酸性？

初中时我们学过，酸可以使紫色的石蕊试液变红。因此，SO_2溶于水后形成的溶液一定显酸性。事实正是如此，二氧化硫溶于水后，生成了亚硫酸（H_2SO_3）。H_2SO_3只能存在于溶液中，它很不稳定，容易分解成H_2O和SO_2。SO_2溶于水的反应是一个可逆反应。

$$SO_2+H_2O \rightleftharpoons H_2SO_3$$

（2）二氧化硫与氧气的反应　在二氧化硫中，硫的化合价是+4价，因此，二氧化硫既具有一定的氧化性，又具有一定的还原性。　$2SO_2+O_2 \rightleftharpoons 2SO_3$

SO_3是一种无色固体，熔点（16.8℃）和沸点（44.8℃）都较低。SO_3与H_2O反应生成H_2SO_4，同时放出大量的热。　$SO_3+H_2O=H_2SO_4$

在工业生产上，常利用上面两个反应制造硫酸。

（3）二氧化硫的漂白性。

【活动探究】

将SO_2气体通入装有品红溶液的试管里。观察品红溶液颜色的变化。给试管加热。观察溶液发生的变化。

通过上述实验（图2-2）我们可以看到，向品红溶液中通入SO_2后，品红溶液的颜色逐渐褪去。当给试管加热时，溶液又变成红色。

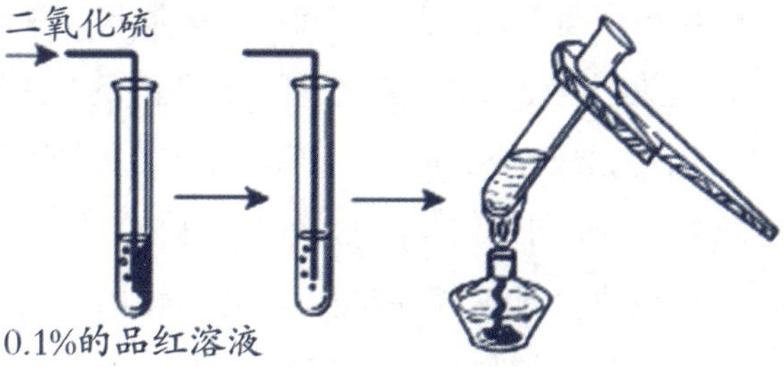

图2-2　SO_2的漂白反应

实验说明，二氧化硫具有漂白作用。工业上常用二氧化硫漂白纸浆、毛、丝、草编制品等。实验现象还表明，用二氧化硫漂白过的有色物质，在一定的条件下还可以恢复原来的颜色。这是由于二氧化硫跟某些有色物质化合生成的无色物质不稳定，容易分解而恢复原来有色物质的颜色。因此，用二氧化硫漂白过的草帽辫等日久又渐渐变成黄色。

此外，二氧化硫还能够杀灭霉菌和细菌，可以用作食物和干果的防腐剂。

【视野拓展】

二氧化硫对大气的污染

二氧化硫是污染大气的主要有害物质之一。它对人体的直接危害是引起呼吸道疾病，严重时还会使人死亡。空气中的二氧化硫部分会被氧化成三氧化硫并形成酸雾。空气中硫的氧化物和氮的氧化物随雨水降下就成为酸雨。正常雨水的pH约为5.6（这是由于溶解了二氧化碳的缘故），酸雨的pH小于4.5。

酸雨有很大的危害，它落到地面，能直接破坏森林、草原和农作物，使土壤酸性增强。酸雨还会使湖泊酸化，造成鱼类等死亡。另外，酸雨还会加速建筑物、桥梁、工业设备，以及电信电缆等所用的许多材料的腐蚀。

空气中的SO_2主要来自化石燃料的燃烧，以及含硫矿石的冶炼和硫酸、磷肥、纸浆生产等产生的工业废气。因此，这些废气必须经过处理后才能向大气中排放，如不进行净化处理或回收利用就直接排放到空气中，不但浪费硫资源，而且造成空气污染，给人类造成危害。

【活动探究】

测定雨水的pH

用空饮料瓶改制雨水收集器（图2-3），采集雨水样品，并用pH试纸测定雨水的pH。为了提高测定的准确性，可以同时设立几处采集点，取它们的平均值。

将实验数据列成表格，将试验方法和结论写成小论文，进行交流。

图2-3 雨水收集器

3. 硫酸

纯硫酸是无色、无臭、难挥发的油状液体。商品浓硫酸质量分数为98%，密度为1.84 g/cm^3。硫酸是工业上重要的“三酸之一”。稀硫酸具有酸的一切通性，浓硫酸还有以下一些特性。

（1）强烈的吸水性　由于浓硫酸对水有强烈的亲和作用，能以任意比与水混溶生成一系列稳定的水合物。并放出大量热，因此，浓H_2SO_4常用作于干燥剂。在配制硫酸溶液时，切勿把水倒入浓硫酸中，应该搅动下将浓硫酸缓缓地倒入水中，以免造成灼伤。

（2）极强的脱水性　浓硫酸能按2∶1的氢氧原子个数比夺取许多有机物如糖、淀粉、纤维素分子中的氢原子和氧原子，使之炭化。所以，浓硫酸能严重地破坏动物组织，有强烈的腐蚀性，使用时要注意安全。

（3）强氧化性　浓硫酸几乎能和所有的金属（金、铂除外）起反应。例如：

$$2H_2SO_4（浓）+Cu=CuSO_4+2H_2O+SO_2\uparrow$$

铝、铁、铬等金属在冷的浓硫酸中因被氧化生成一层致密的氧化物膜，阻止继续与酸反应，这种现象叫做金属的钝化。因此可以把浓硫酸装在铁罐中储存和运输。

（4）硫酸根离子的检验　硫酸和可溶性硫酸盐溶液里都存在SO_4^{2-}，可根据$BaSO_4$既不溶于水又不溶于酸的性质，来检验硫酸根离子的存在。

【实验2】在分别盛有2 mL 0.1 mol/L H_2SO_4、0.1 mol/L Na_2SO_4溶液和0.1 mol/L Na_2CO_3溶液的3支试管中，各滴入2滴$BaCl_2$溶液，观察现象。

可以看到，三支试管中均有白色沉淀生成。其反应式为：

$$H_2SO_4+BaCl_2=BaSO_4\downarrow+2HCl$$

$$Na_2SO_4+BaCl_2=BaSO_4\downarrow+2NaCl$$

$$Na_2CO_4+BaCl_2=BaCO_4\downarrow+2NaCl$$

在分别加入少量的稀硫酸，振荡，可看到$BaSO_4$沉淀不溶解，而$BaCO_4$沉淀则溶解，并放出气体。其反应如下：$BaCO_3+2HCl=BaCl_2+H_2O+CO_2\uparrow$

因此，鉴定硫酸根时应先加入$BaCl_2$溶液，生成白色沉淀后再加几滴稀硫酸溶液，白色沉淀不消失，则可证明有SO_4^{2-}的存在。

【练习题】

一、填空题

1. 氧族元素随着核电荷数的增加，电子层数________，原子半径逐渐________，原子核吸引电子的能力依次________，因此，它们的非金属性依________的顺序逐渐减弱，金属性逐渐________。

2. 氧族元素原子的最外电子层都有________个电子。在化学反应里，氧族元素的原子容易从其他原子________个电子，生成________价的化合物。氧族元素中，有的还能生成________价或________价的化合物。

二、选择题

1. 下列关于氧族元素性质的叙述中，正确的是（　　）。

A. 都能生成+6价的化合物　　B. 都能与金属直接化合

C. 原子的最外层电子数都是6　　D. 都能生成稳定的氢化物

2. 在下列单质中，属于半导体的是（　　）。

A. O_2　　B. S　　C. Se　　D. Te

3. 下列关于SO_2的说法中，不正确的是（　　）。

A. SO_2是硫及某些硫化物在空气中燃烧的产物

B. SO_2有漂白作用，也有杀菌作用

C. SO_2溶于水后生成H_2SO_4

D. SO_2是一种大气污染物

4. 在下列变化中，不属于化学变化的是（ ）。

A. SO_2使品红溶液褪色　　B. 氯水使有色布条褪色

C. 活性炭使红墨水褪色　　D. O_3使某些染料褪色

5. 下列气体中，能污染大气，但可以用碱溶液吸收的是（ ）。

A. CO　　B. Cl_2　　C. SO_2　　D. N_2

三、问答题

分小组合作探讨，并充分利用网络资源，用事实说明氧的非金属性比硫强，并用原子结构的知识加以解释。

任务三 氮族元素

元素周期表里第V族主族元素氮（N）、磷（P）、砷（As）、锑（Sb）、铋（Bi），统称为氮族元素。

从氮族元素在周期表中的位置来看，氮族元素的非金属性要比同周期的氧族和卤族元素弱。氮族元素的一些重要性质见表2-4。

表2-4 氮族元素的原子结构和单质的物理性质

元素	原子半径/10^{-10} m	主要化合价	单质			
			颜色和状态	密度/（g/cm^3）	熔点/℃	沸点/℃
N	0.75	-3，+1，+2，+3，+4，+5	无色气体	1.2506（g/L）	-209.86	-195.8
P	1.10	-3，+3，+5	白磷：白色或黄色固体 红磷：红棕色固体	1.82（白磷） 2.34（红磷）	44.1（白磷）	280（白磷）
As	1.21	-3，+3，+5	灰砷，灰色固体	5.727（灰砷）	817（灰砷）	613（升华）（灰砷）
Sb	1.41	+3，+5	银白色金属	6.684	630.74	1750
Bi	1.52	+3，+5	银白色或微显红色金属	9.80	271.3	1560

由此可见，从氮族元素的原子结构来看，它们原子的最外层都有5个电子，所以，它们在最高氧化物里的化合价是+5价。氮族元素随着原子核外电子层数的增加，获得电子的趋势逐渐减弱，失去电子的趋势逐渐增强，所以，它们的非金属性逐渐减弱，金属性逐渐增强。氮、磷表现出比较显著的非金属性，砷虽然是非金属，但已表现出一些金属性，而锑、铋已表现出比较明显的金属性。

一 氮

我们知道，土壤里缺乏氮、磷、钾三种元素，会影响农作物的生长。所以，农业上主要施用含氮、磷、钾元素的化肥。氮和磷是重要的非金属元素，都位于元素周期表的第VA族，它们在化学性质上有一些相似之处，如单质在一定条件下都能与某些非金属反应等。下面我们主要介绍氮和磷单质的一些性质。

1. 氮气

氮是一种重要的元素，它以化合态存在于多种无机物和有机物之中，是构成蛋白质和核酸不可缺少的物质。

氮气是空气中的主要成分。纯净的氮气是一种无色的气体，密度比空气的稍小。氮气在水中的溶解度很小，通常状况下，1体积水中只能溶解大约0.02体积的氮气。在压强为101 kPa时，氮气在-195.8℃时变成无色液体，在-209.9℃时变成雪花状固体。

氮气是由氮原子组成的双原子分子。氮分子中，2个氮原子共用3对电子，形成3个共价键：

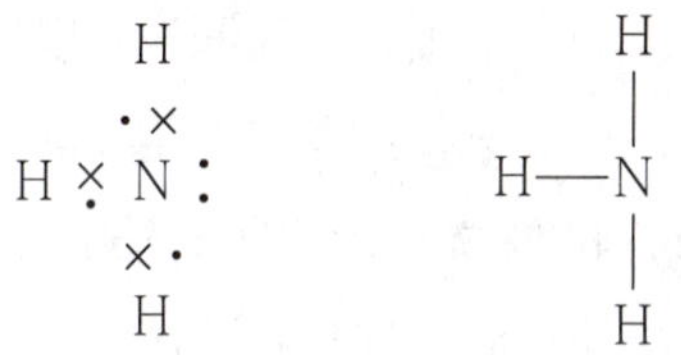

由于氮分子中的N≡N键很牢固，使氮分子的结构很稳定。通常状况下，氮气的化学性质不活泼，很难与其他物质发生化学反应。但是，在一定条件下，如高温、高压、放电等，氮分子获得足够的能量，就能与一些物质如H_2、O_2等发生化学反应。

（1）氮气与氢气的反应　在高温、高压和有催化剂存在的条件下，N_2与H_2可以直接化合，生成氨（NH_3），并放出热量。同时，NH_3也会分解成N_2和H_2，所以，这个反应是个可逆反应。

$$N_2+3H_2 \xrightleftharpoons[\text{催化剂}]{\text{高温、高压}} 2NH_3$$

（2）氮气与氧气的反应　空气的主要成分是N_2和O_2，在通常状况下，它们不起反应。但是，在放电条件下，N_2和O_2却可以直接化合，生成无色、不溶于水的一氧化氮（NO）气体。

$$N_2+O_2 = 2NO$$

反应生成的NO在常温下很容易与空气中的O_2化合，生成红棕色、有刺激性气味的二氧化氮（NO_2）气体。

$$2NO+O_2 = 2NO_2$$

NO_2是一种有毒气体，易溶于水，它与水反应生成HNO_3和NO。工业上利用这一反应制取硝酸。

$$3NO_2+H_2O = 2HNO_3+NO$$

以上几个反应是在自然界中经常发生的重要反应。在电闪雷鸣的雨天，会产生放电现象，由于放电，使空气中的N_2和O_2反应生成了NO，NO又被O_2氧化成NO_2。NO_2在雨水中与水反应生成硝酸，随雨水淋洒到土壤中，并与土壤中的矿物质作用生成能被植物吸收的硝酸盐。这样就使土壤从空气中得到氮，促进了植物的生长。

在工业上，氮气是合成氨、制硝酸的重要原料。在通常状况下，由于氮气的化学性质很不活泼，因此它常被用作保护气。例如，焊接金属时用氮气保护金属使其不被氧化；在灯泡中填充氮气以防止钨丝被氧化或挥发；粮食、罐头、水果等食品，也常用氮气作保护气，以防止食品腐烂。在医学美容上，常用液氮作冷冻剂做去痣手术等。

2. 氨和铵盐

（1）氨　氨在自然界中，是动物体特别是蛋白质腐败之后的产物。它没有颜色，具有刺激性气味的气体。在标准状况下，氨的密度是0.771 g/L，比同体积的空气轻。氨很容易液化，在常压下冷却到-33.35℃或在常温下加压到700~800 kPa，气态氨就凝结为无色的液体，同时放出大量的热。液态氨汽化时要吸收大量的热，能使它周围物质的温度急剧降低，因此，氨常作为制冷剂。

氨极易溶于水中，氨水显弱碱性，能使酚酞溶液渐变成红色。

（2）铵盐　铵盐都是晶体，能溶于水。铵盐可用作氮肥，由于铵盐受热易分解，贮存氮肥时，应密封包装并放在阴凉通风处；施肥时应埋在土下并及时灌水，以保证肥效。

许多事实证明，铵盐与碱共热都能产生氨，这是铵盐的共同性质。

在实验室，可以利用铵盐与碱反应的性质来检验铵离子的存在。如果把NaOH溶液加到某种物质的固体或溶液里，加热后产生的气体能使湿润的红色石蕊试纸变蓝，就可以初步判断该物质是铵盐。

（3）硝酸　硝酸是一种强酸，它具有酸的通性。例如，它能与碱及碱性氧化物等反应生成硝酸盐和水。硝酸又是一种强氧化性酸，它与金属反应不产生氢气。

纯硝酸是无色、易挥发、有刺激性气味的液体，密度1.5027 g/cm^3，沸点83℃。98%以上的浓硝酸在空气中由于挥发出HNO_3。而产生“发烟”现象，通常称作发烟硝酸。实验室常用浓硝酸的质量分数大约为69%。

硝酸在化学性质上，除了具有酸的通性外，还具有本身的特性。

① 不稳定性：硝酸不稳定，很容易分解。纯净的硝酸或浓硝酸在常温下见光或受热就会分解。硝酸越浓，就越容易分解。我们有时在实验室看到的浓硝酸呈黄色，就是由于硝酸分解产生的NO_2溶于硝酸的缘故。为了防止硝酸分解，在贮存时，应该把它盛放在棕色瓶里，并贮放在黑暗且温度低的地方。

② 强氧化性：硝酸是一种强氧化剂，几乎能与所有的金属（除金、铂等少数金属）发生氧化还原反应。

$$Cu+4HNO_3（浓）=\!=\!= Cu(NO_3)_2+2NO_2\uparrow+2H_2O$$

$$3Cu+8HNO_3（稀）=\!=\!= 3Cu(NO_3)_2+2NO\uparrow+4H_2O$$

有些金属如铝、铁等在冷的浓硝酸中会发生钝化现象，这是因为浓硝酸把它们的表面氧化成一层薄而致密的氧化膜，阻止了反应进一步进行。所以，常温下可用铝槽车装运浓硝酸。

硝酸还能与许多非金属及某些有机物发生氧化还原反应。例如，硝酸能与碳反应：

$$C（灼热）+4HNO_3（浓）=CO_2\uparrow+4NO_2\uparrow+2H_2O$$

由于硝酸具有强氧化性，对皮肤、衣物、纸张等都有腐蚀性，所以使用硝酸（特别是浓硝酸）时，一定要格外小心，注意安全。万一不慎将浓硝酸弄到皮肤上，应立即用大量水冲洗，再用小苏打水或肥皂洗涤。浓硝酸和浓盐酸的混合物（体积比为1∶3）叫做王水。它的氧化能力更强，能使一些不溶于硝酸的金属如金、铂等溶解。

硝酸是一种重要的化工原料，可用于制造炸药、染料、塑料、硝酸盐等。在实验室里，它是一种重要的化学试剂。

【视野拓展】

亚硝酸盐的致癌作用

亚硝酸钠（$NaNO_2$）是无色或浅黄色的晶体，有咸味，外观类似于食盐。亚硝酸钠是一种工业用盐，常用于印染、漂白等行业，还广泛用作防锈剂和建筑业常用的一种混凝土掺加剂。

从食品安全角度讲，亚硝酸盐作为食品添加剂，在肉制品如香肠、肴肉、狗肉等的生产中可以使用，其主要作用是保持肉制品的亮红色泽，抑菌和增强风味，但要严格控制使用范围和使用量，国家标准规定，肉制品中，亚硝酸盐含量不得超过30 mg/kg，并妥善保管。另外，由于土壤化学成分的缘故，使某些蔬菜如芹菜、韭菜、菠菜、卷心菜、莴苣中含有大量的硝酸盐，特别是在腌制不透或腐烂变质的蔬菜中，硝酸盐含量更高，硝酸盐被人体中肠道细菌还原为亚硝酸盐而对人体造成伤害。所以，肉制品生产者要严格管理与控制亚硝酸盐的使用量，消费者应不食色泽异常的肉制品、变质陈腐的蔬菜和腌制不透的咸菜，并严禁饮用苦井水。

亚硝酸钠有毒，人如果食用含有亚硝酸钠的食物，会出现嘴唇、指甲、皮肤发紫，头晕、呕吐、腹泻等症状，严重时可使人死亡。由于亚硝酸钠的外观类似食盐，要严防把它误当食盐食用。腐烂的蔬菜等也含有亚硝酸钠，不能食用。此外，亚硝酸盐类对人还有致癌作用，应引起足够的重视。

二　磷

在自然界中，没有游离态的磷存在，磷主要以磷酸盐的形式存在于矿石中。磷和氮一样，是构成蛋白质的成分之一。动物的骨骼、牙齿和神经组织，植物的果实和幼芽，生物的细胞里都含有磷，磷对于维持生物体正常的生理机能起着重要的作用。

磷在化学性质上与氮有相似的地方，如单质也能与非金属反应等。与N_2相比，单质磷的化学性质较活泼，容易与非金属等其他物质反应。例如，初中化学曾介绍过，磷与O_2在点燃的条件下就能反应生成：

$$4P+5O_2 \xrightarrow{\text{点燃}} 2P_2O_5 \qquad P_2O_5+3H_2O \xrightarrow{\text{加热}} 2H_3PO_4$$

P_2O_5是酸性氧化物，它与热水反应能生成磷酸。

磷酸是一种中等强度的三元酸，具有酸的通性，是化学工业的重要产品，主要用于制磷肥，也用于食品、纺织等工业。

磷的单质有多种同素异形体，白磷和红磷是磷的同素异形体中最常见的两种，它们在一定条件下可以互相转化。

【实验】在长玻璃管的中部放少量红磷，玻璃管的一端用软木塞或湿纸团塞紧，另一端敞开。先均匀加热红磷周围的玻璃管，然后在放红磷的地方加热（图2-4）。观察发生的现象。

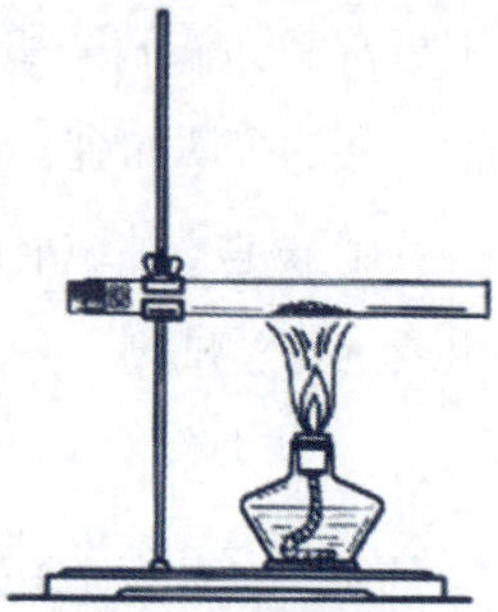
图2-4 红磷的加热

可以看到，加热后，玻璃管内有黄色蒸汽产生，并且在玻璃管内壁冷的地方有黄色固体附着，此固体即为白磷。

由于白磷和红磷的结构不同，它们在性质上存在着差异。例如，白磷的着火点比红磷低得多，当白磷受到轻微的摩擦或被加热到40℃时，就会燃烧；即使在常温下，白磷在空气中也会缓慢氧化，氧化时发出白光，在暗处可以清楚地看见。所以，白磷必须贮存在密闭容器里，少量时可保存在水里。

白磷和红磷燃烧，都生成白色的五氧化二磷。

白磷和红磷都有许多用途，如白磷可用于制造纯度较高的磷酸，还可制造燃烧弹和烟幕弹等；红磷可用于制农药，还可用于制造安全火柴等。

【练习题】

一、填空题

1. 氮族元素位于元素周期表的 ______ 族，共 ______ 种元素，其中非金属性最强的是 ______。

2. 氮族元素的最高正化合价是 ______，负化合价是 ______，随着核电荷数的递增，其最高价氧化物的水化物的酸性逐渐 ______。

3. 因为氮分子中的 ______ 键结合得很牢固，所以在通常情况下，氮分子结构很稳定。

4. 白磷受到轻微摩擦或被加热到40℃就会发生 ______ 现象。少量白磷必须贮存在 ______ 里。

二、选择题

1. 下列气体中，不会造成空气污染的是（　　）。

A. N_2　　B. NO　　C. NO_2　　D. CO

2. 下列气体中，不能用排空气法收集的是（　　）。

A. CO_2　　B. H_2　　C. NO_2　　D. NO

3. 下列关于白磷和红磷性质的叙述中不正确的是（　　）。

A. 在空气中燃烧都生成P_2O_5　　B. 白磷有毒，红磷无毒

C. 都不溶于水，但都能溶于CS_2　　D. 白磷和红磷互为同素异形体

4. 下列元素的原子半径最大的是（　　）。

A. 氮　　B. 氧　　C. 硫　　D. 磷

5. 下列物质中酸性最强的是（　　）。

A. H_3PO_4　　B. HNO_3　　C. H_2CO_3　　D. H_3BO_3

三、问答题

怎样证明白磷和红磷是同素异形体？

任务四　碳族元素

我们在初中已经学习了碳及其化合物的一些性质。在学习了原子结构和元素周期律的有关知识以后，我们又知道，每种元素在周期表中都有它相应的位置。那么，碳元素位于周期表的什么位置呢？与它同族的还有哪些元素呢？

碳元素原子的最外电子层上有4个电子，与碳相同，硅（Si）、锗（Ge）、锡（Sn）、铅（Pb）元素原子的最外电子层上也都有4个电子。这五种元素位于周期表的第ⅣA族，我们称它们为碳族元素。

【观察思考】

根据所学的元素周期律的知识，试推断出碳族元素性质变化的一些规律性。

碳族元素的化合价主要有+4和+2，碳、硅、锗、锡的+4价化合物是稳定的，而铅的+2价化合物是稳定的。碳族元素的一些重要性质见表2-5。

表2-5　碳族元素的原子结构和单质的物理性质

元素名称	元素符号	原子半径/nm	主要化合价	单质的性质			
				颜色、状态	密度/（g/cm^3）	熔点/℃	沸点/℃
碳	C	0.077	+2，+4	金刚石：无色固体 石墨：灰黑色固体	3.51 2.25	3350 3652~3697	4827 4827
硅	Si	0.117	+2，+4	晶体硅：灰黑色固体	2.32~2.34	1410	2355
锗	Ge	0.122	+2，+4	银灰色固体	5.35	937.4	2830
锡	Sn	0.141	+2，+4	银白色固体	7.28	231.9	2260
铅	Pb	0.175	+2，+4	蓝白色固体	11.3	327.5	1740

碳族元素随着核电荷数的增加，一些性质呈现规律性的变化。在碳族元素的单质中，碳是非金属；硅虽外貌像金属，但在化学反应中多显示非金属性，通常被认为是非金属；锗的金属性比非金属性强；锡和铅都是金属。

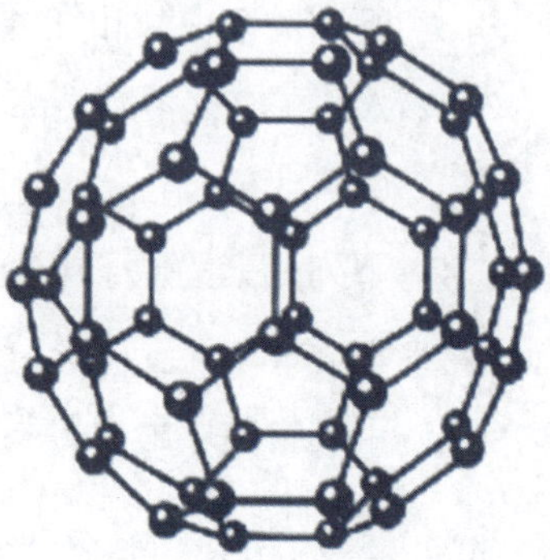
图2-5　C60的结构示意图

从表2-5中还可看出，碳的同素异形体金刚石和石墨的物理性质存在着明显的差异，这是由于在金刚石和石墨中碳原子的结合方式不同造成的。近年来，科学家们又发现了一些以新的单质形态存在的碳，其中比较重要的是C60。C60是一种由60个碳原子构成的分子，形似足球（图2-5），因此也常被称为足球烯。除此之外，还发现了一些结构与C60类似的碳分子，如C70等。

有关碳及其无机化合物的性质，初中化学已学过一些。下面我们简单了解硅及其化合物。

一　硅的单质

硅是自然界中分布很广的一种元素，在地壳中，它的含量仅次于氧，居第二位。在自然界中，没有游离态的硅，只有以化合态存在的硅，如二氧化硅、硅酸盐等。

硅是一种重要的非金属单质，硅有晶体硅和无定形硅两种同素异形体。晶体硅是灰黑色、有金属光泽、硬而脆的固体，它的结构类似于金刚石，熔点和沸点都很高，硬度也很大。晶体硅还有一个重要的性质，就是它的导电性介于导体和绝缘体之间，是良好的半导体材料。硅可用来制造集成电路、晶体管、硅整流器等半导体器件。

由于自然界没有单质硅存在，因此，我们使用的硅，都是从它的化合物中提取的。将粗硅提纯后，可以得到用作半导体材料的高纯硅。

$$SiO_2+2C=Si+2CO$$

二　硅的氧化物

二氧化硅是硅的氧化物，它广泛存在于自然界中，与其他矿物共同构成了岩石。天然二氧化硅也叫硅石，是一种坚硬难熔的固体。

二氧化硅的化学性质不活泼，不与水反应，也不与酸（氢氟酸除外）反应，但能与碱性氧化物或强碱反应生成盐。因此实验室中盛放碱液的试剂瓶要用橡皮塞而不能用玻璃塞（玻璃中含有SiO_2）。

二氧化硅的用途很广，目前已被使用的高性能通信材料光导纤维的主要原料就是二氧化硅。石英的主要成分也是二氧化硅，较纯净的石英可用来制造石英玻璃，我们在实验室中使用的一些耐高温的化学仪器，就是用石英玻璃制成的。利用石英制造的石英电子表、石英钟等也非常受人们的喜爱。透明的石英晶体，就是我们常说的水晶。水晶常用来制造电子工业中的重要部件、光学仪器，也用来制成高级工艺品和眼镜片等。

三　硅酸盐

硅酸盐是构成地壳岩石的主要成分，自然界中存在的各种天然硅酸盐矿物，约占地壳质量的5%。硅酸盐的种类很多，结构也很复杂，通常可用二氧化硅和金属氧化物的形式来表示其组成。例如：硅酸钠Na_2SiO_3（$NaO \cdot SiO_2$）和高岭石$Al_2(Si_2O_5)(OH)_4$（$Al_2O_3 \cdot 2SiO_2 \cdot 2H_2O$）。

硅酸钠是一种最常见的硅酸盐，它的水溶液俗称水玻璃。水玻璃是无色黏稠的液体，是一种矿物胶，可用作建筑上的黏合剂。硅酸钠不能燃烧且不易受腐蚀，可用作防腐剂，木材、纺织品等浸过水玻璃后，不但能防腐而且不易着火。黏土的主要成分也是硅酸盐。黏土的种类很多，常见的有高岭土和一般黏土。黏土是制造陶瓷器的主要原料。

【活动探究】

水中花园

在水槽或大玻璃容器的底部铺一层洗净的细沙（约1 cm厚），再放置一块形状像假山的石头或炉渣。向容器中注入过滤后的质量分数为20%的Na_2SiO_3溶液（约占容器体积的3/4），用玻璃棒将底部的沙子摊平。静置，待液面停止晃动后，用镊子分别将各种盐的固体（红豆粒大小），如$CuSO_4$、$MnCl_2$、$CaCl_2$、$CoCl_2$（氯化钴）等，投入槽底细沙的不同位置。不久，可以看到，在投入了盐的地方，有晶体慢慢从水底的细沙中向上“生长”。几小时后，就能长成各种颜色的“水草”，形成美丽的“水中花园”（图2-6）。

图2-6　水中花园

【练习题】

一、填空题

1. 根据Si和C在周期表中的位置可以推知，H_2SiO_3比H_2CO_3的酸性________。

2. 盛放碱液的试剂瓶不能用玻璃塞，是为了防止发生________反应（用化学方程式表示），而使瓶塞与瓶口粘在一起。

二、选择题

1. 下列单质中，属于金刚石的同素异形体的是（　　）。

A. 硅　　B. 石墨　　C. 锡　　D. 铂

2. 下列物质中，能直接用作半导体材料的是（　　）。

A. 金刚石　　B. 石墨　　C. 硅　　D. 铅

3. 下列物质中，不与水反应的是（　　）。

A. SiO_2　　B. CO_2　　C. SO_2　　D. CaO

4. 下列叙述中，正确的是（　　）。

A. 自然界中存在大量单质硅

B. 石英、水晶、硅石的主要成分都是二氧化硅

C. 二氧化硅的化学性质活泼，能跟酸、碱发生化学反应

D. 自然界中二氧化硅都存在于石英矿中

归纳小结

非金属元素位于元素周期表的右方，主要指第ⅠA族的氢，第ⅡA族的硼，第ⅣA族的碳和硅，第ⅤA族的氮、磷、砷，第ⅥA族的氧、硫、硒、碲和第ⅦA族的氟、氯、溴、碘、砹等16种元素。非金属元素为数虽不多，但是在无机物质中的一些单质，氧化物、酸、碱、盐等几乎都包含有非金属元素。

一 卤族元素

卤素是一族非金属元素，卤元素原子最外电子层都有7个电子，在化学反应中容易得到电子，是典型的非金属元素。它们的化学性质主要是强的非金属性，它们的单质都是强氧化剂。

与金属反应——生成金属卤化物

与氢气反应——生成卤化氢

与水反应——生成氢卤酸、次卤酸

与卤化物反应——把较不活泼的卤素从它们的卤化物中置换出来

二 氧族元素

氧族元素的原子结构相似，最外电子层都有6个电子，在化学反应中容易得到电子，显非金属性，其化学性质相似。

1. 硫的化学性质

（1）与大多数金属反应生成金属硫化物。

（2）与氢气反应生成硫化氢。硫化氢的水溶液氢硫酸是一种弱酸。

（3）与氧气反应生成二氧化硫等。

（4）二氧化硫易溶于水并与其反应生成亚硫酸，亚硫酸不稳定，易分解成二氧化硫和水，此反应为可逆反应。

二氧化硫经催化氧化生成三氧化硫。三氧化硫与水剧烈化合而生成硫酸。

2．硫酸的性质

稀硫酸具有酸的同性。浓硫酸的特性是吸水性、脱水性和氢氧化性。

三　氮族元素

氮族元素是元素周期表的第VA族。包括氮、磷、砷、锑、铋5种元素。氮族元素原子的最外电子层都有5个电子，其非金属性比同周期的氧族、卤族元素弱。

1．氮气

（1）氮分子在常温下很不活泼。但在高温下，氮气也能与氢气、氧气等发生反应。

（2）氮的氧化物较多，重要的为一氧化氮和二氧化氮。

二氧化氮溶于水生成硝酸和一氧化氮。

2．氨和铵盐

（1）氨容易液化，并极易溶于水。

（2）氨水具有弱碱性。

（3）氨与酸反应生成铵盐。

（4）铵盐易受热分解。

（5）铵盐可以与碱发生反应。

3．硝酸

硝酸除具有酸的通性外，还具有以下特征：

（1）不稳定性　见光或受热易分解生成水、二氧化氮和氧气。

（2）氧化性　硝酸是一种强氧化剂，它几乎能与所有金属，非金属发生氧化还原反应。

四　碳族元素

碳族元素是元素周期表的第ⅣA族，包括碳、硅、锗、锡、铅5种元素。碳族元素原子的最外电子层有4个电子，既不易失去电子，也不易得到电子，容易形成共价化合物。

1. 硅

硅是良好的半导体材料，性质与碳相似。

2. 二氧化硅

天然的二氧化硅分别为晶体和无定形两大类。二氧化硅不溶于水，是一种酸性氧化物，能与碱性氧化物或碱发生反应生成盐。

项目三　金属元素

初中时我们学过的一些金属知识，对常见的金属的性质和用途已经有了初步的了解。在现代社会的工农业生产、科技、日常生活和专业学习操作中，金属都起着非常重要的作用。美容美发化妆品中也时常含有某些金属离子。因此，我们需要进一步学习有关金属的知识。

在已发现的元素中，大约有4/5是金属元素。在元素周期表中，从第ⅢA族的硼元素相右下角画一条阶梯形折线，则周期表的右上角区域是非金属和稀有气体元素，其余的都是金属元素（氢除外），图3-1所示为金属元素在元素周期表中的分布。金属有不同的分类方法。在冶金工业上，常把金属分为黑色金属和有色金属两大类。黑色金属通常指铁、铬、锰及其合金，主要是铁碳合金；有色金属是指除去铁、铬、锰以外的所有金属。人们也常按照密度大小把金属分为轻金属和重金属。此外，还可按使用情况将金属分为常见金属和稀有金属。

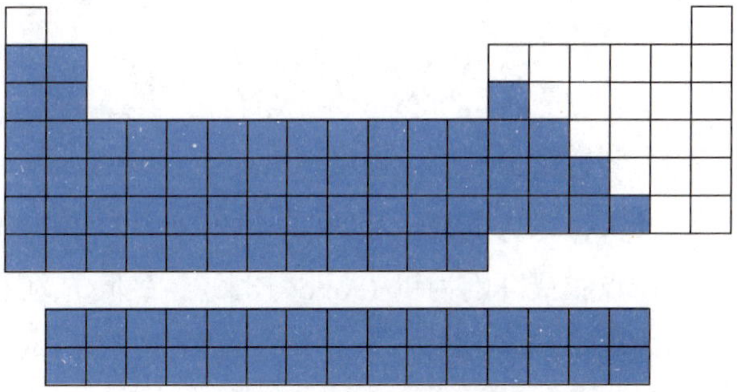
图3-1　金属元素在元素周期表中的分布

其中两种或两种以上金属（或金属和非金属）熔合而成的具有金属特性的物质叫合金。

一　金属的物理性质

在常温下，一切金属都具有晶体结构（除汞外）。金属晶体中包含着中性原子、带有正电荷的金属阳离子和从原子上脱落下来的自由电子。金属原子的最外层电子数比较少，最外层电子与原子核的联系又比较松弛，所以金属原子容易失去电子。这些电子不是固定在某一金属离子的附近，而是在晶体中自由地移动，所以叫自由电子。依靠流动的自由电子，使金属原子和金属阳离子相互连接在一起而形成金属晶体。所以，金属具有很多共同的物理性质。

1. 颜色和光泽

大多数金属呈银白色，少数金属呈其他颜色。例如：金呈黄色，铜呈紫红色。金属都是不透明的，块状或片状的金属具有金属光泽。在粉末状态时，除镁、铝等金属仍保持原有的光泽外，一般金属都呈黑色或暗灰色。

2. 延展性

一般来说，金属具有不同程度的延展性，可以抽成细丝，也可以压成薄片。也有少数金属锑、铋、锰等质脆，延展性较差。

3. 传导性

因为自由电子的存在，大多数金属具有良好的导电性和导热性，导电性好的金属导热性也好。常见的几种金属按照导电和导热能力由大到小排列如下：

银、铜、金、铝、锌、铁、铂、锡、铅

因为金、银比较贵重，所以，一般的电线都是铜和铝制的。

4. 密度、硬度和熔点

大多数金属密度、硬度较大，熔点较高，但它们之间差别也较大。

密度：最大的为锇（Os 22.57 g/cm^3），最小的为锂（Li 0.534 g/cm^3）。

熔点：最高的为钨（W 3413℃），最低的为汞（Hg −39℃）。

硬度：最硬的为铬（Cr 9），最软的为钾（K）、钠（Na）、铯（Cs）等，甚至可用小刀切割。

二 金属的化学性质

我们知道，多数金属元素原子的最外层电子数都少于4个，在发生化学反应时，它的最外层电子较容易失去。所以，金属最主要的共同化学性质是都易失去最外层的电子变成金属阳离子而表现出还原性。如金属可以与非金属反应，与氧反应，与酸反应等。由于金属失去电子的难易程度不同，所以各种金属还原性的强弱也不同，化学活动性差别也较大。因此，对于金属的化学性质，需要结合具体物质进行研究。

任务一 碱金属元素

人们把元素周期表中第IA族的锂、钠、钾、铷、铯等元素叫作碱金属。它们的结构特征和性质等方面存在着某种内在的联系，下面我们将逐一进行探讨。

一 碱金属元素的原子结构及物理性质

碱金属是一类化学性质非常活泼的金属，因此，它们在自然界中都以化合态存在，碱金属的单质都由人工制得。

由表3-1（试着画出其中的电子层结构），可以得出规律：碱金属元素原子，最外电子层上都只有1个电子，随着核电荷数的增多，它们的电子层数逐渐增多，原子半径逐渐增大。

表3-1 碱金属元素的原子结构

元素名称	元素符号	核电荷数	电子层结构	原子半径/nm
锂	Li	3		0.152
钠	Na	11		0.186
钾	K	19		0.227
铷	Rb	37		0.248
铯	Cs	55		0.265

从表3-2中还可以看出，碱金属除铯略带金色光泽外，其余的都是银白色。碱金属都比较柔软，有展性。碱金属的密度都较小，尤其是锂、钠、钾。碱金属的熔点都较低，如铯在气温稍高时就是液态。此外，碱金属的导热、导电性能也都很强。随着碱金属元素核电荷数的增加，它们的密度呈增大趋势，熔点和沸点逐渐降低。

表3-2 碱金属元素的主要物理性质

元素名称	元素符号	核电荷数	颜色状态	密度/（g/cm^3）	熔点/℃	沸点/℃
锂	Li	3	银白色，柔软	0.534	180.5	1347
钠	Na	11	银白色，柔软	0.97	97.81	882.9
钾	K	19	银白色，柔软	0.86	63.65	774
铷	Rb	37	银白色，柔软	1.532	38.89	688
铯	Cs	55	略带金色光泽，柔软	1.879	28.40	678.4

注：密度是指常温时的数据。

我们再来分析碱金属元素的原子结构与其化学性质的关系。可以作如下推论：

第一，碱金属元素原子的最外层上都只有1个电子，因此，它们具有相似的化学性质。如果以钠为例，可以预测锂、钾、铷、铯等碱金属也能与氧气等非金属以及与水等起反应。

第二，碱金属元素的原子失去最外电子层中电子的能力逐渐增强。即碱金属元素的性质也具有差异性，从锂到铯，它们的金属性逐渐增强。因此，钾、铷、铯与氧气或水的反应，将比钠更剧烈。

二 碱金属的化学性质

1. 与非金属的反应

【实验1】取一小块钾，擦干表面的煤油后，放在石棉网上稍加热（图3-2）。观察发生的现象，并跟钠在空气中的燃烧现象进行对比。

图3-2　钾在空气中燃烧

同钠一样，钾也能与氧气起反应，而且反应比钠的更剧烈。

大量实验证明，碱金属都能与氧气起反应。锂与氧气的反应不如钠剧烈，生成氧化锂：$4Li+O_2 \xlongequal{点燃} 2Li_2O$。

在室温时，铷和铯遇到空气就会立即燃烧。钾、铷等碱金属与氧气反应，生成比过氧化物更复杂的氧化物。

除与氧气反应外，碱金属还能与氯气等大多数非金属起反应，表现出很强的金属性，且金属性从锂到铯逐渐增强。

2. 与水的反应

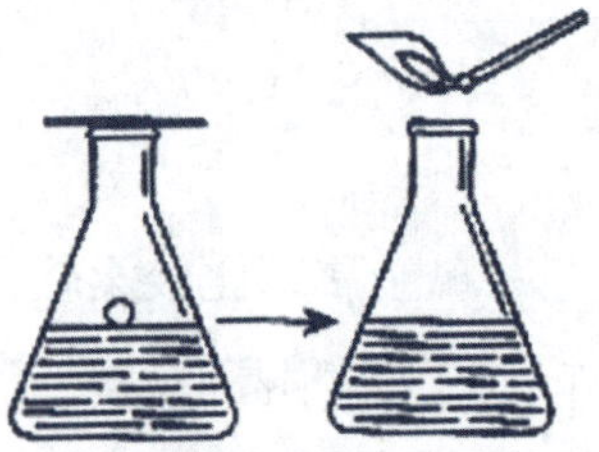
图3-3　钾与水反应

【实验2】在一个盛有水的锥形瓶里滴入几滴酚酞试液。取像黄豆大小的一小块钾，擦干表面煤油后放入锥形瓶里，迅速用玻璃片盖好。观察所发生的现象，并跟钠与水的反应现象进行对比。反应完毕后，取下玻璃片，迅速将燃着的小木条靠近锥形瓶口，检验反应所生成的气体（图3-3）。

实验证明，同钠一样，钾也能与水起反应生成氢气和氢氧化钾。钾与水的反应比钠与水的反应更剧烈，反应放出的热可以使生成的氢气燃烧，并发生轻微的爆炸，证明钾比钠的金属性更强。

$$2K+2H_2O=2KOH+H_2\uparrow$$

大量实验还证明，碱金属都能与水起反应，生成氢氧化物并放出氢气。例如，铷、铯与水的反应比钾与水的反应还要剧烈。它们遇水立即燃烧，甚至爆炸。

三 焰色反应

我们观察钠在空气中燃烧的现象时，会发现钠燃烧时的火焰呈现黄色。如果我们炒菜时，不慎将食盐或食盐水溅在火焰上，也会发现火焰呈现黄色。很多金属或它们的化合物在灼烧时都会使火焰呈现出特殊的颜色，这在化学上叫做焰色反应（图3-4）。

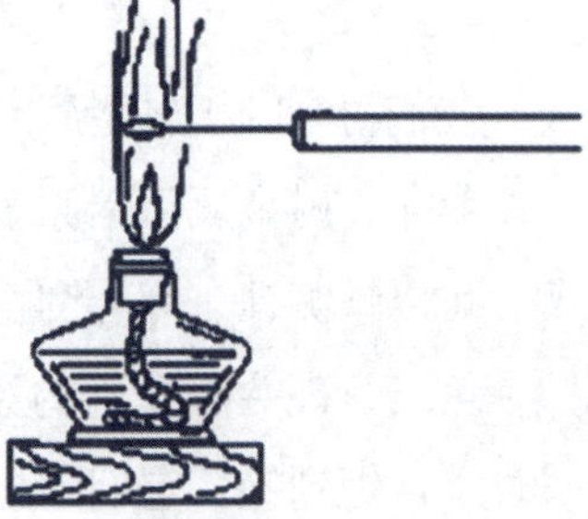
图3-4　焰色反应

【实验3】把装在玻璃棒上的铂丝（也可用光洁无锈的铁丝，或镍、铬、钨丝）放在酒精灯火焰（最好用煤气灯，它的火焰颜色较浅）里灼烧，直到与原来的火焰颜色相同为止。用铂丝蘸取碳酸钠溶液，放在火焰上灼烧，就可以看到火焰呈黄色。在观察钾的火焰颜色时，要透过蓝色的钴玻璃去观察，这样可以滤去黄色的光，避免钾盐中杂质钠所造成的干扰。

【观察思考】

当在玻璃管口点燃某些可燃性气体时，火焰常呈现黄色。能否由此说明这些气体的火焰为黄色吗？为什么？

表3-3　一些金属或金属离子的焰色反应颜色

金属或金属离子	锂	铷	钙	锶	钡	铜
焰色反应颜色	紫红色	紫色	砖红色	洋红色	黄绿色	绿色

不仅碱金属和它们的化合物都能呈现焰色反应，钙、锶、钡、铜等金属也能呈现焰色反应（表3-3）。我们可以根据焰色反应所呈现的特殊颜色，来测定金属或金属离子的存在。

每逢佳节晚上燃放的五彩缤纷的焰火，就是碱金属，以及锶、钡等金属化合物焰色反应所呈现的各种鲜艳色彩。

四　钠的化合物

钠的化合物很多，用途也很广泛。我们在初中已学过氢氧化钠和氯化钠。这里，重点了解过氧化钠、碳酸钠和碳酸氢钠。

1. 过氧化钠

过氧化钠是淡黄色的固体，能与水起反应。

【实验4】把水滴入盛有Na_2O_2固体的试管中，用带火星的木条放在试管口，检验生成的气体。

【实验5】用棉花包住约0.2 gNa_2O_2粉末，放在石棉网上。在棉花上滴加几滴水（图3-5）。观察发生的现象。

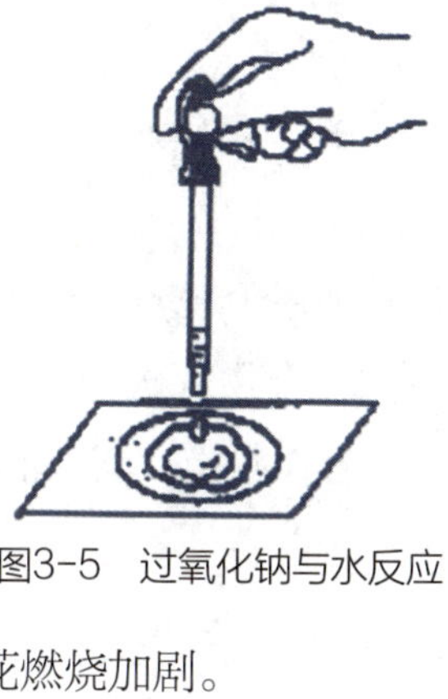

图3-5　过氧化钠与水反应

过氧化钠与水反应生成氢氧化钠和氧气：

$2Na_2O_2+2H_2O=4NaOH+O_2\uparrow$

这是一个放热反应，反应放出的热能使棉花燃烧，反应生成的氧气又使棉花燃烧加剧。

过氧化钠是强氧化剂，可以用来漂白织物、麦秆、羽毛等。

过氧化钠跟二氧化碳起反应，生成碳酸钠和氧气：$2Na_2O_2+2CO_2=2Na_2CO_3+O_2$

因此，它可用在呼吸面具和潜水艇里作为氧气的来源。

2. 碳酸钠和碳酸氢钠

碳酸钠（Na_2CO_3）俗名纯碱或苏打，是白色粉末。碳酸钠晶体的化学式是$Na_2CO_3 \cdot 10H_2O$。在空气里，碳酸钠晶体很容易失去结晶水，逐渐碎裂成粉末。失水后的碳酸钠叫无水碳酸钠。

碳酸氢钠（$NaHCO_3$）俗名小苏打，是细小的白色晶体。碳酸钠比碳酸氢钠容易溶解于水。

碳酸钠和碳酸氢钠都能与盐酸反应放出二氧化碳：

$$Na_2CO_3+2HCl=2NaCl+H_2O+CO_2\uparrow$$

$$NaHCO_3+HCl=NaCl+H_2O+CO_2\uparrow$$

【实验6】在两支试管中分别加入3 mL稀盐酸，将两个各装有0.3 gNa_2CO_3或$NaHCO_3$粉末的小气球分别套在两支试管口。将气球内的Na_2CO_3和$NaHCO_3$同时倒入试管中，比较它们放出CO_2的快慢。

从上述实验可以看到，$NaHCO_3$和Na_2CO_3都能与HCl溶液起反应，但$NaHCO_3$与HCl溶液的反应要比Na_2CO_3与HCl溶液的反应剧烈得多。

讨论：实验时，如果不慎将盐酸洒在桌面上，用Na_2CO_3处理或用$NaHCO_3$处理，哪种更好？为什么？

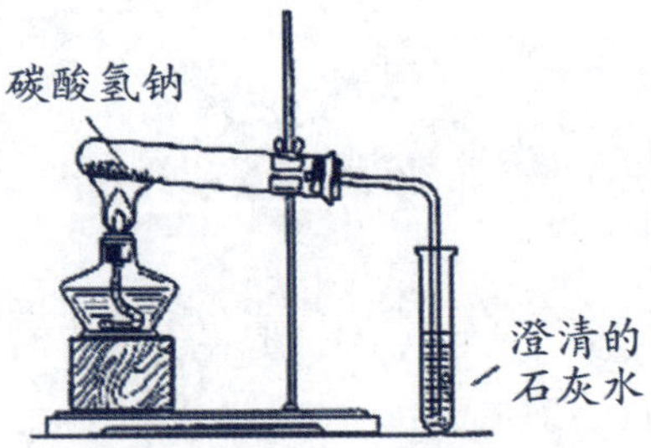

图3-6 鉴别Na_2CO_3和$NaHCO_3$

【实验7】把Na_2CO_3放在试管里，约占试管容积的1/6，并往烧杯里倒入澄清的石灰水，加热。观察澄清的石灰水是否起变化。换上一支放入同样容积$NaHCO_3$的试管，加热。观察澄清石灰水的变化（图3-6）。

从上述实验可以看到，Na_2CO_3受热没有变化，而$NaHCO_3$受热后放出了CO_2。这个实验说明Na_2CO_3很稳定，$NaHCO_3$却不稳定，受热容易分解：$2NaHCO_3 \xlongequal{\triangle} Na_2CO_3+H_2O+CO_2\uparrow$，可以利用这个反应来鉴别$Na_2CO_3$和$NaHCO_3$。

【活动探究】

如何鉴别Na_2CO_3、$NaHCO_3$和NaCl?

碳酸钠是化学工业的重要产品之一，有很多用途（图3-7）。它广泛地用于玻璃、制皂、造纸、纺织等工业中，也可以用来制造其他钠的化合物。碳酸氢钠是焙制饼干、糕点所用发酵粉的主要成分之一。在医疗上，它是治疗胃酸过多的一种药剂。

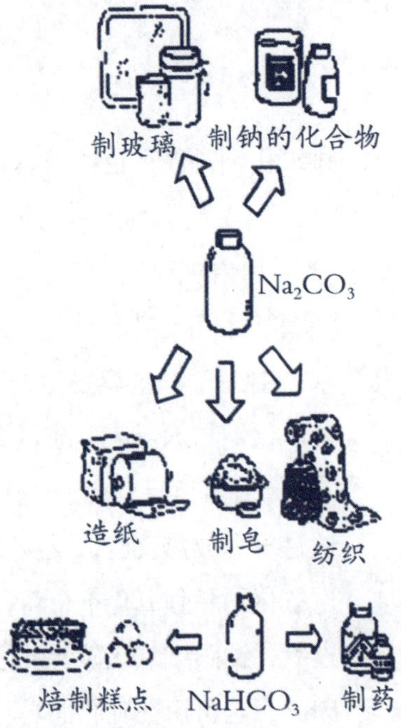

图3-7 碳酸钠的用途

【练习题】

一、填空题

1. 碱金属元素中金属性最强的是____，原子半径最小的是____。

2. 钠和钾都是活泼金属，钾比钠更 ______，因为钾的原子核外电子层数比钠的 ______，更容易 ______ 电子。

3. 钠或 ______ 灼烧时，火焰呈现 ______ 色；钾或 ______ 灼烧时，火焰呈现 ______ 色。观察钾的焰色反应的颜色需透过 ______ 色的钴玻璃，这是为了避免 ______ 中可能混有的 ______ 的干扰。

4. 钾和钠各1 g，分别与20 mL水反应，其中，反应更剧烈的是 ______。在相同状况下，生成气体的质量大的是 ______。

二、选择题

1. 金属钠比金属钾（　　）。

A. 金属性强　　B. 与水反应激烈　　C. 原子半径大　　D. 熔点高

2. 下列关于Na和Na^+性质的叙述中，正确的是（　　）。

A. 它们都是强还原剂　　B. 它们的电子层数相同

C. 它们都显碱性　　D. 它们灼烧时都能使火焰呈现黄色

三、鉴别题

如何鉴别Na_2CO_3、K_2CO_3、NaCl和K_2SO_4？请写出有关反应的化学方程式。

任务二　碱土金属元素

元素周期表的第ⅡA族包括铍、镁、钙、锶、钡、镭几种元素，通常称为碱土金属。

因为这些金属的氧化物既是熔点很高的，它们溶于水又显较强的碱性，历史上曾经把难熔的氧化物称为土性的，所以这6种金属被称为碱土金属。它们都是灰色至银白色金属，容易同空气中的氧气和水蒸气作用，在表面形成氧化物和碳酸盐，失去光泽。

碱土金属的硬度略大于碱金属，钙、锶、钡、镭仍可用小刀切割，其熔点和密度也都大于碱金属，但仍属于轻金属。碱土金属的导电性和导热性能较好。它们的化学性质活泼，在空气中加热时，发生燃烧，产生光耀夺目的火光，形成氧化物。与水作用时，放出氢气，生成氢氧化物，碱性比碱金属的氢氧化物弱，但钙、锶、钡、镭的氢氧化物仍属强碱。

碱土金属最外电子层上有两个价电子，氧化态为+2，所生成的盐多半很稳定，遇热不易分解，在室温下也不发生水解反应。碱土金属的离子为无色的，其盐类大多是白色固体，碱土金属的盐类（如硫酸盐、碳酸盐等）溶解度都比较小。

在自然界中，碱土金属都以化合物的形式存在，可用焰色反应鉴定。由于它们的性质活泼，只能用电解方法制取。

因为ⅡA族的镁和ⅢA族的铝在性质上有类似的地方，但由于结构不同，性质又有一些差异。为了便于比较，我们在此把镁和铝的性质并列介绍。

一 镁和铝的物理性质

镁和铝分别位于第三周期的ⅡA和ⅢA族，它们都是银白色的轻金属，有较强的韧性、延性和展性，有良好的导电、导热性，见表3-4。

表3-4 镁和铝的物理性质

元素名称	元素符号	核电荷数	原子示意图	单质的物理性质				
				颜色和状态	硬度	密度/（g/cm^3）	熔点/℃	沸点/℃
镁	Mg	12		银白色固体	很软	1.738	1.738	1090
铝	Al	13		银白色固体	较软	2.70	2.70	2467

【观察思考】

1. 镁和铝分别位于元素周期表的第几周期，第几族？
2. 分别在表3-4中画出镁和铝的原子结构示意图，它们的原子结构有哪些特点？
3. 为什么镁的化学性质比铝活泼？试用实验事实加以说明。

物质的用途常与它们的性质有很大关系，因此铝常用于制作导线和电缆，铝箔常用于食品、饮料的包装等。镁和铝的更重要的用途是制造合金，制成合金可克服纯镁和纯铝的硬度、强度较低，不适于制造机器零件的缺点。例如，含有硅、铜、锌、锰等元素的镁、铝合金就具有质轻、坚韧、机械性能较好等许多优良性质，用途极为广泛，如用来做飞机外壳材料、门窗等。

二 镁和铝的化学性质

镁和铝都是在同一周期中比较活泼的金属，但由于镁比铝的原子半径大，最外层电子数少，原子核对最外层电子的引力更小一些，因此镁的最外层电子更易失去，镁比铝更活泼。

镁和铝都能跟非金属、酸等物质起反应，铝还可以跟强碱溶液起反应。

1. 与非金属的反应

在常温下，镁和铝都跟空气里的氧气反应，生成一层致密而坚固的氧化物薄膜，从而使金属失去光泽。由于这层氧化膜能阻止金属的继续氧化，所以，镁和铝都有抗腐蚀的性能。

镁和铝除能跟氧气起反应外，在加热时还能跟其他非金属如硫、卤素等起反应。

2. 与酸的反应

我们曾做过镁、铝分别跟稀盐酸反应的实验，反应后都生成氢气。两者相比较，镁的反应更剧烈一些。

在常温下，在浓硫酸或浓硝酸里铝的表面被钝化，生成坚固的氧化膜，可阻止反应的继续进行。因此，人们可以用铝制的容器装运浓硫酸或浓硝酸。

3. 与碱的反应

很多金属能跟酸起反应，但大多数金属却不能跟碱起反应，那么镁和铝的情况呢？

【实验1】在2个试管里分别加入10 mL浓NaOH溶液，再各放入一小段铝片和镁条，观察实验现象（图3-8）。过一段时间后，用点燃的木条分别放在2个试管口，有什么现象发生？

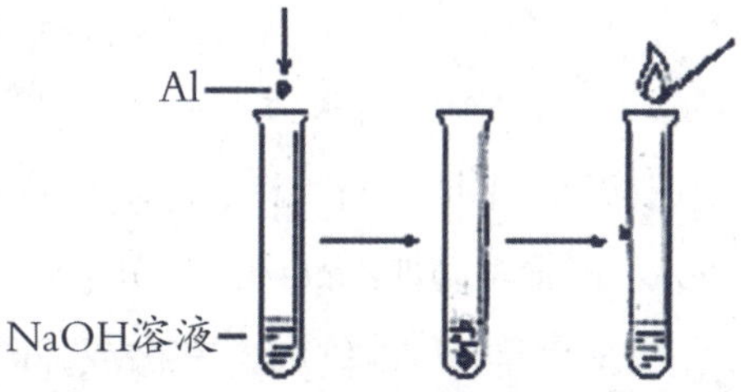

图3-8　铝、镁分别与氢氧化钠的反应

通过实验我们看到，镁不能跟NaOH溶液反应，铝能反应，并放出一种可燃性气体（氢气），同时生成偏铝酸钠（$NaAlO_2$）。反应的化学方程式为：

$$2Al+2NaOH+2H_2O=2NaAlO_2+3H_2\uparrow$$

由于酸、碱、盐等可直接腐蚀铝制品，所以铝制餐具不宜用来蒸煮或长时间存放具有酸性、碱性或咸味的食物。

4. 与某些氧化物的反应

镁和铝都是较活泼的金属，它们的还原性比较强，不仅能把氧气还原，而且在一定条件下还能跟某些氧化物起反应，将其中的某些元素还原。例如，铝在一定条件下能跟氧化铁发生铝热反应。铝热反应原理可以应用在生产上，例如焊接钢轨等。在冶金工业上也常用这一反应原理，使铝跟金属氧化物反应，用来冶炼钒、铬、锰等。

三　铝的重要化合物

由于镁和铝都是较活泼的金属，因此它们都以化合态存在于自然界中。

1. 氧化铝

氧化铝（Al_2O_3）是一种白色难熔的物质，是冶炼金属铝的原料，也是一种比较好的耐火材料。它可以用来制造耐火坩埚、耐火管和耐高温的实验仪器等。

氧化铝是典型的两性氧化物。新制备的氧化铝既能跟酸起反应生成铝盐，又能跟碱起反应生成偏铝酸盐。

$$Al_2O_3+6H^+=2Al_3^++3H_2O$$

2. 氢氧化铝

氢氧化铝〔$Al(OH)_3$〕是几乎不溶于水的白色胶状物质。它能凝聚水中悬浮物，又有吸附色素的性能。在实验室里可以用铝盐溶液跟氨水的反应来制取氢氧化铝。

【实验2】在试管里放入10 mL 0.5 mol/L $Al_2(SO_4)_3$溶液，滴加氨水，生成白色胶状$Al(OH)_3$沉淀。继续滴加氨水，直到不再产生沉淀为止。过滤，用蒸馏水冲洗沉淀，可得到较纯净的$Al(OH)_3$。取少量$Al(OH)_3$沉淀放在蒸发皿中，加热。观察$Al(OH)_3$铁、铬、锰的分解。此反应可以表示如下：

$$Al_2(SO_4)_3+6NH_3\cdot H_2O=2Al(OH)_3\downarrow+3(NH_4)_2SO_4$$

$$2Al(OH)_3=Al_2O_3+3H_2O$$

【实验3】把上面实验中制得的$Al(OH)_3$沉淀分装在2个试管里，往一个试管里滴加2 mol/L盐酸，往另一试管里滴加2 mol/L NaOH溶液。边加边振荡，直至沉淀完全溶解。

实验表明，$Al(OH)_3$在酸或强碱溶液里都能溶解。这说明它既能跟酸起反应，又能跟强碱溶液起反应，它是典型的两性氢氧化物。

3. 硫酸铝钾〔$KAl(SO_4)_2$〕

水合硫酸铝钾〔$KAl(SO_4)_2\cdot 12H_2O$〕俗称明矾。明矾是无色晶体，易溶于水，溶于水时，发生水解反应，其水溶液显酸性。明矾水解所产生的胶状的$Al(OH)_3$吸附能力很强，可以吸附水里的杂质，并形成沉淀，使水澄清。所以明矾常用作净水剂。

【生活向导】

铝制品的锈蚀

铝制品的表面虽然有致密的保护膜，不易被氧化，但是当有较活泼的元素（如卤素）的离子存在时，氧化膜将这些离子吸附在表面，取代了膜中氧形成新的化合物。例如，有氯离子存在时，就会使一部分保护膜变成氯化铝，氯化铝易溶于水，因而使保护膜的结构遭到破坏，产生了孔隙，有害物质就可能渗入内部，加速铝制品的腐蚀。

食盐的成分是氯化钠，其中还含有少量氯化镁，在水中溶解后能电离生成氯离子，因此会破坏保护膜。氯化镁在溶解时会发生水解，使溶液呈酸性，使铝制品腐蚀的更快。因此不能用铝制品盛含盐的蔬菜及食品。

【练习题】

一、填空题

1. 在元素周期表中，金属元素位于每一周期的 ________。金属原子的最外层电子数一般比较 ________，和同周期非金属相比，其原子半径较 ________，在化学反应中容易 ________ 电子生成 ________，金属发生 ________ 反应，是 ________ 剂。

2. 氧化铝和氢氧化铝既可以与 ________ 反应，又可以与 ________ 反应，它们是典型的 ________ 氧化物和 ________ 氢氧化物。

3. 钠、镁、铝的氢氧化物的碱性从弱到强的排列顺序为 ________________。

二、选择题

1. 下列关于镁的叙述中，不正确的是（　　）。

A. 在空气中燃烧时发出耀眼的白光

B. 由于镁能跟空气中的氧气反应，所以必须密封保存

C. 能跟盐酸反应放出氢气

D. 能与沸水反应放出氢气

2. 下列关于铝的叙述中，不正确的是（　　）。

A. 铝属于第ⅢA族元素　　B. 铝是地壳里含量最多的金属元素

C. 在常温下，铝不能与氧气反应　　D. 铝既能溶于酸，又能溶于强碱溶液

3. 下列各物质的水溶液，滴加稀硫酸或氯化镁溶液时，均有白色沉淀生成的是（　　）。

A. $BaCl_2$　　B. $Ba(OH)_2$　　C. Na_2CO_3　　D. KOH

三、问答题

1. 根据日常生活经验，简述金属有哪些主要用途？

2. 什么是合金？举例说明合金有哪些用途？

归纳小结

金属的通性

部分金属的主要化学性质

<table>
<tr><td>金属活动性顺序</td><td colspan="4">K Ca Na Mg Al Mn Fe Sn Fb（H） Cu Hg Ag Pt Au</td></tr>
<tr><td>金属原子失电子能力</td><td colspan="4">依次减小，还原性减弱</td></tr>
<tr><td>在空气中与氧气的反应</td><td>易被氧化</td><td>常温时被氧化</td><td>加热时能被氧化</td><td>不能被氧化</td></tr>
<tr><td>跟水的反应</td><td>常温可置换出水中的氢</td><td>加热或跟水蒸气反应时能置换出水中的氢</td><td colspan="2">不跟水反应</td></tr>
<tr><td rowspan="2">跟酸的反应</td><td colspan="2">能置换出稀酸（如HCl、H_2SO_4）中的氢</td><td colspan="2">不能置换出稀酸中的氢</td></tr>
<tr><td>反应剧烈</td><td>反应程度依次减弱</td><td>能跟浓硫酸、硝酸反应</td><td>能跟王水反应</td></tr>
<tr><td>跟盐的反应</td><td colspan="4">位于金属活动性顺序前面的金属可以将后面的金属从其盐溶液中置换出来</td></tr>
<tr><td>跟碱的反应</td><td colspan="4">Al等具有两性的金属可以跟碱反应</td></tr>
</table>

不同金属在密度、硬度、熔点、沸点等方面差别很大，但多数金属有许多共同的物理性质，如有金属光泽、有延性和展性、能导电、导热等。

金属元素原子的共同的化学性质是容易失去最外层电子，变成金属阳离子，表现出还原性。金属的还原性强弱与它的结构、在元素周期表中的位置有关，与金属活动性顺序大致相同。金属的还原性主要表现在金属能跟氧气或其他非金属、水、酸、盐发生反应。

金属冶炼的主要方法有热分解法、热还原法和电解法等。

1. 镁及其重要化合物之间的转化关系

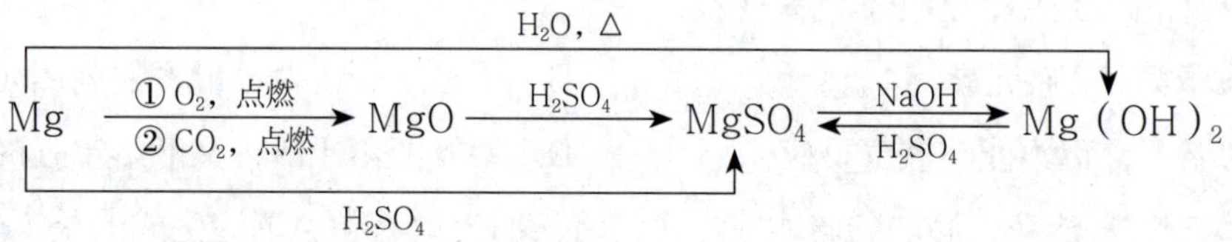

2. 铝及其重要化合物之间的转化关系

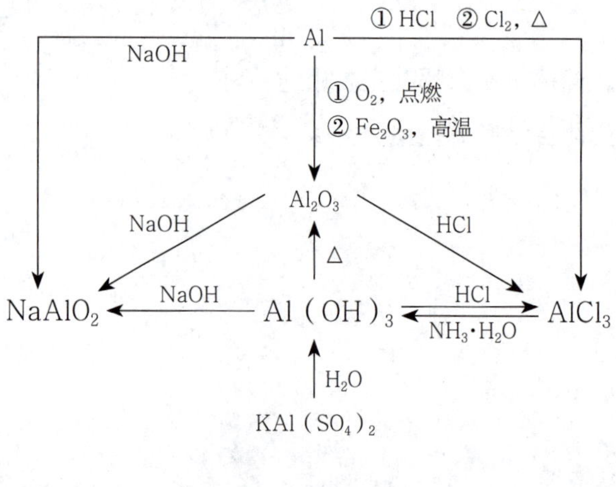

项目四 电解质溶液

很多化学反应要在溶液中方能进行，而溶液、电解质和食物的酸碱度等常识在美容美发专业的实际操作和日常生活中有着及其广泛的运用，如人的皮肤和发质有一定的pH，使用时需要选择何种pH的产品更为恰当；人的体液就是一种生理性溶液，在维持正常的生理功能方面，电解质也有着神奇的作用。在初中化学中，我们已经涉足了一些有关溶液、溶解度、电解质方面的初步知识。本项目中，我们将重点介绍一些与电解质溶液相关的知识。

任务一 溶液的基本概念

在这一任务中，我们主要了解与探讨关于溶液的几个基本概念。

一 溶液、悬浊液、乳浊液

把不同物质放入水中，是不是都能得到溶液呢？我们观察以下的实验。

【实验1】在4支试管里，各加入10 mL水，然后分别加入少量泥土、植物油、蔗糖和食盐，观察现象；振荡，再观察发生的现象。

我们可以看到，4支试管里的现象不同。蔗糖或食盐的试管里，得到的是一种透明的液体。加入泥土、植物油的试管里，振荡后得到混浊的液体。

前两种液体是均一、稳定的。只要水分不蒸发，温度不变化，不管放置多久，蔗糖和食盐不会分离出来的。像这样一种或几种物质分散到另一种物质里，形成均一的、稳定的混合物，叫做溶液。我们能把溶解其他物质的物质叫做溶剂；被溶解的物质叫做溶质。溶液是由溶剂和溶质组成的。上述实验中，水是溶剂，蔗糖和食盐是溶液。水可以用来溶解很多种物质，是很好的无机溶剂，也是最常用的溶剂，用水作溶剂的溶液，即称为水溶液。除了水外，汽油、酒精等也可以做溶剂。

溶质可以是固体，也可以是液体或气体。两种液体互相溶解时，通常把量多的一种叫做溶剂，量少的一种叫做溶质。当溶液中有水存在时，不论水的量有多少，我们习惯上都把水看作溶剂。

把泥土放入水中时，振荡后得到混浊的液体。液体里悬浮着很多分子集合成的固体小颗粒，使整个液体呈混浊状态。这种液体不稳定，静止一会儿后，固体逐渐下沉。这种固体小颗粒悬浮于液体里形成的混合物叫做悬浊液。

把油注入水中时，用力振荡后得到乳状混浊的液体。这种液体里分散着不溶于水的小液滴，小液滴也是由很多分子集合而成的。这种液体也不稳定，经过静止，植物油逐渐浮起来，又分为上下两层。这种小液滴分散到液体里形成的混合物叫做乳浊液。

二 溶解、溶解性

溶解是一种物质（溶质）分散于另一种物质（溶剂）中成为溶液的过程。如食盐或蔗糖溶解于水而成水溶液。当两种物质互溶时，一般把质量大的物质称为溶质（如水在其中，习惯将水称为溶剂）。

通常把一种物质溶解在另一种物质里的能力叫做溶解性。溶解性的大小跟溶质和溶剂的性质有关。同一种物质在不同溶剂里的溶解性也不相同。例如，食盐容易溶解在水里，却很难溶解在汽油里；油脂很难溶解在水里，却很容易溶解在汽油里，用汽油擦洗衣服上的油污，正是利用了油脂容易溶解汽油里的性质。

三 饱和溶液、不饱和溶液

大家都知道，糖或食盐很容易溶解在水里，但是，在一杯水里是不是可以无限地溶解呢？生活经验告诉我们，在一杯水里，如果糖或食盐放的太多，在杯底就会剩下溶解不了的糖或食盐。下面我们做两种物质的溶解实验。

【实验2】在各盛有10 mL 水的2支试管里，分别缓缓地加入氯化钠和硝酸钾的固体。边加入，边振荡，到试管里有剩余固体，不能再溶解为止。这个实验说明了什么问题？

实验说明，在一定温度下（实验是在室温条件下进行的），在一定量的水里（实验中用的是10 mL），氯化钠或硝酸钾不能无限制地溶解。

我们把在一定温度下，在一定量的溶剂里，不能再溶解某种物质的溶液叫做这种溶质的饱和溶液；还能继续溶解某种溶质的溶液，称作这种溶质的不饱和溶液。

【练习题】

一、选择题

1. 下列物质中属于溶液的是（　　）。

   A. 牛奶　　B. 碘酒　　C. 蒸馏水　　D. 豆浆

2. 厨房常用的下列物质与水混合，不能形成溶液的是（　　）。

   A. 食盐　　B. 植物油　　C. 白糖　　D. 白酒

3. 下列常见的医用溶液中，溶剂不是水的是（　　）。

   A. 葡萄糖注射液　　B. 生理盐水　　C. 消毒酒精　　D. 碘酒

4. 一定温度下，某物质的饱和溶液一定是（　　）。

   A. 很稀的溶液　　B. 很浓的溶液

   C. 可以继续溶解该物质的溶液　　D. 不能继续溶解该物质的溶液

二、调研题

分小组合作调查，统计美容美发实践操作时遇到的溶液、悬浊液与乳浊液。

任务二　溶液的浓度及换算

生活经验告诉我们，在一杯水里加入1匙糖或2匙糖的时，糖水的甜度不同。糖加的越多，糖水就越甜。这句话的化学术语，就是“浓度越大，糖水越甜”。

一定量的溶液里所含溶质的量，就是这种溶液的浓度。溶液的浓度是表达溶液中溶质跟溶剂相对存在量的数量标记。人们根据不同的需要和使用方便规定不同的标准，就有不同的溶液浓度。因此，同一种溶液，使用不同的标准，它的浓度就有不同的表示方法。表示溶液的浓度有多种方法，可归纳成两大类。一类是质量浓度，表示一定质量的溶液里溶质和溶剂的相对量，如质量百分比浓度、质量摩尔浓度等。另一类是体积浓度，表示一定量体积溶液中所含溶质的量，如物质的量浓度、体积比浓度、克/升浓度等。质量浓度的值不因温度变化而变化，而体积浓度的值随温度的变化而相应变化。

一　溶质的质量分数（ω）

溶质的质量分数是溶质质量与溶液质量之比。例如，25%的葡萄糖注射液就是指100可注射液中含葡萄糖25 g。

$$溶质的质量分数(\%)=\frac{溶质质量}{溶液质量}\times 100\%$$

二 体积比浓度

是指用溶质与溶剂的体积比表示的浓度。如1:1盐酸，即表示1体积量的盐酸和1体积量的水混合的溶液。市售酒水就采用了这样的浓度表示方法。

三 物质的量浓度

1. 物质的量

由于化学变化中涉及的原子、分子或离子等单个微粒的质量都很小，难以进行直接称量，而实际参加反应的微粒数目往往很大，为了将一定数目的微观离子与可称量物质之间联系起来，在化学上特别引入“物质的量”这一概念。

物质的量这个物理量所表示的意义，实际上就是含有一定数目粒子的集体。科学实验表明，在0.012 kg^{12}C中所含的原子数约为6.02×10^{23}个。如果在一定量的粒子的集体中所含有的粒子数目与0.012 kg^{12}C中所含的原子数目相同，我们就说该集体的这个量值为1 mol。即1 mol的任何粒子的粒子数目都约为6.02×10^{23}。6.02×10^{23} mol^{-1}称作阿伏加德罗常数。也就是说，摩尔这个单位是以0.012 kg^{12}C中所含的原子数目为标准，来衡量其他粒子集体中所含粒子数目的多少。

我们可以用各种不同的方法测定阿伏加德罗常数。现在，阿伏加德罗常数能够通过实验测得比较精确的数值，在这里，我们使用6.02×10^{23} mol^{-1}这个近似值。阿伏加德罗常数的符号为N_A。物质的量的单位是摩尔，物质的量的符号为n；摩尔简称摩，符号为mol。

物质的量、阿伏加德罗常数与粒子数之间存在着下式所表示的关系：

$$n=\frac{N}{N_A}$$

在这个式子中，N是某一粒子集体中的粒子数。

从这个式子中，我们可以看出，物质的量是粒子数与阿伏加德罗常数之比。即某一粒子集体的物质的量就是这个粒子集体中的粒子数与阿伏加德罗常数之比。

例题：在0.5 molO_2中含有O_2的分子数目是多少？

解：在0.5 molO_2中含有的O_2的分子数目为：

$$N(O_2)=n(O_2)\times N_A$$

$$=0.5\ \text{mol}\times 6.02\times 10^{23}\ \text{mol}^{-1}=3.01\times 1023$$

答：在0.5 molO_2中含有的O_2的分子数目为3.01×10^{23}。

2. 摩尔质量

我们知道，1 mol不同物质中所含的分子、原子或离子的数目是相同的，但由于不同粒子的质量不同，1 mol不同物质的质量也不相同。那么，1 mol不同物质的质量究竟多少呢？

一种元素的相对原子质量是以^{12}C质量的1/12作为标准，其他元素的原子质量跟它相比较后所得到的。1 mol^{12}C的质量为0.012 kg，即0.012 kg是6.02×10^{23}个^{12}C的质量。因此，1 mol任何粒子集体中都含有相同数目的粒子。我们可以推知1 mol任何粒子的质量。

例如，1个^{12}C与1个H的质量比约为12∶1，因此，1 mol^{12}C与1 molH的质量比也约为12∶1。由于1 mol ^{12}C的质量为0.012 kg，所以，1 molH的质量也就为0.001 kg。

1 mol任何原子的质量都是以克为单位，在数值上等于该种原子的相对原子质量。物质的量（n）、物质的质量（m）和物质的摩尔质量（M）之间存在着下式表示的关系：$M=\frac{m}{n}$。

3. 物质的量浓度

以单位体积溶液里所含溶质（表示各种溶质）的物质的量来表示溶液组成的物理量，称作该溶质的物质的量浓度。物质的量浓度的符号为c，常用单位为mol/L和mol/mL。

$$物质的量浓度（mol/L）=\frac{溶质物质的量（mol）}{溶液的体积（L）}\qquad 数学表达式：c=\frac{n_B}{V}$$

计算时注意：

① 体积是指溶液的体积，而不是溶剂的体积，单位常用L；

② 溶质的量是用物质的量来表示的，不能用物质的质量来表示；

③ 溶液一旦配好，即确定了物质的量浓度，由于溶液的均一性，使得溶液内部处处浓度相同。无论取出多少体积的溶液，浓度始终不变，但所含溶质的物质的量或质量会因体积的不同而不同。

例题：

1. 把100 g质量分数为98%的浓硫酸稀释成10%，需要加入水的质量是多少克？（溶液稀释过程中，溶质质量不变。）

解：设加入水质量为x

$$100\ g\times98\%=（100\ g+x）\times10\%$$

解得：x=880 g

答：把100 g质量分数为98%的浓硫酸稀释成10%，需要加入水的质量是880 g。

2. 用稀释后硫酸溶液49 g与含有少量铜的粗锌反应至不再有氢气生成为止，则该粗锌中含纯锌多少克？（稀释后硫酸为10%）

解：设锌的质量为y

$$Zn+H_2SO_4=ZnSO_4+H_2\uparrow$$

$$65\cdots\cdots98\qquad 65/y=98/49\ g\times10\%$$

y……49 g × 10%　　　解得：y=3.25 g

答：该粗锌中含纯锌3.25 g。

3. 98%的H_2SO_4，ρ=1.84 g/cm^3，求物质的量浓度？

解：$c=\dfrac{1000\ mL \times 1.84\ g/cm^3 \times 98\%}{98\ g/mol \times 1L}$ =1.84 mol/L

【练习题】

一、填空题

1. 溶液质量分数是表示 ________ 的一种方法，其数学意义是 ________ 之比。现有溶质质量分数为20%的氯化钠溶液，其20%表示的含义就是每 ________g氯化钠溶液中含有 ________g。

2. 将20 g氯化钠溶于80 g水中，制取氯化钠溶液，则氯化钠溶液中溶质的质量分数是 ________。

二、计算题

1. 3 mol Fe的质量是多少？

2. 如何用98%的浓硫酸（密度为1.84 g/mL）配制500 mL的1.0 mol/L 的硫酸溶液？

3. 将4 gNaOH溶解在10 mL水中，稀释至1L后取出10 mL，其物质的量浓度是多少？

任务三 电解质溶液

在初中我们已经知道，NaCl、NaOH和HCl等物质溶于水后，在水分子的作用下产生能够自由移动的水和离子，从而使溶液具有导电性。如果把NaCl、NaOH等固体加热至熔融，它们也会产生自由移动的离子，也具有导电性。这些在水溶液里或熔融状态下能导电的化合物叫电解质。化合物导电的前提是其内部存在着自由移动的阴阳离子，电解质在水溶液中或熔融状态下产生自由移动的离子的过程称为电离。

一 强电解质和弱电解质

电解质的电离通常用电离方程式表示。电解质溶于水后生成水和离子，但为了书写方便，通常写成简单离子的形式，如：

$$NaCl=Na^++Cl^-$$

$$NaOH=Na^++OH^-$$

$$HCl=H^{+}+Cl^{-}$$

蔗糖、酒精等化合物，无论是在水中还是在熔融状态下，均以分子形式存在，因而不能导电，这样的化合物叫做非电解质。

强电解质一般是强酸强碱和大多数盐。强电解质在水溶液中全部电离成离子。

弱电解质一般是弱酸弱碱（水中只能部分电离的化合物），另外水是极弱的电解质。弱电解质在水溶液里部分电离成离子。

然而，能导电的不一定是电解质。判断某化合物是否是电解质，不能只凭它在水溶液中导电与否，还需要进一步考察其晶体结构和化学键的性质等因素。例如，硫酸钡难溶于水，溶液中离子浓度很小，但溶于水的那小部分硫酸钡却几乎完全电离。因此，硫酸钡是电解质。从结构看，只要难溶盐是离子型化合物或强极性共价型化合物，尽管难溶，也是电解质。

另外，有些能导电的物质，如铜、铝等不是电解质。因它们并不是能导电的化合物，而是单质，不符合电解质的定义。

二 电离度和电离平衡

1. 电离度

不同弱电解质在水溶液中的电离程度是不同的。有的电离程度大，有的电离程度小。这种电离程度的大小，可用电离度来表示。所谓电解质的电离度就是当弱电解质在溶液里达到电离平衡时，溶液中已经电离的电解质分子占原来总分子数（包括已电离的和未电离的）的百分数。电解质的电离度常用符号α来表示。

$$\alpha=\frac{\text{已电离的电解质分子数}}{\text{溶液中原有电解质的分子总数}}\times 100\%$$

例题：25℃时，在0.1 mol/L醋酸溶液里，每10000个醋酸分子里有132个分子电离成离子。它的电离度是多少?

解：α =132/10000=1.32%

答：它的电离度是1.32%。

影响电离度的因素，主要是由于电解质的本性，以及外因：温度和溶液的浓度等。

（1）浓度的影响　我们来看下醋酸稀释时电离度变化的数据：

浓度/mol/L	0.2	0.1	0.001
电离度/%	0.948	1.32	12.4

可见，电离度随浓度的降低而增大。（因浓度越稀，离子互相碰撞而结合成分子的机会越少，电离度就越大。）

（2）温度的影响　因为电离过程是吸热的，因此温度升高离子化倾向加强，又因大多数电解质电离时没有显著的热量变化，这就导致温度对电离度虽有影响，但影响并不大的必然结果。一般情况下，温度对电离度影响不大，但水的离解过程显著吸热，所以温度升高可以增大水的电离度。

因此，用电离度比较几种电解质的相对强弱时，要注意所给条件，即浓度和温度，如不注明温度通常指25℃。在相同温度和浓度时，电离度的大小可以表示弱电解质的相对强弱。

2. 电离平衡

弱电解质溶于水后，在水分子作用下，弱电解质分子电离出离子，而离子可重新结合成分子，故弱电解质的电离过程是可逆的。例如，醋酸HAc分子电离成H^+和Ac^-（醋酸根）离子，它们的逆反应就是H^+和Ac^-（醋酸根）离子结合成醋酸HAc分子。

$$CH_3COOH \rightleftharpoons CH_3COO^- + H^+$$

可见这类电解质溶液里，既有离子存在又有电解质分子存在。在一定条件（如温度、浓度）下，当电解质分子电离成离子的速率和离子重新结合成分子的速率相等时，电离过程就达到了平衡状态，这叫做电离平衡。

此时，弱电解质分子电离成离子的过程和离子重新结合成弱电解质分子的过程仍在进行，没有停止。在一定条件下建立平衡后，弱电解质分子及其电离出的离子的浓度都保持不变。条件改变，电离平衡被破坏，平衡发生移动。电离平衡是动态平衡。

【练习题】

一、选择题

1. 下列物质在水溶液中电离时，（　　）能生成Cl^-。

A. 氯化钙　　B. 次氯酸钠　　C. 氯酸钾　　D. 液氯

2. 下列物质中属于弱电解质的是（　　）。

A. NaAc　　B. NH_4Cl　　C. KNO_3　　D. H_2S

二、判断题

1. 水的标准离子积常数不变。（　　）

2. 相同温度下，纯水或0.1 $mol \cdot L^{-1}$HCl或0.1 $mol \cdot L^{-1}$NaOH溶液中，水的标准离子积常数都相同。（　　）

3. 水的标准离子积常数与温度有关。（　　）

4. 某溶液的pH增加1，溶液中的H^+浓度增大10倍。（　　）

任务四　溶液的酸碱性和pH

研究电解质溶液时往往涉及溶液的酸碱性。电解质溶液的酸碱性跟水的电离有着密切的关系。为了从本质上认识溶液的酸碱性，就要了解水的电离情况。

一　水的电离

实验证明，水是一种极弱的电解质，它能微弱地电离，生成H_3O^+和OH^-：

$$H_2O+H_2O \rightleftharpoons H_3O^++OH^-$$

通常，上式也可简写为：　　$H_2O \rightleftharpoons H^++OH^-$

从纯水的导电实验测得，在25℃时，1L纯水中只有1×10^{-7} mol H_2O电离，因此纯水中H^+浓度和OH^-浓度各等于1×10^{-7} mol/L。在一定温度时，水跟其他弱电解质一样，也有一个电离常数：$c(H^+)\cdot c(OH^-)=K\cdot c(H_2O)$

1L H_2O的物质的量为55.6 mol，这与发生电离的H_2O的物质的量1×10^{-7} mol相比，水的已电离部分可以忽略不计。所以电离前后，H_2O的物质的量几乎不变，可以看做是个常数。常数乘常数必然为一个新的常数，通常我们把它写作k_w，因而上式也可写为：

$$c(H^+)\cdot c(OH^-)=k_w$$

k_w叫做水的离子积常数，简称水的离子积。水的离子积是一个很重要的常数，它反应了一定温度下的水中H^+浓度和OH^-浓度之间的关系。在25℃时，水中H^+浓度和OH^-浓度都是1×10^{-7} mol/L，所以，$k_w=c(H^+)\cdot c(OH^-)=1\times10^{-7}\times1\times10^{-7}=1\times10^{-14}$。

二　溶液的酸碱性和pH

在常温时，由于水的电离平衡的存在，不仅是纯水，就是在酸性或碱性的稀溶液里，H^+浓度和OH^-浓度的乘积总是一个常数：1×10^{-14}。在中性溶液里，H^+浓度和OH^-浓度相等，都是1×10^{-7} mol/L；在酸性溶液里不是没有OH^-，而是其中的H^+浓度比OH^-浓度大；在碱性溶液里也不是没有H^+，而是其中的OH^-浓度比H^+浓度大。

常温时，溶液的酸碱性与$c(H^+)$和$c(OH^-)$的关系可以表示如下：

中性溶液$c(H^+)=c(OH^-)=1\times10^{-7}$ mol/L

酸性溶液$c(H^+)>c(OH^-)$，$c(H^+)>1\times10^{-7}$ mol/L

碱性溶液$c(H^+)<c(OH^-)$，$c(H^+)<1\times10^{-7}$ mol/L

$c(H^+)$越大，溶液的酸性越强；$c(H^+)$越小，溶液的酸性越弱。

我们经常要用到一些$c(H^+)$很小的溶液，如$c(H^+)=10^{-7}$ mol/L，$c(H^+)=1.34\times10^{-3}$ mol/L，

等。用这样的量来表示溶液的酸碱性的强弱很不方便。为此，化学上常采用pH来表示溶液酸碱性的强弱：$pH=-\lg c(H^+)$

例如，纯水的$c(H^+)=1\times10^{-7}$ mol/L，纯水的 $pH=-\lg c(H^+)=-\lg10^{-7}=7$。同理，

中性溶液中，$c(H^+)=10^{-7}$ mol/L，pH=7

酸性溶液中，$c(H^+)>10^{-7}$ mol/L，pH<7

碱性溶液中，$c(H^+)<10^{-7}$ mol/L，pH>7

溶液的酸性越强，其pH越小；溶液的碱性越强，其pH越大。$c(H^+)$、pH与溶液酸碱性的关系如图4-1所示。

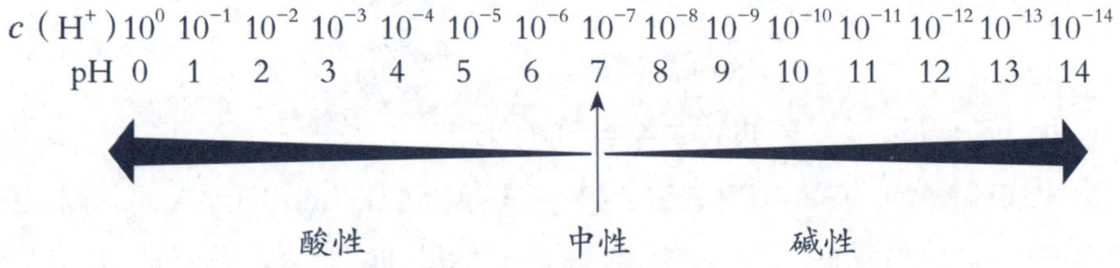

图4-1 溶液酸碱性与pH的关系

当溶液的$c(H^+)$或$c(OH^-)$大于1 mol/L时，用pH表示溶液的酸碱性并不简便。所以，当溶液的$c(H^+)$大于1 mol/L时，一般不用pH来表示溶液的酸碱性，而直接用H^+浓度来表示。

值得一提的是，人的体液也有不同的pH，在日常饮食中尽量注意食物的酸碱性与人体体液的pH的匹配、协调，以免酸中毒或碱中毒，以得到理想的食疗保健效果。

【专业向导】

人体pH及化妆品选用

医学证明，人体是内碱外酸的状态。健康的头发的pH为4.5~5.5。清晨起床第一次尿液pH为6.5~7.0，构成细胞的基本物质原生质即原浆pH为7.6~8.0。人生下来的时候体液是碱性的pH为7.35~7.45，但随着时间和食物的影响，逐渐酸化，中年时体液pH为7.25~7.35，老年时体液pH为7.2~7.3。当人体pH低于7.35时，人体处于亚健康状态；当人体液pH再低时，就会产生重大疾病；如pH只有6.8~6.7，人就会面临死亡。科学研究表明，体液的酸化过程就是人体的衰老过程。

将人的皮肤表面分泌出的汗液和皮脂的混合物实验测定。皮肤的pH一般为4.5~6.5，呈酸性。它能抑制体表细菌的寄生，这种杀菌能力被称为皮肤的自我净化作用，如皮肤呈碱性时，不但细菌易繁殖，而且对刺激性物质的抵抗力也下降。

类别	皮肤	头发	淋巴液	血液	胃液	胆汁	胰液	唾液	尿液
pH	4.5~6.5	4.5~5.5	7.0~7.5	7.35~7.45	1.5	7.4	7.8~8.0	6.6~7.1	5.5~7.4
备注	中年人体液pH为7.25~7.35，老年人体液pH为7.2~7.3								

一般认为头部、颈及腹股沟处皮肤偏碱性，而上肢、手背处偏酸性。一般来说，皮肤的pH因人种、性别、年龄、季节等的不同，而各有不同。如新生儿皮肤的pH比成人高。

类别	皮肤内层	油性皮肤	干性皮肤	中性皮肤
pH	7.35~4.85	5.6~6.0	4.5~5.0	4.5~5.0
备注	女性皮肤的pH略高于男性			

皮肤对pH在4.0~6.0内的酸性物质有一定缓冲作用，弱酸对皮肤有一定收敛作用，强酸则会损伤皮肤。皮肤表面对外来碱性溶液缓冲中和的能力，称皮肤的中和性能。对于健康的人来说，皮肤的中和性能较强，使用碱性化妆品后很快恢复到正常状态的pH。对皮肤开始老化的中老年人及皮肤过敏或湿疹病人，由于皮肤的中和能力较弱，使用碱性化妆品后要恢复皮肤的正常状态比较缓慢。

部分美容护肤用品的pH参考数据为：

类别	沐浴用皂制品	洗面奶	雪花膏	收敛性化妆水	爽肤水
pH	10.57	4.5~8.5	7.33	3，4	7
备注	根据个人皮肤的生理状况选用具有偏酸性或中性的化妆品				

毛发的外皮是由纱碇状的角化细胞构成的含色素颗粒体。由于毛发是一种蛋白质结构，毛发的pH为6.0左右。碱性和酸性较强的溶液都能与毛发起化学反应，特别是遇到碱性物质，毛发容易发生质变和脆化，因此洗发香波的pH就是微酸性或中性的。肥皂和香皂呈碱性，它们可以除去头发上的污垢，但会使头皮失去较多的油脂，头发失去自然光泽和美感。最早的护发素主要成分是柠檬酸、酒石酸一类的有机酸。它可以中和头发上残留的肥皂。洗发精一定要选择pH在4.5~6的，这样的产品才性质温和、不伤发质。

常见洗发、护发和美发产品的pH参考数据是：

类别	洗发水	烫发水	护发素	护理	离子烫/拉直膏	双氧水	永久性染膏	半永久性染膏
pH	6~6.5	8~9.5	2.8~3.5	3.5~3.8	11~13	3	9	6
备注	每天洗发发质：pH 5.5，正常发质：pH 6.5~6.7，油性发质：pH 7~7.5							

【练习题】

一、选择题

1. 下列物质的水溶液呈中性的是（　　）。

A. NaCl　　B. K_2CO_3　　C. $Al_2(SO_4)_3$　　D. $(NH_4)_2SO_4$

2. 下列溶液中，其pH最小的是（　　）。

A. 0.010 mol/L NaOH　　B. 0.010 mol/L H_2SO_4

C. 0.010 mol/L HCl　　D. 0.010 mol/L $H_2C_2O_4$

3. 下列溶液中，其pH最大的是（　　）。

A. 0.10 mol/L HCl　　B. 0.010 mol/L HNO_3

C. 0.10 mol/L NaOH　　D. 0.010 mol/L KOH

二、判断题

1. 纯水中加入酚酞指示剂，呈无色。（　　）

2. 在0.1 mol/L氨水溶液中加入酚酞指示剂，溶液呈红色；向溶液中添加少量NH_4Cl溶液，溶液的颜色由红色变为无色。这说明溶液由碱性变为酸性。（　　）

三、调研题

对日常食物原料的酸碱性进行调查并分门归类，能否得到一些容易掌握的规律和特点？

归纳小结

一　溶液的基本概念

- 分散质　分散剂
  - →分散系（混合物）
    - 溶液 分散质粒子
      - 性质：均一、稳定、透明
      - 形成：溶解、溶解过程的热效应（可用于区别物质）
      - 成分：溶质+溶剂
      - 分类：饱和溶液，不饱和溶液；浓溶液，稀溶液
      - 溶解度（固体，气体）；溶解性（定性表示）；溶解度的计算
      - 析晶及计算
      - 浓度：溶质的质量分数，物质的量浓度，其他
    - 胶体
      - 定义：分散质（胶粒）直径：10^{-9}~10^{-7} m（1~100 nm）
      - 制备：分散法、水解法、复分解法
      - 成分：胶粒+分散剂
      - 精制：渗析（用半透膜）
      - 性质
        - 丁达尔现象（光学性质）
        - 布朗运动（动力学性质）
        - 电泳（电学性质）
        - 聚沉（热力学性质）
      - 凝胶：胶体凝聚后，胶体的微粒和分散剂凝在一起成为一种不流动的冻状物
    - 浊液 分散质粒子
      - 悬浊液（分散质为固体小颗粒）
      - 乳浊液（分散质为小液滴）

二　溶液的浓度及换算

1. 浓度及换算

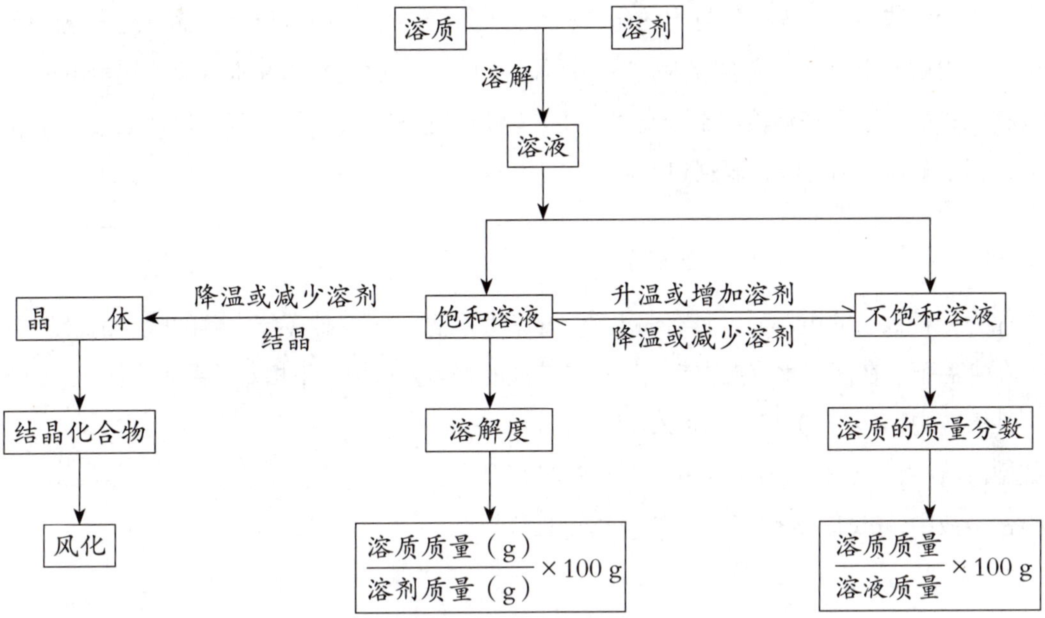

2. 下列概念间的相互关系

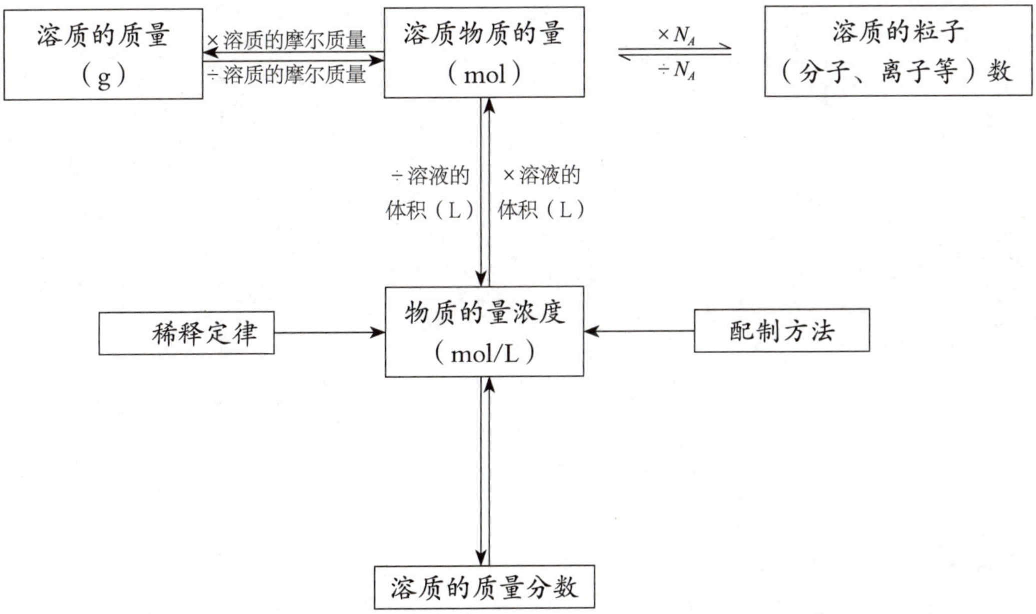

三 电解质溶液

1. 电解质的概念

凡在水溶液中或熔化状态下能导电的化合物称为电解质，在上述两种状态都不能导电的化合物称为非电解质。电解质电离是否完全分为强电解质和弱电解质。强电解质在水溶液中完全电离，全部以离子形式存在；弱电解质在溶液中部分电离，主要以分子形式存在。强电解质包括强酸、强碱和绝大多数的盐，弱电解质包括弱酸、弱碱和水。

2. 水的电离

纯水作为一种极弱的电解质，具有弱电解质的特性。酸、碱、盐（能水解的盐）都会破坏水的电离平衡。在常温下，在任何水溶液中都同时存在溶液的酸碱性可用以下相对关系表示：

在中性溶液中，$c(H^+)=10^{-7}$ mol/L　　pH=7

在酸性溶液中，$c(H^+)>10^{-7}$ mol/L　　pH<7

在碱性溶液中，$c(H^+)<10^{-7}$ mol/L　　pH>7

项目五　胶体与表面活性剂

在美容美发化妆用品中，为了增加产品膏体和液体的黏稠度和亲和性，需要加入一定量的表面活性剂。日常生活中的很多现象以及专业产品的配制都要用到胶体方面的基础知识。本项目中，我们主要学习和研究胶体和表面活性剂相关的概念与内容。

任务一　胶体

清晨，太阳升起，透过茂密的树林枝丫，常常可以看到（图5-1）从枝叶间透过的一缕缕光柱。类似这样的自然现象，在化学实验室里我们也可以看到。

图5-1　清晨的阳光透过树林

【实验1】取一个烧杯，加入20 mL蒸馏水，加热至沸腾，然后向沸水中滴加$FeCl_3$饱和溶液1~2 mL。继续煮沸，待溶液呈红褐色后，停止加热。观察所得液体。并与另一个烧杯中的$CuSO_4$溶液比较。

新制得的液体与$CuSO_4$。溶液除颜色不同外，外观上看不到明显的差别。

【实验2】把上述两个烧杯分别置于暗处，使一束光（幻灯机或手电筒光源，如图5-2）射向两杯液体，从侧面观察现象。

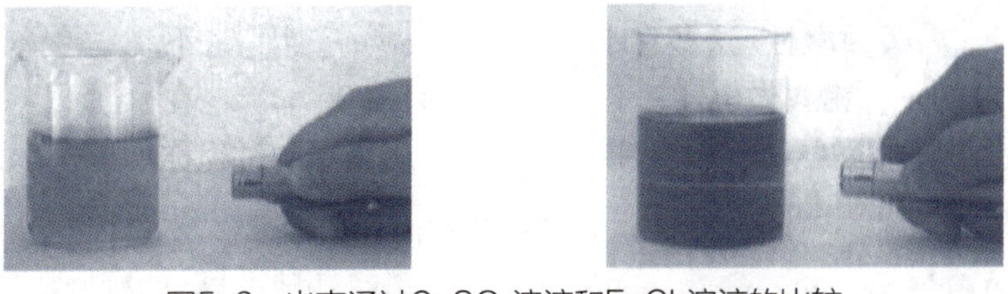
图5-2　光束通过$CuSO_4$溶液和$FeCl_3$溶液的比较

可以看到，光束通过第一个烧杯中的红褐色液体时，形成一条光亮的“通路”。光束通过$CuSO_4$溶液时，没有看到这样的现象。这说明$FeCl_3$溶液滴到沸水中所形成的液体，与我们所熟悉的溶液不同在性质上与溶液有区别。这种液体就是我们要介绍的胶体。

一　胶体的概念

显然，前面学过的悬浊液、乳浊液分散质的粒子明显比溶液分散质的大。那么，胶体分散质粒子的大小又是怎样的呢?

【实验3】把10 mL淀粉胶体和5 mL NaCl溶液混合成的液体，加入用半透膜制成的袋内，将此袋浸入蒸馏水中（图5-3）。2 min后，用两支试管各取烧杯中的液体5 mL，向其中一支试管里滴加少量$AgNO_3$溶液，向另一支试管里滴加少量碘水，观察两支试管中有什么变化发生。

图5-3　半透膜实验

可以看到，在加入硝酸银溶液的试管里出现了白色沉淀；在加入碘水的试管里并没有发生变化。这说明氯离子能透过半透膜，从半透膜袋中扩散到了蒸馏水中，淀粉不能透过半透膜，没有扩散到蒸馏水中。

半透膜有非常细小的孔，只能允许较小的离子、分子透过，胶体分散质的粒子不能透过半透膜，说明胶体分散质的粒子比溶液分散质的大。如果将胶体和悬浊液或乳浊液分别用滤纸过滤，可以发现，悬浊液或乳浊液的分散质和分散剂能被分离，而胶体的则不能。这就是说，悬浊液、乳浊液分散质的粒子比胶体分散质大。

早在19世纪60年代初，英国科学家格雷哈姆首次提出胶体的概念。他在实验研究中发现，有些物质如某些无机盐、糖和甘油等，在水中扩散很快，容易透过半透膜，这种液体是溶液；另一些物质如蛋白质、淀粉等，在水中扩散很慢，且不能透过半透膜，格雷哈姆把它们称之为胶体。胶体是以分散质粒子大小为特征的，它只是物质的一种存在形式，如NaCl溶于水形成溶液，如果分散在酒精中则可形成胶体。

实际上，溶液、胶体、悬浊液或乳浊液是根据分散质粒子的大小来划分的，分散质粒子小于1 nm的是溶液，大于100 nm的是悬浊液或乳浊液，分散质粒子在1~100 nm的分散系，就叫做胶体。氢氧化铁溶胶的胶团结构可用简式表示如下：

$$\underbrace{\underbrace{\{\overbrace{[Fe(OH)_3]_m}^{\text{胶核}}\cdot\overbrace{nFeO^+\cdot(n-X)Cl^-}^{\text{吸附层}}\}^{x+}}_{\text{胶粒}}\cdot\overbrace{XCl^-}^{\text{扩散层}}}_{\text{胶团}}$$

如果把实验3中形成的$Fe(OH)_3$胶体装入半透膜袋浸在水中，$Fe(OH)_3$同样不能透过半透膜扩散到水里。利用溶液与胶体的这一区别，可把混有离子或分子杂质的胶体装入半透膜袋，并浸入溶剂中，使离子或分子从胶体里分离出去，这样的操作叫做渗析。通过渗析可以达到净化、精制胶体的目的。

胶体的种类很多，按照分散剂的不同，可分为液溶胶、气溶胶和固溶胶。分散剂是液体的，叫做液溶胶，如$Fe(OH)_3$、AgI胶体；分散剂是气体的，叫做气溶胶，如雾、云、烟等；分散剂是固体的，叫做固溶胶，如烟水晶、有色玻璃等。

日常生活中经常接触和应用的胶体，有食品中的牛奶、豆浆、粥，生活用品中的塑料、橡胶制品，建筑材料中的水泥与化妆洗涤用品，等等。

二　胶体性质及应用

胶体溶液是高度分散的多相体系。尽管从外观看，胶体和溶液没有明显的区别，但它有自己独特的属性。

1. 丁达尔现象

当一束平行光线通过胶体时，从侧面看到一束光亮的"通路"。这是胶体中胶粒在光照时产生对光的散射作用形成的丁达尔现象（图5-4）。对溶液来说，因分散质（溶质）微粒太小，当光线照射时，光可以发生衍射，从侧面就无法观察到光的"通路"。因此可用这种方法鉴别真溶液和胶体。悬浊液和乳浊液，因其分散质直径较大，对入射光只反射而不散射，再有悬浊液和乳浊液本身也不透过，也不可能观察到光的通路。

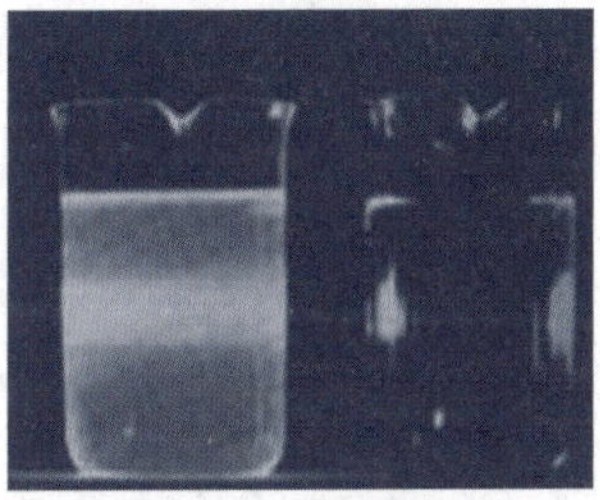
图5-4　丁达尔现象

2. 布朗运动

1827年，英国植物学家布朗把花粉悬浮在水里，用显微镜观察，发现花粉的小颗粒在作不停的、无秩序的运动，这种现象叫做布朗运动。用超显微镜观察胶体，可观察到胶体粒子也在作布朗运动（图5-5）。这是因为水分子（或分散剂分子）从各个方面撞击胶体粒子，而每一瞬间胶体粒子在不同方向受的力是不相同的，所以胶体运动的方向每一瞬间都在改变，因而形成不停的、无秩序的运动。

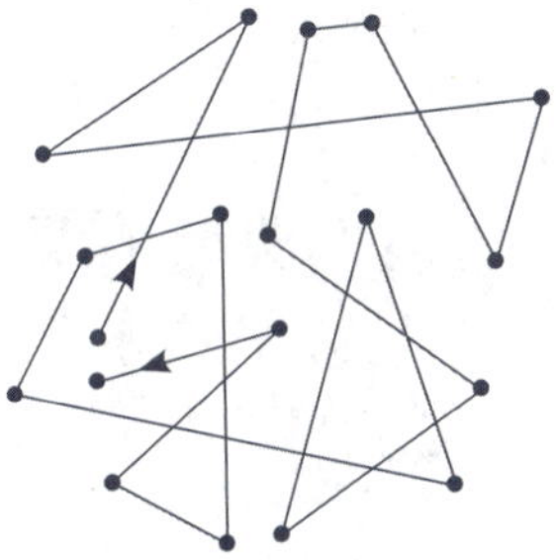
图5-5　布朗运动示意图

3. 电泳现象

在盛有红褐色$Fe(OH)_3$胶体的U形管的两个管口，各插入一个电极。通直流电后，发现阴极附近的颜色逐渐变深，阳极附近的颜色逐渐变浅。这表明$Fe(OH)_3$胶体粒子带正电荷，在电场作用下向阴极移动。这种在外加电场作用下，胶体粒子在分散剂里向电极（阴极或阳极）作定向移动的现象，叫做电泳（图5-6）。

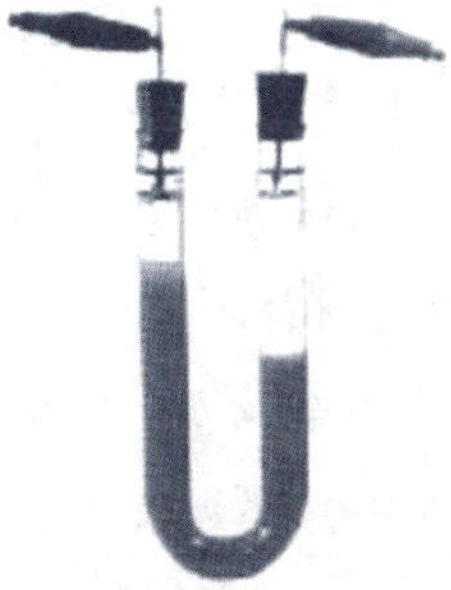
图5-6　电泳现象

胶体粒子带有电荷。有的带正电，有的带负电。一般说来，金属氢氧化物、金属氧化物的胶体粒子带正电荷；非金属氧化物、金属硫化物的胶体粒子带负电荷。

电泳是胶体的重要特性，有广泛的实用价值。例如，生物化学中常利用电泳来分离各种氨基酸和蛋白质；医学上利用血清的纸上电泳进行某些疾病的诊断；电泳电镀则是利用电泳将油漆、乳胶、橡胶等粒子均匀地沉积在镀件上。

4. 凝聚

溶胶的稳定性是相对的，在一定条件下，溶胶的胶粒会相互碰撞，聚集成较大的颗粒而发生沉降析出，这个过程叫做溶胶的凝聚（或聚沉）。使胶体凝聚的方法主要有以下几种。

（1）电解质凝聚　往溶胶中加入适量的电解质能发生凝聚。实验证明，任何电解质都能使溶胶凝聚，但要使溶胶发生明显的凝聚，电解质的浓度必须达到某一最低浓度值。

自然界也常发生电解质使胶体凝聚的现象。例如，江河入海处形成的三角洲，主要就是由河水中携带的胶体物质在入海处被含盐（电解质）的海水长期凝聚而成的。化妆品使用过程中，如果保管不当，也会有凝聚现象产生。

（2）相互凝聚　如果把两种带相反电荷的溶胶混合在一起，则由于电荷的中和而发生凝聚。这种现象叫做相互凝聚。例如，不同的墨水相混合，有时会产生沉淀，就是因为两种墨水胶体中的胶粒带有相反的电荷，因而产生相互凝聚的结果。又如用明矾净化天然水，也是利用相互凝聚的原理。两种带相反电荷的溶胶产生相互凝聚，从而用明矾达到去除水中杂质的目的。

（3）加热凝聚　将溶胶加热，也可以使溶胶凝聚。一方面是由于加热可使胶粒的运动速度加快，从而增加相互碰撞的机会；另一方面，加热可减弱胶体对离子的吸附作用，使其所带的电量减少，并降低吸附层中离子的水化程度，这样在胶粒碰撞时易聚集成大颗粒而凝聚。

一般情况下，溶胶发生凝聚作用时都生成沉淀，但有些胶体凝聚后，其胶粒和分散剂一起凝聚为不流动的冻状物而成为一种凝胶。

【视野拓展】

胶体的作用

胶体在自然界尤其是生物界普遍存在，它与人类的生活及环境有着密切的联系；胶体的应用很广，且随着技术的进步，其应用领域还在不断扩大。工农业生产和日常生活中的许多重要材料和现象，都与胶体有关。例如，在金属、陶瓷、聚合物等材料中加入固态胶体粒子，不仅可以改进材料的耐冲击、耐断裂、抗拉强度等机械性能，也可以改进材料的光学性质，有色玻璃就是由某些胶态金属氧化物分散于玻璃中制成的。在医学上，越来越多地利用高度分散的胶体来检验或治疗疾病，如胶态磁流体治癌术是将磁性物质制成胶体粒子，作为药物的载体，在磁场作用下将药物送到病灶，从而提高疗效。

另外，血液本身就是由血球在血浆中形成的胶体分散系，与血液有关的疾病的一些治疗、诊断方法就利用了胶体的性质，如血液透析、血清纸上电泳等。国防工业上有些火药、炸药必须制成胶体，冶金工业上的选矿，石油原油的脱水，塑料、橡胶及合成纤维等的制造过程都会用到胶体知识。

在日常生活里，也会经常接触并应用到胶体知识，如食品中的牛奶、豆浆、粥及很多洗涤、化妆用品等都与胶体有关。

【练习题】

一、选择题

1. 大分子溶液分散质粒子的线尺寸为（　　）。

A. >1 m　　B. <1 m　　C. 1 nm~1 m

2. 下列分散系统中丁达尔效应最强的是（　　）。

A. 空气　　B. 蔗糖水　　C. 大分子溶液　　D. 硅胶溶液

3. 外加直流电场于胶体溶液，向某一电极作定向运动的是（　　）。

A. 胶核　　B. 胶团　　C. 胶粒　　D. 紧密层

4. 下列什么是胶体（　　）。

A. 淀粉溶液　　B. 食盐水　　C. 牛奶　　D. 碘酒

二、设计题

小组合作设计一个实验，制备胶体溶液，并探讨如下问题：

1. 该溶液有何光学、电学、动力学性质？
2. 如何防止胶体聚沉？怎样能破坏该胶团溶液而使聚沉？

任务二　表面活性剂

日常生活中常见这样的现象，如手上沾有油污，就用肥皂和清水洗净；餐具上油渍用洗洁精和清水洗净；衣服上油渍可用洗衣粉在温水中浸泡后洗净；如果将少量的油与水混合，肯定会发现分层现象，但加入适量的表面活性剂（常用洗涤剂）并稍加搅拌，就会发现油溶解于水了，外观呈现透明稳定状态。表面活性剂的加入能让油与水和睦相处，互相溶解。

一 表面活性剂的概念

表面活性剂是一类在同一个分子中具有亲油、亲水两种结构的有机化合物，故又被称为双亲化合物。表面活性剂是溶于液体（水）后，由于在液气表面正吸附，使表面张力或界面张力显著降低的物质。它的分子链由两部分组成，一部分是带有强极性的官能团，比较容易溶于水，具有亲水的性质，称之为亲水基团；另一部分是非极性或者是弱极性的基团（一般是烷基和芳基碳链），难溶于水而易溶于油中，具有亲油的性质，称之为亲油基团或者叫做疏水基团。这两种基团（图5-7）处在表面活性剂分子的两端形成不对称的分子结构，使整个分子既具有亲油性又具有亲水性，形成一种所谓“双亲结构”的分子。表面活性剂的分子结构如右图所示。所以，当表面活性剂完全溶解，它便可以将油和水拉在自己的两侧，从而消除了油和水间的互斥力；溶液不再分层，油便可以在水中稳定存在。

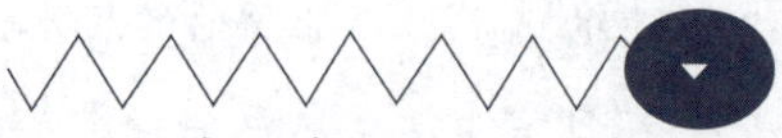

图5-7 亲水基与亲油基示意图

下面简单地介绍表面活性剂的物理化学性质。

1. 表面张力

化学物质在不同的温度和压力下有气态、液态和固态三种聚集状态。很明显，当不同聚集状态的物质互相接触的时候，互相之间存在着接触面。例如气体—液体、气体—固体、液体—液体、液体—固体、固体—固体等接触面。由于气体是无形的，人们用眼睛实际上没有办法看见气体与液体或者气体与固体的接触面，我们能够看见的是液体或者固体的表面。严格地说，聚集体与聚集体之间的接触面应该称为界面，表面只是界面的一种。

表面张力又称界面张力，是由于表面层分子和液体内部分子所处的环境不一样而形成的。它是一种使液体表面尽量缩小的力，也是液体分子间的一种凝聚力。要使液相表面伸展，就必须抵抗这种凝聚力。所以，表面张力越小，液相的表面就越易向外伸展。表面活性剂可显著降低表面张力。

2. 表面活性剂的吸附作用

物质从一相内部迁至界面，并富集于界面的过程叫吸附。吸附可以发生在固—液、固—气、液—液、气—液、固—固等界面。例如，生产和生活污水中常常含有超微细的粉末状物质或者絮状物质，形成混浊的悬浮液，在污水处理的过程中往里面加入具有吸附作用的絮凝剂，搅拌后静置能使悬浮物沉淀下来，浊水变清，这是污水中的微粒在固—固界面上的吸附。在制皂用椰子油的精炼过程中，常把活性白土加到茶色的粗椰子油里，混合搅拌一定时间后静置澄清，然后过滤。得到的精炼椰子油变成浅黄透明液，而过滤出来的白土则变成黄褐色甚至深茶色，这是溶解在椰子油中的有色物质在固—液界面上的吸附。有毒气体通过防毒面具时，被防毒面具中的活性炭吸附，除去了空气中的有毒气体，这是在气—固界面上的吸附。

将表面活性剂加入到溶液中可以改变表面张力从而影响吸附作用。实验证实：表面活性剂溶解在水中会发生正吸附作用，即表面张力随着溶质浓度的增加而降低。溶质在表面层的浓度将大于溶液体相的浓度。

二　表面活性剂的分类

表面活性剂的分类可以有很多种方法。按照在水中的溶解性能，可以将表面活性剂划分成水溶性和油溶性两大类；按照它们在水溶液中的分子状态，可以将表面活性剂分为离子型和非离子型两大类，前者可在水中离解成正负离子，而后者在水中不能离解，以中性分子状态存在；按照其亲水亲油平衡值（HLB值）的大小又可将表面活性剂分为亲油型表面活性剂和亲水型表面活性剂（图5-8），应用在不同的场合。

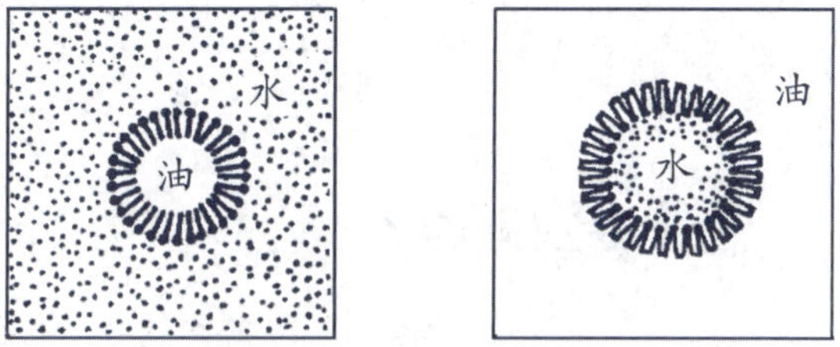

图5-8　化妆品中的O/W型与W/O型

目前，最为流行也是最为实用的分类方法是根据表面活性剂亲水基团活性部分的离子类型来划分，将表面活性剂分为阴离子、阳离子、两性离子和非离子型表面活性剂。

化妆品中表面活性剂应用最多的是阴离子型和非离子型两类，阳离子型一般和非离子及两性表面活性剂复配，在香波及护发素中有着广泛的应用。

三　表面活性剂的作用

表面活性剂在化妆品、日用品、医疗保健品、食品加工、纺织印染、表面处理、电镀、石油开采、建筑工程、金属加工、环境保护、油漆涂料、造纸、制革、印刷、农药等行业中都有着广泛的应用。在很多应用场合下，虽然表面活性剂添加的分量不大，但起到的作用却是巨大的，而且往往是不可缺少的。

将浸在水（或者其他介质）中的固体表面上的污垢去除的过程称为洗涤。简单地说，在洗涤过程中加入洗涤剂（主要是表面活性剂），可以减弱污垢与固体表面的黏附作用，黏附于物品表面的污垢除了机械黏附之外，其他黏附都难以脱落，非要借助表面活性剂的力量才能去除。再施以外力搅动，借助于水的冲力将污垢与固体表面分离而悬浮于水中，最后将污垢冲洗干净，完成整个洗涤过程。

表面活性剂在洗涤过程中的主要作用如下：

① 降低水的表面张力，改善水对头发和皮肤表面的润湿性。

② 增强污垢的分散和悬浮能力。表面活性剂具有乳化能力，可以将从头发和皮肤表面脱落下来的液体油污乳化成小油滴而分散悬浮于水中，阻止油珠重新聚集。

在洗涤中，污垢从表面上脱离的过程如图5-9所示。

（a）固体污垢从表面上脱离的过程　（b）液体污垢从表面上脱离的过程

图5-9　污垢从表面脱离的过程

【专业向导】

化学洗涤剂与人类健康

日用化学洗涤剂正在逐步地成为当今社会人们离不开的生活必需品。但在不能自拔地使用着化学洗涤剂的同时，化学污染便通过各种渠道对人类的健康进行着危害。

化学洗涤剂实际上是将石油垃圾开发的副产品。由于它造价低，洗涤性能良好，所以很快被人们所接受，并用色、香、味的障眼法将其包装起来进入社会之中。

化学洗涤剂的洗污能力主要来自表面活性剂。因为表面活性剂有可以降低表面张力的作用，可以把藏在纤维空隙中的污垢挤出来。而与此同时，化学洗涤剂则挤在这些空隙之中，水难以清洗它们。人们在使用化学洗涤剂洗头发、洗碗筷、洗衣服、洗澡的同时，化学毒素就从皮肤毛孔渗入，人体就在夜以继日的吸毒。微量污染持续进入体内，积少成多可以造成严重的后果，导致人体的各种病变。

沾在皮肤上的洗涤剂大约有0.5%渗入血液，皮肤上若有伤口则渗透力提高10倍以上。进入人体内的化学洗涤剂毒素可使血液中钙离子浓度下降，血液酸化，人易疲倦；使肝脏的排毒功能降低，使毒素淤积体内积少成多，肝细胞病变加剧，容易诱发癌症。化学洗涤剂侵入人体后与其他的化学物质结合，毒性会增加数倍，尤其具有很强的诱发癌特性。化学产品的泛滥是人类癌症越来越多的最大根源，而化学洗涤剂是人类最直接最密切的生活用品。

人类生活对清洁剂的依赖是不可避免的。所以，改善洗涤剂成分，使用不会危害人体和生存环境、无毒无公害的洗涤剂就成为当务之急。在我国也曾有用鸡蛋清洗头发和用皂角泡水洗衣服等做法的记载。在了解了化学洗涤剂的危害后，应该加快开发天然洗涤剂资源的步伐，为使人们更健康，社会更进步而不懈努力。

【练习题】

一、选择题

1. 洗发水中泡沫的原理运用了表面活性剂的哪种性质（　　）。
   A. 乳化作用　B. 发泡作用　C. 润湿作用　D. 分散作用
2. 下面属于水包油型乳状液（O/W）基本性质之一的是（　　）。
   A. 易于分散在油中　B. 有导电性　C. 无导电性

二、判断题

1. 溶胶粒子因带有相同符号的电荷而相互排斥，因而在一定时间内能稳定存在。（　　）
2. 乳状液必须有乳化剂存在才能稳定。（　　）

三、问答题

1. 表面活性剂分为那几类？如何增强泡沫的稳定性？
2. 在日常生活中，表面活性剂的具体作用有哪些？

归纳小结

一 胶体

1. 胶体的概念：分散质粒子在1~100 nm的分散系。
2. 胶体的性质

（1）丁达尔现象

（2）布朗运动

（3）电泳现象

（4）凝聚

二 表面活性剂

1. 概念

表面活性剂是一类在同一个分子中具有亲油、亲水两种结构的有机化合物，故又称为双亲化合物。

2. 表面活性剂的理化性质

表面张力：又称界面张力，是由于表面层分子和液体内部分子所处的环境不一样而形成的，是使液体表面尽量缩小的力。

表面活性剂的吸附作用：物质从一相内部迁至界面，并富集于界面的过程为吸附。

3. 表面活性剂的分类

溶解性：水溶性和油溶性

分子状态：离子型和非离子型

亲水亲油平衡值：亲油型和亲水型

4. 表面活性剂的作用

乳化、润湿、渗透、发泡、分散、洗涤、增溶

模块二

基础知识（二）

项目六　有机化合物　烃

化妆品的原料有两大类型：一类是我们前面所讲的无机化合物，简称无机物；另一大类属于有机化合物，简称有机物。研究有机化合物的组成、结构、性质及其制法的一门科学就是有机化学。人们在很早以前就认识了有机化合物的应用和变化，但是对它们的研究只是在近代才有较大的发展。大量的研究证明，有机化合物都含有碳元素，所以人们就把含碳一类的化合物叫做有机化合物。有机化合物与无机化合物之间没有绝对的界限，也不存在本质的区别。然而，由于元素碳在周期表中的特殊位置，使得有机化合物在组成、结构和性质等方面有着不同于无机物的明显特点。

有机化合物种类繁多。目前天然和人工合成的化合物已超过1000万种，其中绝大多数是有机化合物。有机物的结构特殊，使它们的性质有以下特点：

① 有机物分子结构复杂，种类繁多。

② 大多数有机物难溶于水，易溶于汽油、酒精、苯有机溶剂。

③ 绝大多数有机物的熔点低，受热易分解，而且可以燃烧。

④ 绝大多数有机物是非电解质，不易导电。

⑤ 有机物发生的反应较慢，不易完成，并且常伴有副反应。因此许多有机反应需要加热、加压或应用催化剂等条件，来促使发生反应。

有机物在日常生活和生产实践中占有重要地位，日常使用的化妆品大多属于有机物。

任务一　甲烷　烷烃

在有机物中，仅有碳和氢两种元素组成的有机物称为碳氢化合物，简称烃。

根据烃分子结构中碳架的不同形式，可以把烃分为两大类：链烃和环烃。链烃和环烃还可以按分子结构中价键的不同，进一步分类如下：

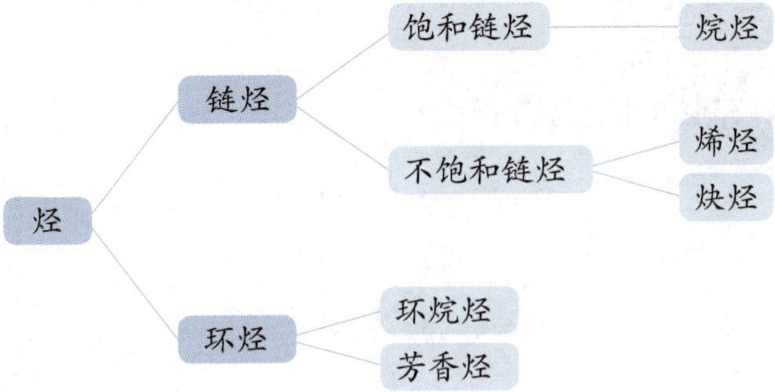

一　甲烷

烃是有机物中最简单的一类，可以看作有机物的母体。甲烷是最简单、最重要的烷烃代表物。

1. 甲烷的存在和物理性质

甲烷大量存在与自然界，天然气、沼气及煤矿坑气的主要成分是甲烷（天然气里甲烷的体积分数为80%~90%）。甲烷是无色、无味的气体，密度0.717 g/L（标准状况），比空气轻，难溶于水。

2. 甲烷的分子结构

甲烷的分子式是CH_4，在甲烷分子中，碳原子以最外电子层上的4个电子分别与4个氢原子的电子形成4个共价键。甲烷的电子式可以表示为：

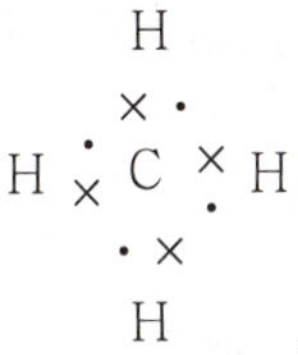

，甲烷的分子结构可以表示为：

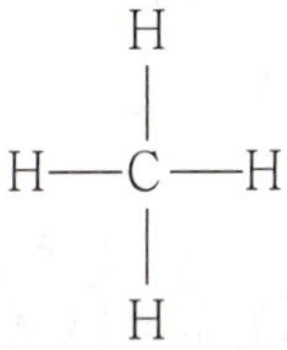

。

这种用短线来表示一对共用电子的图式叫结构式。

科学实验证明，甲烷分子里的碳原子与4个氢原子并不在一个平面内，整个分子呈一个正四面体形的立体结构，碳原子位于正四面体的中心，4个氢原子分别位于正四面体的4个顶点上（图6-1、图6-2）。

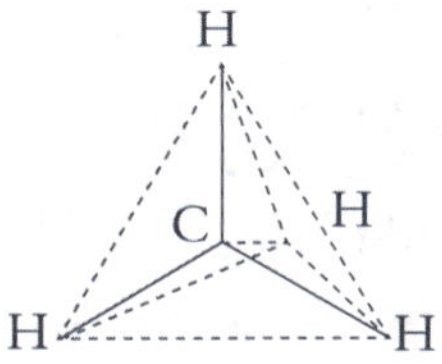

图6-1　甲烷分子结构示意图

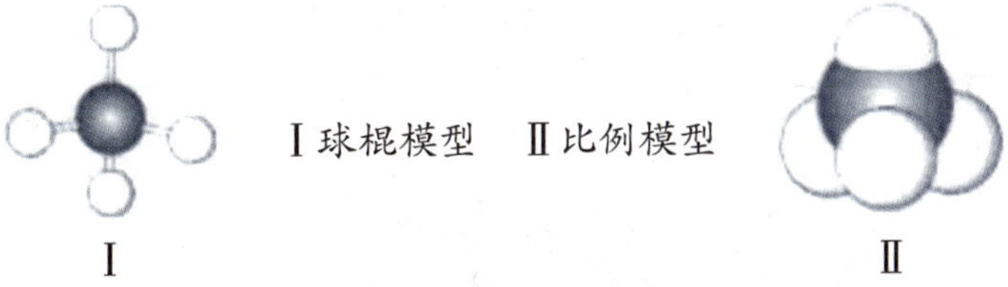

图6-2　两种常用的甲烷分子结构模型

3. 甲烷的化学性质

（1）氧化反应　甲烷是一种很好的燃料，在空气里容易燃烧生成二氧化碳和水，同时放出大量的热。

$$CH_4+2O_2 \xrightarrow{点燃} CO_2+2H_2O$$

【实验1】把甲烷通入盛有$KMnO_4$酸性溶液的试管里，观察紫色溶液是否有变化？

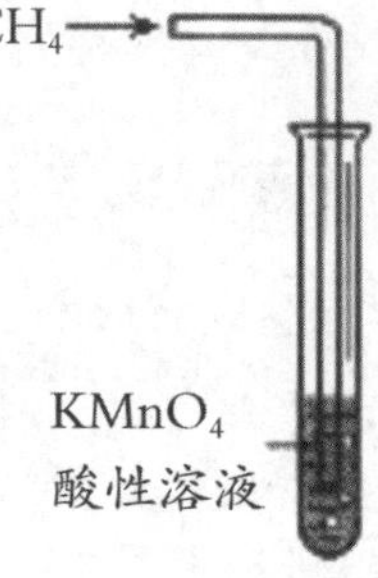

图6-3　将甲烷通入溶液

从实验中可以看到，溶液颜色没有变化，这说明甲烷与高锰酸钾不发生反应。

在通常条件下，甲烷不仅与高锰酸钾等强氧化剂不发生反应，与强酸、强碱也不发生反应，可见甲烷的化学性质是比较稳定的。但是，甲烷的稳定性是相对的，在一定的条件下，甲烷也会发生某些反应。

（2）取代反应

【实验2】取一个100 mL的大量筒，用排饱和食盐水的方法先后收集20 mL CH_4和80 mL Cl_2，放在光亮的地方（注意：不要放在日光直射的地方，以免引起爆炸），等待片刻，观察发生的现象。

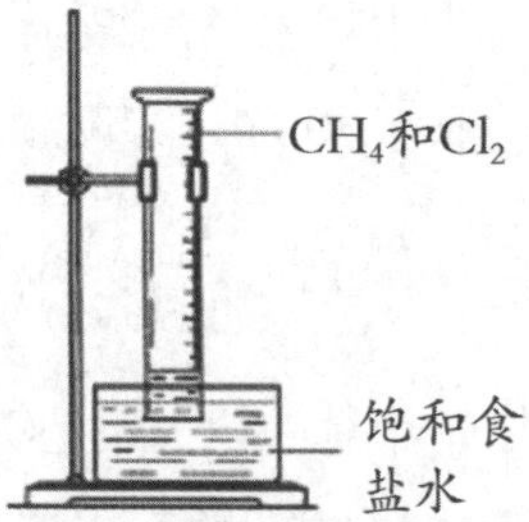

图6-4　甲烷的取代反应

大约3 分钟后，可以观察到量筒壁上出现油状液滴，量筒内水面上升。

首先，这些现象的出现说明量筒内的混合气体在光照下发生了化学反应；量筒壁上出现油滴，说明反应中生成了新的油状物质；量筒内液面上升，说明随着反应的进行，量筒内的气压在减小，即气体总体积在减小。

在光照的条件下，氯气分子首先光解成原子：$Cl_2 \xrightarrow{光照} 2Cl\cdot$

CH_4与Cl_2发生了下述反应：$Cl\cdot + Y\cdot \longrightarrow YCl$（$Y = \cdot CH_3$、$\cdot CH_2Cl$、$\cdot CHCl_2$、$\cdot CCl_3$）

在这些反应里，甲烷分子里的氢原子逐步被氯原子所取代，生成四种取代产物。这种有机物分子里的某些原子或原子团被其他原子或原子团所代替的反应叫做取代反应。

甲烷的四种氯的取代物都不溶于水。在常温下，一氯甲烷是气体，其他三种都是液体。三氯甲烷和四氯甲烷是工业上重要的溶剂。

（3）甲烷受热分解　在隔绝空气并加热至1000℃的条件下，甲烷分解生成炭黑和氢气：

$$CH_4 \xrightarrow{高温} C+2H_2$$

氢气是合成氨及合成汽油等的原料；炭黑是橡胶工业的原料。

【视野拓展】

有机化合物认识简史

人类使用有机物的历史很长，世界上几个文明古国很早就已掌握了酿酒、酿醋和制饴糖的技术。据记载，中国古代曾制取到一些较纯的有机物，如没食子酸（载于982年—992年）、乌头碱（载于1522年以前）、甘露醇（载于1037年—1101年）等；16世纪后期，西欧制得了乙醚、硝酸乙酯、氯乙烷等。由于这些有机物都是直接或间接来自动植物体，因此，那时人们仅将从动植物体内得到的物质称为有机物。

1828年，德国化学家维勒首次用无机物氰酸铵合成了有机物——尿素。但这个重要发现并没有立即得到其他化学家的承认，因为氰酸铵尚未能用无机物制备出来。直到柯尔柏（H.Kolbe）在1844年合成了醋酸，贝特罗（M.Berthelot）在1854年合成了油脂等，有机化学才进入了合成时代，大量的有机物被用人工的方法合成出来。

人工合成有机物的发展，使人们清楚地认识到，在有机物与无机物之间并没有一个明确的界限，但在组成和性质方面确实存在着某些不同之处。在所有的有机物中都含有碳，多数含氢，其次还含有氧、氮、卤素、硫、磷等。从此，化学家们开始将有机物定义为含碳的一类化合物。

二 烷烃

1. 烷烃、同系物

除甲烷外，还有一系列性质和甲烷很相似的烷烃，如乙烷（C_2H_6）、丙烷（C_3H_8）、丁烷（C_4H_{10}）等。它们的结构式分别表示如下：

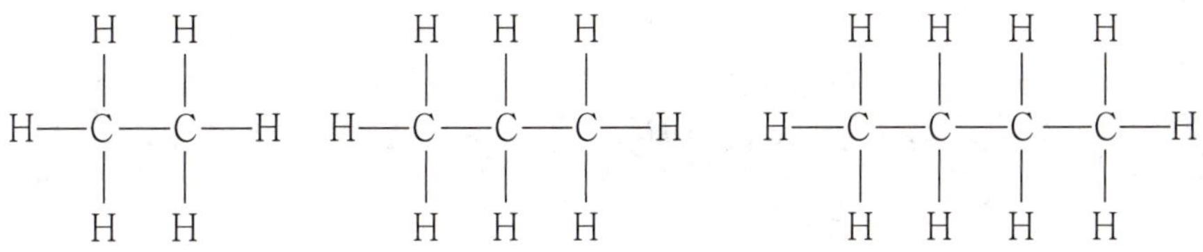

乙烷　　丙烷　　丁烷

在这些烃的分子里，碳原子之间都以碳碳单键结合成链状，剩余的价键全部跟氢原子相结合达到了饱和。这样的烃称作饱和链烃，又称烷烃。为了书写方便，有机物除用结构式表示外，还可以用结构简式表示。烷烃的种类很多，表6-1中列出了部分烷烃的物理性质。

表6-1 部分烷烃的物理性质

名称	结构简式	常温时的状态	熔点/℃	沸点/℃	相对密度
甲烷	CH_4	气	−182	−164	0.466①
乙烷	CH_3CH_3	气	183.3	−88.6	0.572②
丙烷	$CH_3CH_2CH_3$	气	−189.7	−42.1	0.5853③
丁烷	$CH_3(CH_2)_2CH_3$	气	−138.4	−0.3	0.5788
戊烷	$CH_3(CH_2)_3CH_3$	液	−130	6.15	0.6262
葵烷	$CH_3(CH_2)_8CH_3$	液	−29.7	174.1	0.7300
十七烷	$CH_3(CH_2)_{15}CH_3$	固	22	301.8	0.7780

注：① 甲烷的相对密度是−164℃时的数据。
② 乙烷的相对密度是−100℃时的数据。
③ 丙烷的相对密度是−45℃时的数据。

可见，烷烃的物理性质随着分子里碳原子数的递增，呈现规律性的变化。例如，常温下，它们的状态由气态变到液态又变到固态；它们的沸点逐渐升高，相对密度逐渐增大。在化学性质上，这些烃与甲烷相类似，通常状况下，它们很稳定，与酸、碱及氧化剂都不发生反应，也难与其他物质化合。但这些烃在空气里都能点燃，在光照的条件下，它们都能与氯气发生取代反应。

分析表中烷烃的结构简式可以发现，相邻两个烷烃在组成上都相差一个“CH_2”原子团。如果把烷烃中的碳原子数定为n，烷烃中的氢原子数就是$2n+2$，所以烷烃的分子式可以用通式C_nH_{2n+2}来表示。像这样结构相似，在分子组成上相差一个或若干个CH_2原子团的物质互相称为同系物。烷烃中的甲烷、乙烷、丁烷等都互为同系物。

2. 同分异构现象和同分异构体

在研究物质的分子组成和性质时，发现很多有机物的分子组成相同，但性质却有差异。例如，丁烷（C_4H_{10}）就有分子组成和相对分子质量完全相同，但性质却有差异的两种物质（表6-2）。

表6-2 正丁烷与异丁烷的部分物理性质

名称	熔点/℃	沸点/℃	相对密度
正丁烷	−138.4	−0.5	0.5788
异丁烷	−159.6	−11.7	0.557

产生这种差异的原因是什么呢？科学实验证明，这两种分子组成和相对分子质量完全相同，性质却不尽相同的丁烷原来有着不同的分子结构，一种分子里的碳原子相互结合形成直链，人们把它称为正丁烷；另一种分子里的碳原子却带有支链，人们称它为异丁烷。这两种丁烷的结构式分别是：

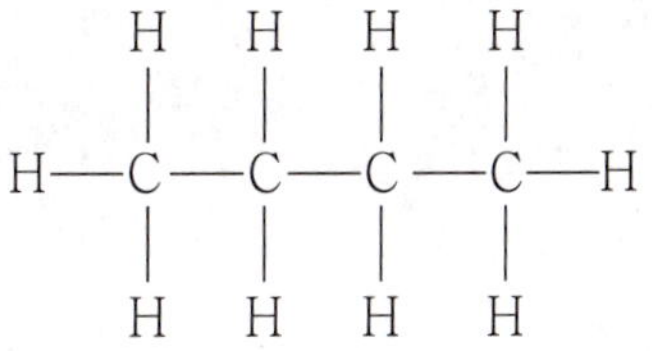

正丁烷

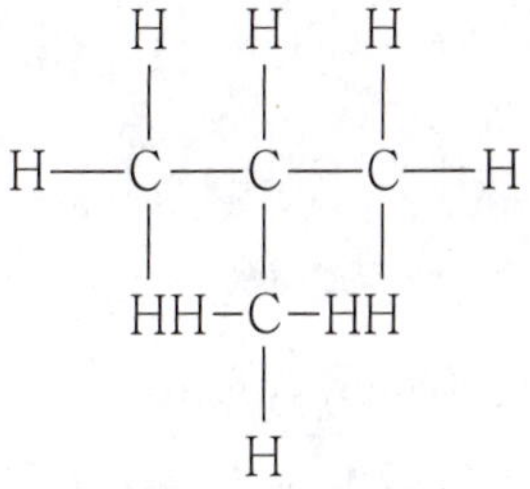

异丁烷

化合物具有相同的分子式，但具有不同的结构式的现象叫做同分异构现象。具有同分异构现象的化合物互称为同分异构体。如正丁烷和异丁烷就是丁烷的两种同分异构体。

在烷烃分子里，含碳原子数越多，碳原子的结合方式就越趋复杂，同分异构体的数目就越多。例如，戊烷（C_5H_{12}）有3种同分异构体；已烷（C_6H_{14}）有5种；庚烷（C_7H_{16}）有9种；而癸烷（$C_{10}H_{22}$）有75种之多。

戊烷的三种同分异构体的结构式是：

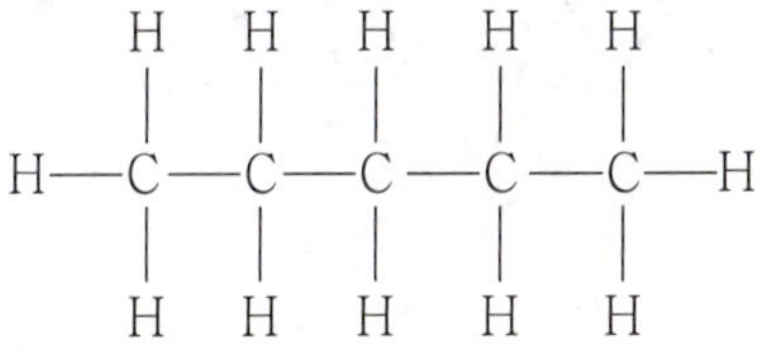

正戊烷

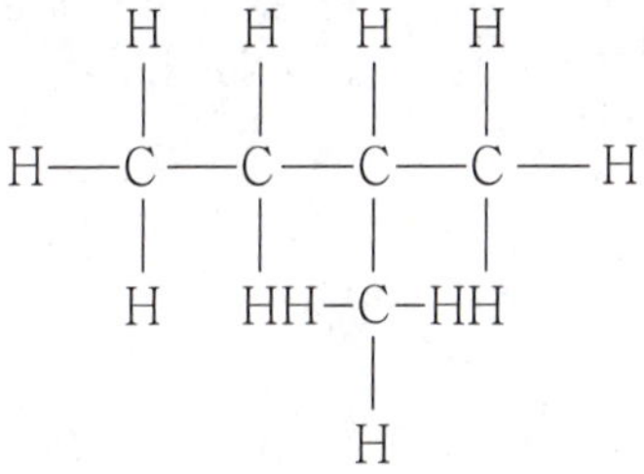

异戊烷

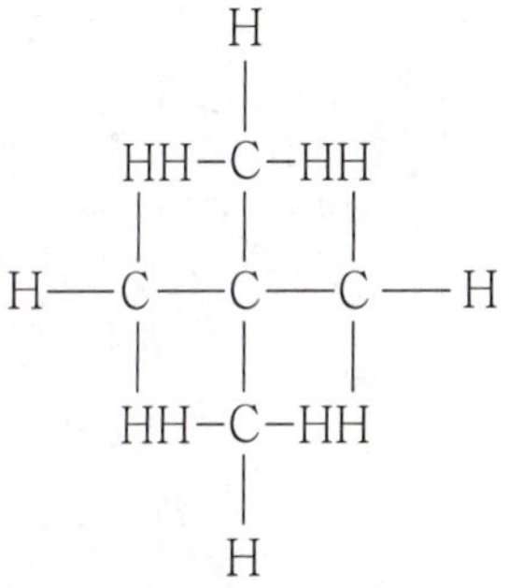

新戊烷

烃失去1个或几个氢原子后所剩余的原子团称作烃基。烃基一般用R-表示。如果失去氢原子的烃是烷烃，剩余的原子团就称作烷基。例如，甲烷分子失去1个氢原子后剩余的$-CH_3$部分称作甲基，乙烷分子失去1个氢原子后剩余的$-CH_2CH_3$部分称作乙基，等等。

【练习题】

一、填空题

1. 在有机化合物中，碳元素呈 ____ 价，碳原子与碳原子之间不仅可以形成共价单键，还可以形成 ____ 键和 ____ 键；不仅可以形成 ____ ，还可以形成碳环。

2. 烷烃的通式是 ____。烷烃分子中的碳原子数目每增加1个，其相对分子质量就增加 ________。

3. 烃基是烃分子中失去1个或几个 ____ 后所剩余的部分。

二、选择题

1. 下述关于烃的说法中，正确的是（　　）。
   A. 烃是指分子里含有碳、氢元素的化合物
   B. 烃是指分子里含碳元素的化合物
   C. 烃是指燃烧反应后生成二氧化碳和水的有机物
   D. 烃是指仅由碳和氢两种元素组成的化合物
2. 在下列反应中，光照对反应几乎没有影响的是（　　）。
   A. 氯气与氢气的反应　　B. 氯气与甲烷的反应
   C. 氧气与甲烷反应　　D. 次氯酸的分解
3. 下列烷烃的一氯取代产物中没有同分异构体的是（　　）。
   A. 2-甲基丙烷　　B. 丙烷　　C. 丁烷　　D. 乙烷

三、把下列物质的相互关系依次填入下表中的空格内

A. 同种物质　B. 同位素　C. 同系物　D. 同素异形体　E. 同分异构体

物质名称	相互关系
丁烷与2-甲基丙烷	
金刚石和石墨	
庚烷和十六烷	
氯仿与三氯甲烷	
氕、氘、氚	

任务二　乙烯　烯烃

在碳氢化合物中，除了碳原子之间都以碳碳单键相互结合的饱和链烃之外，还有许多烃，它们的分子里含有碳碳双键或碳碳三键，碳原子所结合的氢原子数少于饱和链烃里的氢原子数，这样的烃叫做不饱和烃。

一　乙烯

1. 乙烯的结构

乙烯（图6-5）就是一种不饱和烃，它的分子里含有碳碳双键，乙烯的分子式是C_2H_4，结构式是：

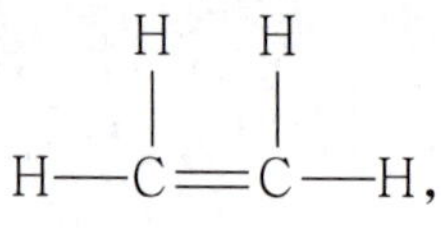

，结构简式是CH_2═CH_2。

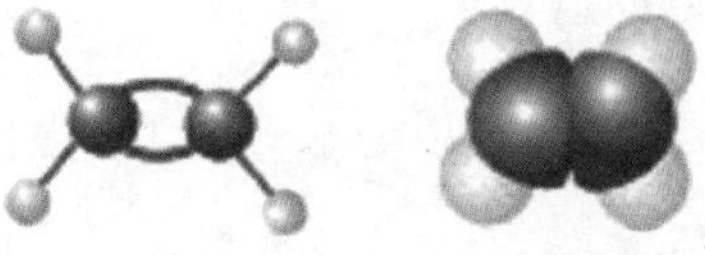

图6-5　两种常用的乙烯分子结构模型

2. 乙烯的性质

在通常状况下，乙烯是一种无色、稍有气味的气体。乙烯难溶于水，在标准状况时的密度为1.25 g/L，比空气的密度略小。

乙烯的分子里含有碳碳双键，与只含碳碳单键的烷烃相比，双键的存在会对乙烯的化学性质产生什么影响呢?

（1）氧化反应

【实验1】点燃纯净的乙烯。观察乙烯燃烧时的现象。

可以看到，乙烯在空气中燃烧，火焰明亮并伴有黑烟。跟烷烃一样，乙烯在空气中燃烧也生成二氧化碳和水：

$$CH_2=CH_2+3O_2 \xrightarrow{点燃} 2CO_2+2H_2O$$

乙烯含碳的质量分数比较高，燃烧时由于碳没有得到充分燃烧，所以有黑烟产生。

【实验2】把乙烯通入盛有$KMnO_4$酸性溶液的试管中（图6-6），观察试管里溶液颜色的变化。

可以看到，通入乙烯后，$KMnO_4$酸性溶液的紫色很快褪去。这说明乙烯能被氧化剂$KMnO_4$氧化，它的化学性质比烷烃活泼。利用这个反应可以区别甲烷和乙烯。

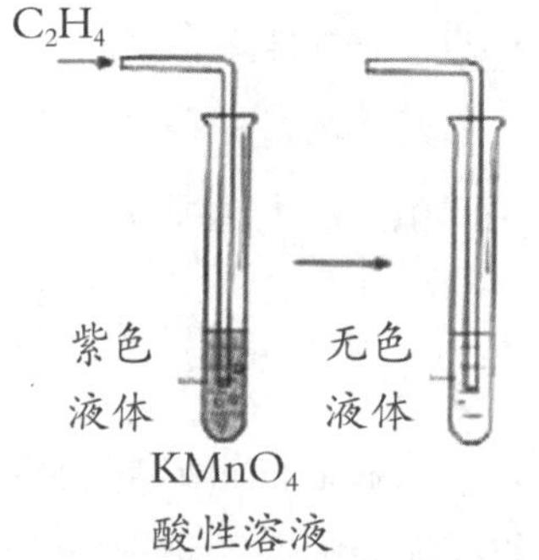

图6-6　乙烯通入高锰酸钾溶液

（2）加成反应

【实验3】把乙烯通入盛有溴水的试管中（图6-7），观察试管里溶液颜色的变化。

可以看到，乙烯通入溴水后，溴水的红棕色很快褪去，说明乙烯与溴水发生了反应。

在这个反应中，乙烯双键中的一个键断裂，2个溴原子分别加在两个价键不饱和的碳原子上，生成无色的1，2-二溴乙烷液体：

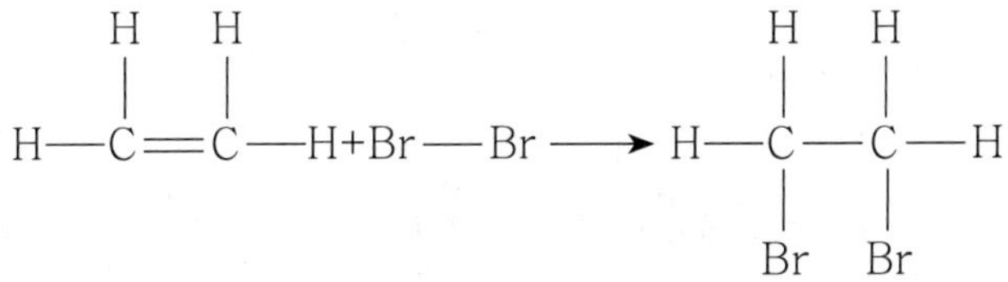

1，2-二溴乙烷

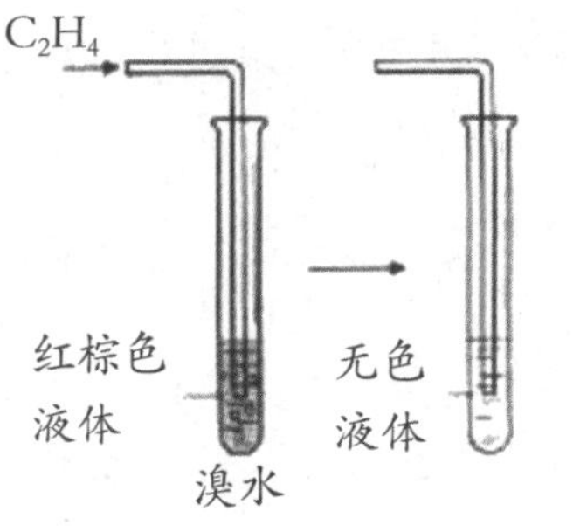

图6-7　乙烯通入溴水

这种有机物分子中双键（或三键）两端的碳原子与其他原子或原子团直接结合生成新的化合物的

反应，称作加成反应。

乙烯不仅可以与溴水发生加成反应，还可以与水、氢气、卤化氢、氯气等在一定的条件下发生加成反应。例如：

$$CH_2{=\!=}CH_2 + H_2O \xrightarrow{\text{催化剂}} CH_3{-\!-}CH_2OH$$

在工业上可以利用乙烯与水的加成反应，即乙烯水化法制取乙醇。

（3）聚合反应

在适宜的温度、压强和有催化剂存在的条件下，乙烯的碳碳双键中的一个键可以断裂，分子间通过碳原子的相互结合能形成很长的碳链，生成聚乙烯：

$$nCH_2{=\!=}CH_2 \xrightarrow{\text{催化剂}} \underset{\text{聚乙烯}}{\left[CH_2{-\!-}CH_2\right]_n}$$

聚乙烯的分子很大，相对分子质量可达几万到几十万。这种相对分子质量很大的化合物属于高分子化合物，简称高分子或高聚物。由相对分子质量小的化合物分子互相结合成相对分子质量大的高分子的反应称作聚合反应。

聚乙烯是一种重要的塑料，由于它性质坚韧，低温时仍能保持柔软性，化学性质稳定，在工农业生产和日常生活中有广泛应用。

3. 乙烯的用途

乙烯是石油化学工业最重要的基础原料，它主要用于制造塑料、合成纤维、有机溶剂等。从20世纪60年代以来，世界上乙烯工业得到了迅速的发展。乙烯工业的发展，带动了其它以石油为原料的石油化工的发展。因此，一个国家乙烯工业的发展水平，已成为衡量这个国家石油化学工业水平的重要标志之一。

乙烯除了是石化工业的重要原料之外，它还是一种植物生长调节剂，用它可以催熟果实（番茄、柠檬等）。在长途运输中，为了避免途中果实发生腐烂，常常运输尚未完全成熟的果实，运到目的地后，再向存放果实的库房的空气里混入少量乙烯，这样就可以把果实催熟。

【视野拓展】

塑料袋的意外诞生

1899年，德国科学家汉斯·冯·佩克曼在试管底部发现了一种蜡状物质。他丝毫没有意识到这种材料的重要意义，事实上这就是今天在世界上使用最广泛、也最受争议的材料——聚乙烯的早期形态。

目前我们所认知的聚乙烯形态，应该是由英国帝国化学工业公司的埃里克·法维克特和雷金纳德·基普森在1933年发现的。他们也是在一个偶然的实验中，在反应管中发现了固态蜡状物质，并揭示了其重要意义。

两年后，帝国化学工业公司开发了聚乙烯工业规模生产的方法，后来很快就用在全世界首条电话电缆上。第二次世界大战期间，聚乙烯更是作为雷达的关键材料，立下了汗马功劳。直到20世纪50年代英国超市的出现，人们才开始大规模使用聚乙烯。超市对聚乙烯塑料制品的肆意使用一直受到公众的批评。这些聚乙烯制品的原料是由石油通过“裂解”反应获得的，这个反应有“硬”“软”两种基本产物，前者主要用于制作塑料管和塑料容器等，后者用作诸如香肠的收缩包装薄膜和电视电缆绝缘皮等。在英国，每年由这两类原料生产的产品有160万吨之多，进而产生了堆积如山的填埋垃圾。

2008年3月27日，是塑料袋原材料——聚乙烯诞生75周年的纪念日。但是，鉴于目前塑料袋的泛滥使用，估计不会有人为这个特殊的日子庆祝。

二　烯烃

分子中含有碳碳双键的一类链烃叫做烯烃。由于烯烃分子中双键的存在，使得烯烃分子中含有的氢原子数，比相同碳原子数的烷烃分子中所含氢原子数少2个，而且两种不同烯烃在组成上，也是相差一个或若干个$-CH_2$原子团。所以，烯烃的通式是C_nH_{2n}。乙烯是最简单的烯烃。表6-3所示为几种烯烃的物理性质。

表6-3　几种烯烃的物理性质

名称	结构简式	常温时状态	熔点/℃	沸点/℃	相对密度
乙烯	$CH_2=CH_2$	气	−169	−103.7	0.566[①]
丙烯	$CH_3CH=CH_2$	气	−185.2	−47.4	0.5193
1-丁烯[②]	$CH_3CH_2CH=CH_2$	气	−185.3	−6.3	0.5951
1-戊稀	$CH_3(CH_2)_2CH=CH_2$	液	−138	30	0.6405
1-己稀	$CH_3(CH_2)_3CH=CH_2$	液	−139.8	63.3	0.6731
1-庚稀	$CH_3(CH_2)_4CH=CH_2$	液	−119	93.6	0.6970

注：① 乙烯的相对密度是-102℃时的数据。
② 丁烯前面的“1-”表示双键位于第一个碳原子和第二个碳原子之间。

从表中可以看出：烯烃的物理性质一般也随碳原子数目的增加而发生递变，明显地呈现出由量变引起质变的变化规律。

由于烯烃的分子中均含有碳碳双键，所以烯烃的化学性质跟乙烯相类似，如容易发生加成反应、氧化反应等。

【练习题】

一、填空题

1. 乙烯是一种 ______ 色、______ 气味的气体，______ 溶于水。实验室制取乙烯时用 ______ 法收集。

2. 烯烃是分子里含有 ______ 键的不饱和烃的总称。烯烃的通式为 ______，丙烯、1-丁烯的结构简式分别是 ______ 和 ______。

3. 烯烃能使高锰酸钾酸性溶液和溴水褪色，其中，与高锰酸钾发生的反应是____反应；与溴水发生的反应是 ______ 反应。在一定的条件下，乙烯还能发生 ______ 反应，生成聚乙烯。

二、选择题

1. 实验室中通常加热乙醇和浓硫酸的混合液来制取乙烯，在此反应里浓硫酸（　　）。

A. 既是反应物又是脱水剂　　B. 既是反应物又是催化剂

C. 既是催化剂又是脱水剂　　D. 仅是催化剂

2. 下列物质中，不能使溴水和高锰酸钾酸性溶液褪色的是（　　）。

A. C_2H_4　　B. C_3H_6　　C. C_5H_{12}　　D. C_4H_8

3. 下列反应中，能够说明烯烃分子具有不饱和结构的是（　　）。

A. 氧化反应　　B. 取代反应　　C. 加成反应　　D. 聚合反应

任务三 乙炔　炔烃

一 乙炔

1. 乙炔的结构

从乙炔的分子式C_2H_2可以看出，乙炔的分子比乙烯的分子少两个氢原子，在乙炔分子里，两个碳原子之间有3个共用电子对，通常称它为三键。乙炔的结构式是：H—C≡C—H或简写成HC≡CH。显然，乙炔属于不饱和烃。

2. 乙炔的物理性质

乙炔（图6-8）俗称电石气。纯的乙炔是没有颜色、没有气味的气体。由电石产生的乙炔因常混有PH_3、H_2S等杂质而有特殊难闻的臭味。在标准状况下，乙炔的密度是1.16 g/L，比空气的密度略小，微溶于水，易溶于有机溶剂。

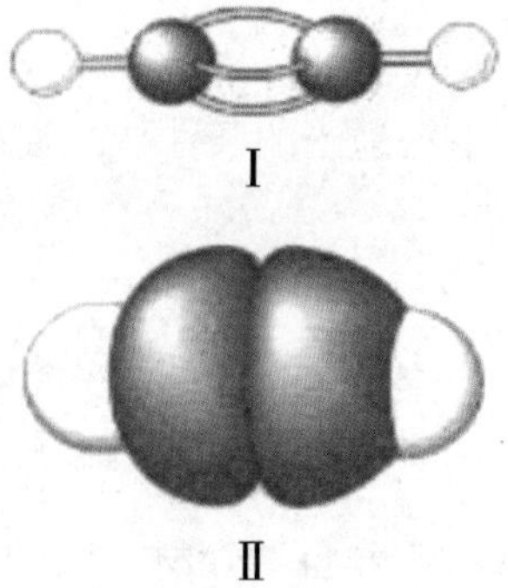

Ⅰ球棍模型　　Ⅱ比例模型

图6-8　乙炔的分子结构模型

3. 乙炔的化学性质

讨论：比较乙炔、乙烯和乙烷的分子结构，推断乙炔可能具有的化学性质。

乙炔在分子结构上类似于乙烯，分子里含有碳碳三键，碳碳三键中有两个键较易断裂。乙炔在化学性质上是不是也类似乙烯，如易被高锰酸钾氧化，易发生加成反应呢？

（1）氧化反应　乙炔燃烧时，火焰明亮并伴有浓烈的黑烟。这是因为乙炔含碳的质量分数比乙烯还高，碳没有完全燃烧的缘故。

乙炔燃烧的化学方程式为：$2C_2H_2 + 5O_2 \xrightarrow{点燃} 4CO_2 + 2H_2O$

乙炔燃烧时放出大量的热，如在氧气中燃烧，产生的氧炔焰的温度可达3000℃以上。因此，可用氧炔焰来焊接或切割金属。乙炔和空气（或氧气）的混合物遇火时可能发生爆炸，在生产和使用乙炔时，一定要注意安全。

【实验1】把纯净的乙炔通入盛有$KMnO_4$酸性溶液的试管中，观察溶液颜色的变化。

片刻后，溶液的紫色逐渐褪去。这说明乙炔也易被$KMnO_4$所氧化。

（2）加成反应

【实验2】把纯净的乙炔通入盛有溴水的试管中（图6-9），观察溴水颜色的变化。

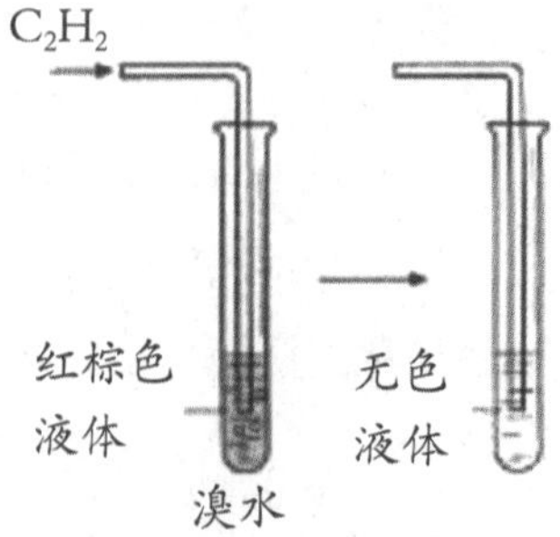

图6-9　乙炔通入溴水

可以观察到，乙炔通入溴水后，溴水的颜色逐渐褪去。这说明乙炔也能与溴水发生加成反应。反应过程可分步表示如下：

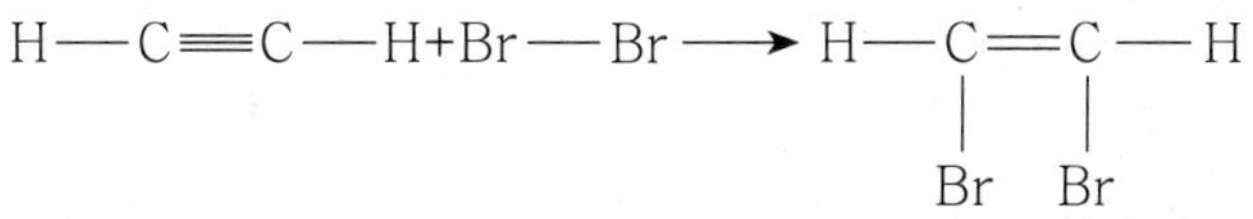

1，2-二溴乙烯

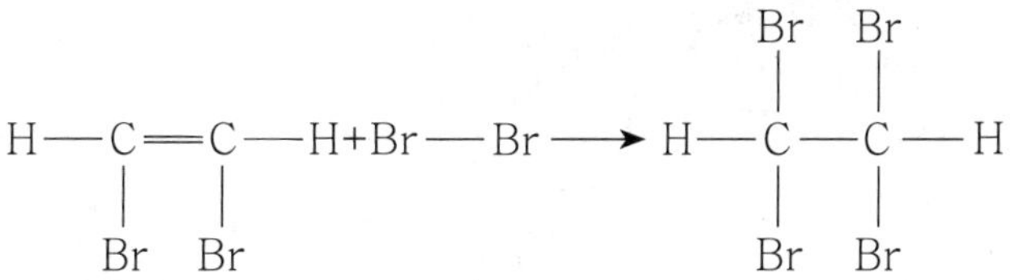

1，1，2，2-四溴乙烷

与乙烯类似，在一定的条件下，乙炔也能与氢气、氯化氢等发生加成反应。

在150~160℃和用氯化汞作催化剂的条件下，乙炔与氯化氢发生加成反应，生成氯乙烯：

$$HC\equiv CH + HCl \xrightarrow[\triangle]{催化剂} H_2C=CHCl$$

氯乙烯

在适当的条件下，氯乙烯可以通过加聚反应生成聚氯乙烯：

$$nCH_2{=}\underset{\displaystyle Cl}{\underset{|}{CH}} \longrightarrow \left[CH_2{-}\underset{\displaystyle Cl}{\underset{|}{CH}}\right]_n$$

聚氯乙烯

聚氯乙烯是一种合成树脂，用于制备塑料和合成纤维。聚氯乙烯具有良好的机械强度和绝缘性，还有耐化学腐蚀、耐水、耐油等优点。聚氯乙烯可制成硬质塑料和软质塑料。硬质塑料可代替金属或木材制作各种管材、型材、建筑材料及绝缘材料、耐腐蚀材料等；软质塑料可制作薄膜、泡沫制品、电线和电缆的包皮、软管和日常生活用品等。

聚氯乙烯在使用的过程中，如果不注意环境的影响，很容易发生老化现象。例如，受日光暴晒；受空气、水以及腐蚀性气体的作用；受辐射、热等因素的影响，时间久了就会变硬、发脆、开裂、长霉等，并释放出对人体有害的氯。所以，不宜用聚氯乙烯制品直接盛装食物。

（3）聚合反应　三分子乙炔在一定条件下可以低聚成苯。

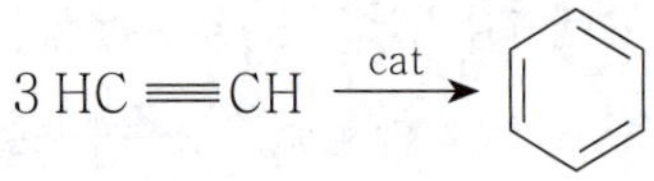

二　炔烃

分子里含有碳碳三键的一类链烃叫做炔烃。炔烃分子里氢原子的数目比含相同碳原子数目的烯烃分子还要少2个，不同炔烃之间也是相差一个或若干个$-CH_2$原子团，所以炔烃的通式是C_nH_{2n-2}。乙炔是最简单的炔烃。表6-4列出了几种炔烃的物理性质。

表6-4　几种炔烃的物理性质

名称	结构简式	常温时状态	熔点/℃	沸点/℃	相对密度
乙炔	CH=CH	气	−80.8（加压）	−84	0.6208①
丙炔	CH_3C=CH	气	−101.5	−23.2	0.7062②
1-丁炔	CH_3CH_2C=CH	气	−125.7	8.1	0.6784③
1-戊炔	$CH_3CH_2CH_2C$=CH	液	−90	40.2	0.6901

注：① 乙炔的相对密度是−82℃时的数据。
② 丙烯的相对密度是−50℃时的数据。
③ 1-丁炔的相对密度是0℃时的数据。

与烷烃和烯烃相似，炔烃的物理性质也是随着碳原子数目的增加而递变。

由于炔烃中都含有相同的碳碳三键，炔烃的化学性质与乙炔相似，如都易被$KMnO_4$氧化，易起加成反应等。

【练习题】

一、填空题

现有6种链烃：C_8H_{16}、C_9H_{16}、$C_{15}H_{32}$、$C_{17}H_{34}$、C_7H_{14}和C_8H_{14}，其中属于烷烃的是 ______，属于烯烃的是 ______，属于炔烃的是 ______。

二、选择题

1. 下列有关乙炔性质的叙述中，既不同于乙烯又不同于乙烷的是（　　）。
   A. 能燃烧生成二氧化碳和水　　B. 能发生加成反应
   C. 能与高锰酸钾发生氧化反应　　D. 能与氯化氢反应生成氯乙烯
2. 相同质量的下列各烃，完全燃烧后生成CO_2最多的是（　　）。
   A. 甲烷　　B. 乙烷　　C. 乙烯　　D. 乙炔

三、小结甲烷、乙烯、乙炔的结构和性质，填写下表中的空白。

化合物名称		甲烷	乙烯	乙炔
结构简式				
所属烃类的结构特点				
与溴反应	反应类型			
	反应终产物			
主要用途				

任务四　苯　芳香烃

苯是没有颜色，带有特殊气味的液体。苯有毒，不溶于水，密度比水小，熔点为5.5℃，沸点为80.1℃。如果用冰来冷却，苯可以凝结成无色的晶体。

苯是一种重要的化工原料，它广泛用于生产合成纤维、合成橡胶、塑料、农药、医药、染料和香料等。苯也常用作有机溶剂。

一　苯的结构

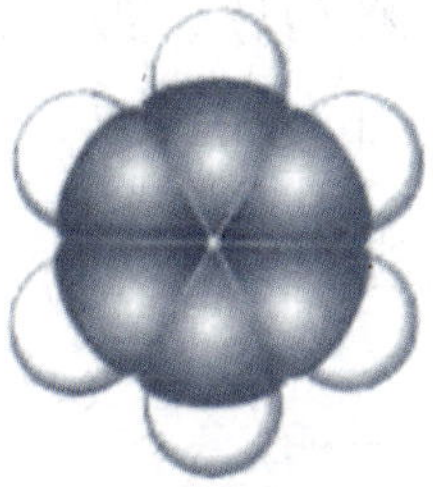
图6-10　苯分子的比例模型

苯（图6-10）的分子式是C_6H_6。从苯分子中的碳、氢原子比来看，苯是一种远没有达到饱和的烃。因为在苯分子中需要增加8个氢原子才能符合饱和链烃的通式C_nH_{2n+2}。经过科学家的长期研究，人们对苯的结构具有了一定的认识，认为苯分子的结构式可以表示为：

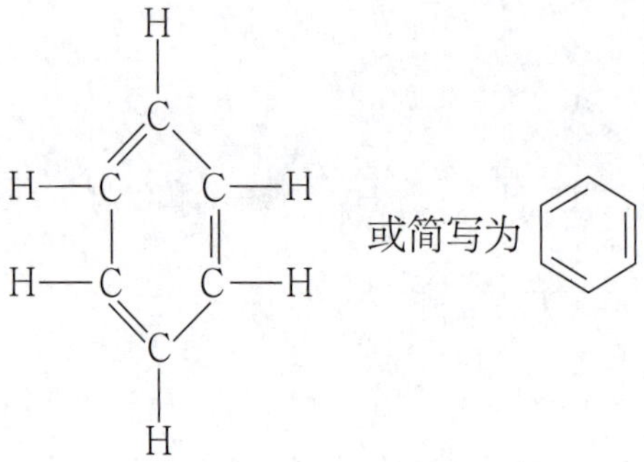

从这样的结构式（称作凯库勒式）来推测，苯的化学性质应显示出极不饱和的性质，但实验表明苯不能使$KMnO_4$酸性溶液和溴水褪色，这说明苯与$KMnO_4$酸性溶液和溴水都不发生反应。由此可知，苯在化学性质上与烯烃有很大的差别。

对苯分子结构的进一步研究表明，苯分子里不存在一般的碳碳双键，6个碳原子之间的键完全相同，这是一种介于单键和双键之间的独特的键。苯分子里的6个碳原子和6个氢原子都在同一平面上，构成正六边形。为了表示苯分子的结构特点，常用结构式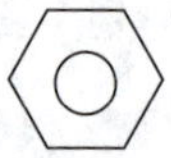来表示苯分子。

在有机化合物中，有很多分子里含有一个或多个苯环的碳氢化合物，这样的化合物属于芳香烃，简称芳烃。苯是最简单、最基本的一种芳烃。

二 苯的化学性质

苯不能被高锰酸钾氧化，一般情况下也不能与溴发生加成反应，说明苯的化学性质比烯烃、炔烃稳定。但是在一定条件下，苯也能发生某些化学反应。

像大多数有机化合物一样，苯也可以在空气中燃烧，生成二氧化碳和水。

$$2C_6H_6 + 15O_2 \xrightarrow{\text{点燃}} 12CO_2 + 6H_2O$$

苯燃烧时产生明亮的带有浓烟的火焰，这是由于苯分子里碳的质量分数很大的缘故。

1. 取代反应

苯较易发生取代反应。

（1）溴化反应　在有催化剂存在时，苯与溴发生反应，苯环上的氢原子被溴原子取代，生成溴苯，溴苯是无色液体，密度大于水。苯与溴反应的化学方程式是：

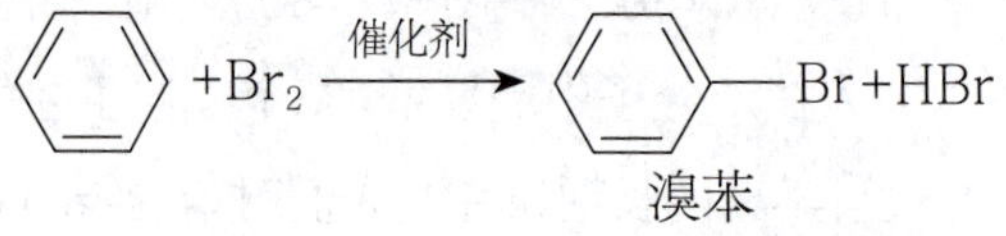

在催化剂的作用下，苯也可以与其他卤素发生取代反应。

（2）硝化反应　苯与浓硝酸和浓硫酸的混合物共热至55~60℃时发生反应，苯环上的氢原子被硝基（$—NO_2$）取代，生成硝基苯：

硝基苯

苯分子里的氢原子被$—NO_2$所取代的反应，叫做硝化反应。硝酸分子中的$—NO_2$原子团叫做硝基。

硝基苯是一种带有苦杏仁味的、无色的油状液体，密度比水大。硝基苯有毒，是制造染料的重要原料。

2. 苯的加成反应

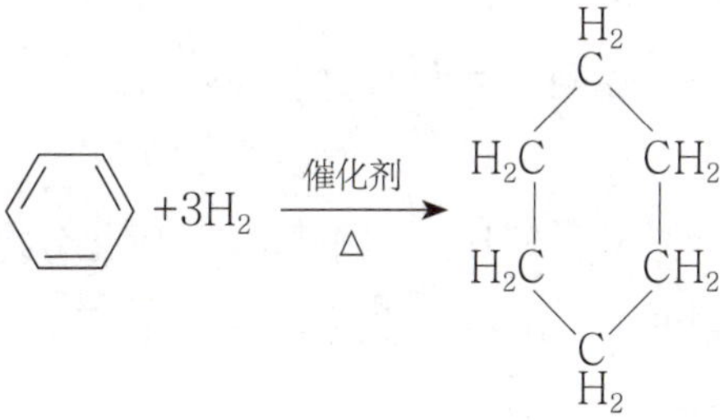

环己烷

虽然苯不具有典型的碳碳双键所应有的进行加成反应的性质，但在特定的条件下，苯仍然能发生加成反应。例如，在有镍催化剂的存在和180~250℃的条件下，苯可以与氢气发生加成反应，生成环己烷（C_6H_{12}）。

【视野拓展】

苯的发现和苯分子结构学说

苯是在1825年由英国科学家法拉第（Michael Faraday，1791年—1867年）首先发现的。19世纪初，英国和其他欧洲国家一样，城市的照明已普遍使用煤气。从生产煤气的原料中制备出煤气之后，剩下一种油状的液体长期无人问津。法拉第是第一位对这种油状液体感兴趣的科学家。他用蒸馏的方法将这种油状液体进行分离，得到另一种液体，实际上就是苯。当时法拉第将这种液体称为“氢的重碳化合物”。

1834年，德国科学家米希尔里希（E. E. Mitscherlich，1794年—1863年）通过蒸馏苯甲酸和石灰的混合物，得到了与法拉第所制液体相同的一种液体，并命名为苯。法国化学家日拉尔（C. F. Gerhardt，1816年—1856年）等人又确定了苯的相对分子质量为78，分子式为C_6H_6。

德国化学家凯库勒是一位极富想象力的学者，他曾提出了碳为四价和碳原子之间可以连接成链这一重要学说。对苯的结构，他在分析了大量的实验事实之后提出了多种开链式结构，而又因其与实验结果不符被一一否定。

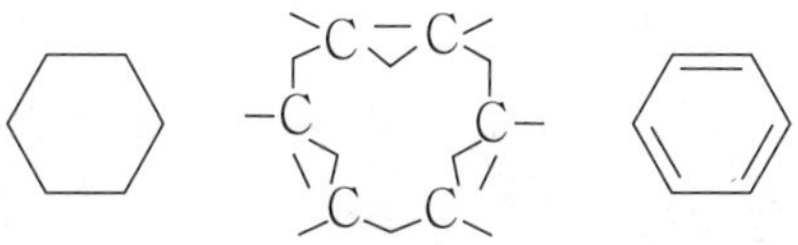

（Ⅰ）　（Ⅱ）　（Ⅲ）

凯库勒提出的苯分子的几种结构式

1865年的一天夜晚，凯库勒在书房中打起了瞌睡，眼前又出现了旋转的碳原子。碳原子的长链像蛇一样盘绕卷曲，最后忽见蛇抓住了自己的尾巴，并旋转不停。他像触电般地猛醒起来，终于悟出闭合链的形式是解决苯分子结构的关键，并以（Ⅰ）式表示这一结构。1866年他又提出苯分子是一个由6个碳原子以单、双键相互交替结合而成的环状链（Ⅱ）式，后简化为（Ⅲ）式，也就是我们现在所说的凯库勒式。

凯库勒能够从梦中得到启发，成功地提出重要的结构学说，并不是偶然的。正是由于他善于独立思考，平时总是冥思苦想有关原子、分子以及结构等问题，才会梦其所思；更重要的是，他懂得化合价的真正意义，善于捕捉直觉形象；加之以事实为依据，以严肃的科学态度进行多方面的分析和探讨，这一切都为他取得成功奠定了基础。

三 苯的同系物

甲苯C_7H_8、二甲苯C_8H_{10}等化合物的分子里都含有一个苯环结构。它们都是苯的同系物。苯的同系物的通式是C_nH_{2n-6}（n≥6），它们都是芳香烃。

苯分子里的1个氢原子被甲基取代后生成甲苯（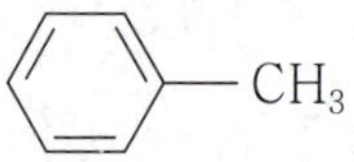）；2个氢原子被2个甲基取代后，生成二甲苯。由于取代位置不同，二甲苯有下列三种同分异构体：

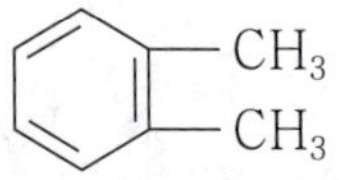

邻-二甲苯
沸点：144.4℃

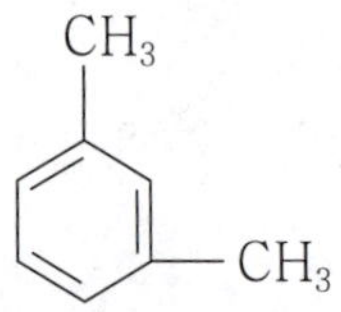

间-二甲苯
沸点：139.1℃

对-二甲苯
沸点：138.4℃

苯的同系物在性质上跟苯有许多相似之处，如燃烧时都产生带有浓烟的火焰，都能发生取代反应等。由于苯环和侧链的相互影响，苯的同系物也有一些化学性质跟苯不同。

【实验】把苯、甲苯、二甲苯各2 mL分别注入3支试管，各加入3滴$KMnO_4$酸性溶液，用力振荡，观察溶液的颜色变化。

实验表明，苯不能使$KMnO_4$酸性溶液的紫色褪去，而甲苯和二甲苯却能使溶液的紫色褪去，这说明，苯的同系物（甲苯和二甲苯）能被$KMnO_4$氧化。在上述反应中，被氧化的是苯环上的侧链，也就是甲基。

甲苯跟硝酸和浓硫酸的混合酸可以发生反应，苯环上的氢原子被硝基（—NO_2）取代，生成三硝基甲苯：

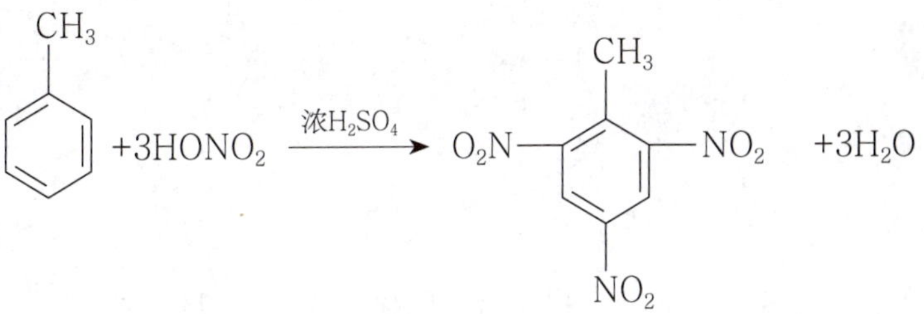

2，4，6-三硝基甲苯简称三硝基甲苯，又叫梯恩梯（TNT），是一种淡黄色的晶体，不溶于水。它是一种烈性炸药，广泛用于国防、开矿、筑路、兴修水利等。

【练习题】

一、填空题

1. 苯是一种 ______ 色、______ 味、______ 溶于水的 ______ 体。
2. 苯的结构式是 ______，苯分子中的碳碳键是一种介于 ______ 的特殊的化学键。
3. 芳香烃是指 ____________________________。

二、选择题

1. 下列物质中，在一定条件下既能起加成反应，也能起取代反应，但不能使$KMnO_4$酸性溶液褪色的是（　　）。

A. 乙烷　　B. 苯　　C. 乙烯　　D. 乙炔

2. 苯与乙烯、乙炔相比较，下列叙述正确的是（　　）。

A. 都容易发生取代反应

B. 都容易发生加成反应

C. 乙烯和乙炔易发生加成反应，苯只能在特殊条件下才发生加成反应

D. 乙炔和乙烯易被$KMnO_4$氧化，苯不易被$KMnO_4$氧化

3. 甲苯与苯相比较，下列叙述中不正确的是（　　）。

A. 常温下都是液体　　B. 都能使$KMnO_4$酸性溶液褪色

C. 都能在空气中燃烧　　D. 都能发生取代反应

三、问答题

1. 比较己烷、己烯与苯的性质，并说明怎样通过实验来区别它们。
2. 某烃的分子式是C_7H_8，它能使$KMnO_4$酸性溶液褪色，能跟H_2起加成反应。写出这种烃的结构式。

归纳小结

一、有机化合物

含碳的化合物称作有机化合物。研究有机化合物的化学称作有机化学。

有机物分子结构中化学键的主要类型为共价键。碳原子之间可以形成C—C，C═C和C≡C，碳的骨架可以是链状，也可以是环状。

二、烷烃、烯烃、炔烃和芳香烃的结构特点及重要性质

<table>
<tr><th rowspan="2">项目　类别</th><th rowspan="2">饱和链烃
（烷烃）</th><th colspan="2">不饱和链烃</th><th rowspan="2">芳香烃</th></tr>
<tr><th>烯烃</th><th>炔烃</th></tr>
<tr><td>结构特点及通式</td><td>C—C
C_nH_{2n+2}</td><td>C═C
C_nH_{2n}</td><td>C≡C
C_nH_{2n-2}</td><td>介于单、双键之间的特殊键</td></tr>
<tr><td>代表物</td><td>甲烷</td><td>乙烯</td><td>乙炔</td><td>苯</td></tr>
<tr><td>化学特性</td><td>1. 取代反应
2. 氧化反应</td><td>1. 加成反应
2. 氧化反应
3. 聚合反应</td><td>1. 加成反应
2. 氧化反应
3. 聚合反应</td><td>易发生取代反应，不易发生加成和氧化反应</td></tr>
<tr><td rowspan="2">鉴别方法</td><td>与酸性$KMnO_4$溶液不反应</td><td>使酸性$KMnO_4$溶液褪色</td><td>使酸性$KMnO_4$溶液褪色</td><td>与酸性$KMnO_4$溶液不反应</td></tr>
<tr><td>不使Br_2水褪色</td><td>可使Br_2水褪色</td><td>可使Br_2水褪色</td><td>不使Br_2水褪色</td></tr>
</table>

三、烃的同分异构现象

化合物具有相同的分子式，但具有不同结构的现象，叫做同分异构现象；具有相同分子式而结构不同的化合物互为同分异构体。

项目七 烃的衍生物

从前面所学内容可知，烃分子里的氢原子被其他原子或原子团所取代，能生成一系列新的有机化合物。这些有机化合物从结构上都可以看作由烃衍变而来的，所以叫做烃的衍生物。

在烃的衍生物中，取代氢原子的其他原子或原子团，影响着烃的衍生物的性质，使其具有了不同于相应的烃的特殊性质。例如，乙烷是不溶于水的无色气体，沸点较低；但乙醇却是可与水无限混溶的液体，沸点相对较高。在化学性质方面，乙醇与乙烷相比，也有其明显的特性。这种决定有机化合物特殊性质的原子或原子团叫做官能团。羟基（—OH）、羧基（—COOH）、硝基（$—NO_2$）等都是官能团，烯烃和炔烃中分别含有的碳碳双键和碳碳三键也是官能团。

任务一 乙醇 醇类

乙醇（图7-1）俗称酒精，在初中化学里已经学过乙醇的一些性质，这里我们将进一步学习乙醇的化学性质。

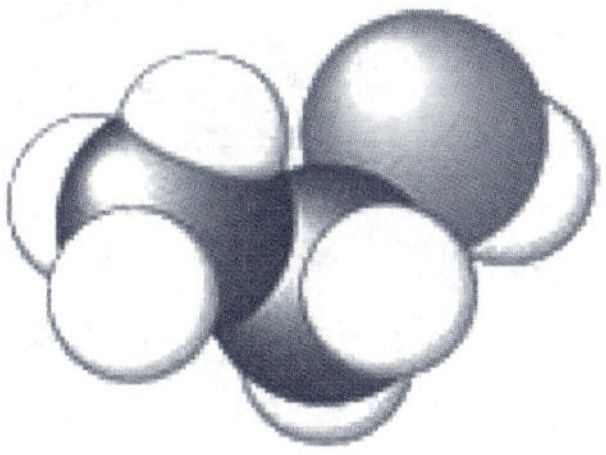

图7-1 乙醇分子的比例模型

乙醇可以看做是乙烷分子里的一个氢原子被羟基（—OH）取代后的产物，乙醇的结构式是 $\begin{array}{c} \quad\ \ H\quad\ H \\ \quad\ \ |\quad\ \ | \\ H—C—C—OH \\ \quad\ \ |\quad\ \ | \\ \quad\ \ H\quad\ H \end{array}$，简写为$CH_3CH_2OH$或$C_2H_5OH$。

乙醇分子中的羟基对乙醇的化学性质有什么影响呢？

一 乙醇的性质

乙醇是无色、透明而具有特殊香味的液体，密度比水小。20℃时的密度是0.1893 g/cm^3，沸点是78℃。乙醇易挥发，能够溶解多种无机物和有机物，能跟水以任意比互溶。乙醇是一种重要的溶剂，能溶解多种有机物和无机物。

1. 乙醇与钠的反应

【实验】大试管里注入2 mL左右无水乙醇，再放入2小块新切开用滤纸擦干的金属钠，迅速用一配有导管的单孔塞塞住试管口，用一小试管倒扣在导管上，收集反应中放出的气体并验纯。确信气体的纯度后，在导管口点燃，观察气体燃烧的现象（图7-2）；然后把一凉的干燥小烧杯罩在火焰上方，片刻后可见烧杯壁上出现水滴，迅速倒转烧杯，向烧杯内注入少量澄清石灰水，振荡，观察石灰水的变化。

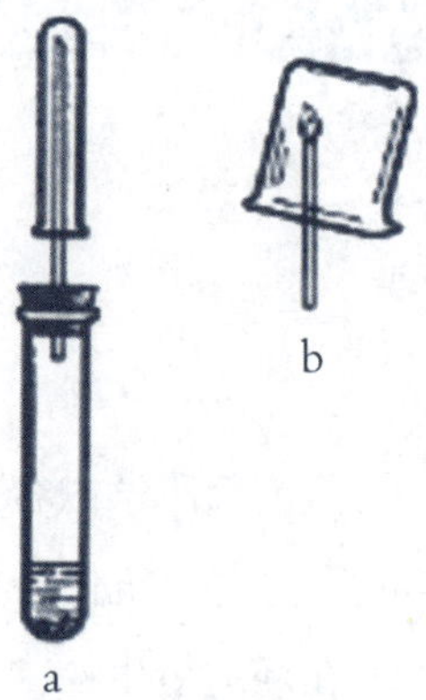

图7-2 乙醇与钠的反应

从实验中可以看到，反应放出的气体可在空气中安静地燃烧，火焰呈淡蓝色；烧杯壁上有水滴生成，而且加入烧杯中的澄清的石灰水不变混浊，说明反应生成的气体是氢气。在这个反应里，金属钠置换出了羟基中的氢，生成了乙醇钠，反应的化学方程式是：

$$2CH_3CH_2OH + 2Na \longrightarrow 2CH_3CH_2ONa + H_2\uparrow$$

这个反应类似于水与钠的反应，因此乙醇可以看作是水分子里的氢原子被乙基取代的产物。乙醇与钠的反应比水与钠的反应要缓和得多，这说明乙醇羟基中的氢原子不如水分子中的氢原子活泼。

2. 乙醇的氧化反应

乙醇除了燃烧时能生成二氧化碳和水之外，在加热和有催化剂（Cu或Ag）存在的条件下，也能与氧气发生氧化反应，生成乙醛：

$$2CH_3CH_2OH+O_2 \xrightarrow[\triangle]{\text{催化剂}} 2CH_3CHO+2H_2O$$

工业上根据这个原理，由乙醇制取乙醛。

3. 乙醇的消去反应

我们已经知道，乙醇在有浓硫酸作催化剂的条件下，加热到170℃即生成乙烯。其反应的化学方程式是：

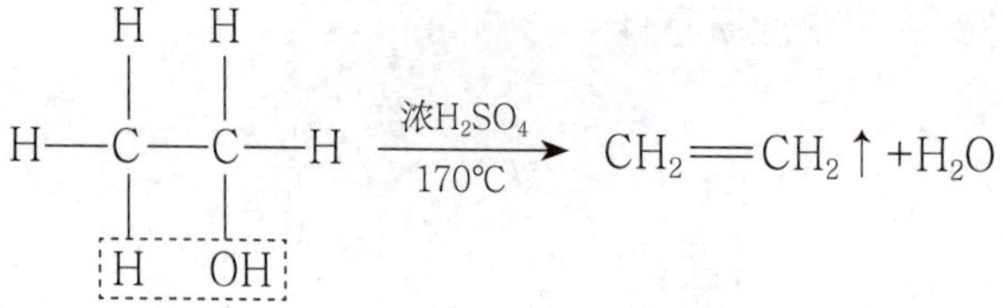

在这个反应里，每一个乙醇分子脱去一个水分子，显然这个反应属于消去反应。

以上事实说明，羟基比较活泼，它决定着乙醇的主要化学性质。

如果把乙醇和浓硫酸共热的温度控制在140℃，乙醇将以另一种方式脱水，即每两个乙醇分子间脱去一分子水，反应生成的是乙醚：

$$C_2H_5-OH+HO-C_2H_5 \xrightarrow[140℃]{\text{浓}H_2SO_4} \underset{\text{乙醚}}{C_2H_5-O-C_2H_5}+H_2O$$

相同的反应物在不同的反应条件下，可能生成不同的产物。可见在化学反应中，控制反应条件是很重要的。

二 乙醇的工业制法

乙醇的工业制法，主要有乙烯直接水化法和发酵法两种。

1. 乙烯水化法

乙烯直接水化法，就是在加热、加压和有催化剂存在的条件下，使乙烯蒸气与水直接反应，生成乙醇：

$$CH_2=CH_2+H-OH \xrightarrow[\text{加热、加压}]{\text{催化剂}} CH_3CH_2OH$$

在此法中的原料——乙烯可大量取自石油裂解气，成本低，产量大，这样能节约大量粮食，因此发展很快。

2. 粮食发酵法

发酵法制乙醇是在酿酒的基础上发展起来的，在相当长的历史时期内，曾是生产乙醇的唯一工业方法。发酵法的原料可以是含淀粉的农产品，如谷类、薯类或野生植物果实等；也可用制糖厂的废糖蜜；或者用含纤维素的木屑、植物茎秆等。这些物质经一定的预处理后，经水解（用废糖蜜作原料不经这一步）、发酵，即可制得乙醇。发酵液中乙醇的质量分数为6%~10%并含有其他一些有机杂质，经精馏可得95%的工业乙醇。

三 乙醇的用途

乙醇是应用最广泛的一种醇。因其性质比较活泼，是有机合成的重要原料，如用乙醇制乙醚、乙醛、乙酸等；因它具有广泛的溶解性，是重要的有机溶剂，用于溶解树脂、制作涂料等；因其在空气中燃烧充分，可避免污染，而且燃烧热值较大。可用作内燃机和实验室的燃料；因75%的酒精能立即使蛋白质变性（凝固），在医药上常用作消毒剂和防腐剂；乙醇还广泛用作饮料和食品添加剂，但必须注意：不能超量饮用，以免引起酒精中毒，青少年尤其不宜饮用含酒精的饮料；工业酒精中多含有毒性的甲醇，不能饮用。

【视野拓展】

乙醇对人体的影响

乙醇对循环系统的作用因量而有所不同，中等量的乙醇可扩张皮肤血管，使饮者皮肤发红而有温暖感，但不可以饮酒来御寒，因为人在受寒时皮肤血管收缩，而酒会抑制血管运动中枢，使皮肤血管扩张而导致大量热能损失，可见饮酒御寒反而会增加冻伤、冻死的危险。慢性酒精中毒造成的心血管障碍并非由乙醇所致，而是以酒为能量来源的人不注意饮食结构，营养不良而导致。

乙醇对中枢神经系统基本上与麻醉药相似，但因安全度不够，所以不能作为麻醉药来用。饮酒后所表现出来的兴奋其实是大脑的抑制功能被减弱的缘故，因此饮者会失去不同程度的自制，同时辨别力、记忆力、集中力及理解力会减弱甚至消失，视力（中枢性）也会出现障碍。由此可见，乙醇是一种对人体各种器官都有损害的原生质毒物，人饮酒过后约有20%的乙醇在胃中被吸收，其余80%由十二指肠、空肠吸收，空胃时吸收更多，而且乙醇浓度较低的酒类更易于吸收，高浓度的酒吸收反而缓慢。饮酒如超过人体对乙醇的氧化速度，将会蓄积而造成乙醇中毒。未被氧化的乙醇有2%~10%通过肾肺排出，汗、泪、胆汁、唾液也有微量排出。

乙醇对消化系统的作用视乙醇含量而定，饮乙醇含量在10%左右的酒对胃液、胃酸的分泌都有增加。因此，饮低度酒有促进胃的消化吸收机能，但对胃溃疡病患者则是有害的。饮乙醇含量达20%以上的酒类，会抑制胃液的分泌，减弱胃蛋白酶的活性，从而削弱人体的消化吸收机能。饮乙醇含量达40%以上的酒类，对胃黏膜有强烈的刺激，使人容易患上慢性胃炎。乙醇在消化过程中产生的乙醛会刺激人体的呕吐中枢，使人呕吐。

四 醇类

醇是分子中含有跟链烃基结合着的羟基化合物。根据醇分子里羟基的数目，醇可以分为一元醇、二元醇和多元醇，分子里只含有一个羟基的，叫做一元醇。由烷烃所衍生的一元醇，叫做饱和一元醇，如甲醇、乙醇等，它们的通式是$C_nH_{2n+1}OH$，简写为R-OH。乙醇是重要的化工溶剂，广泛应用于医药、涂料、化妆品、油脂等工业；甲醇、乙醇都是重要的化工原料，同时，它们还可用作车用燃料，是一类新的可再生能源。甲醇有毒，饮用约10 mL就能使人的眼睛失明，再多就能使人致死。

表7-1中列出了几种饱和一元醇的某些物理性质。低级的饱和一元醇为无色中性液体，具有特殊的气味和辛辣味道。甲醇、乙醇、丙醇可与水以任意比混溶；含4~11个C的醇为油状液体，可以部分地溶于水；含12个C以上的醇为无色、无味的蜡状固体，不溶于水。

分子里含有两个或两个以上羟基的醇，分别叫做二元醇和多元醇，如乙二醇和丙三醇：

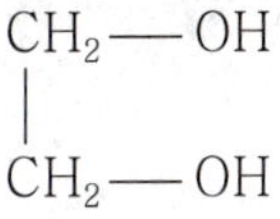

乙二醇

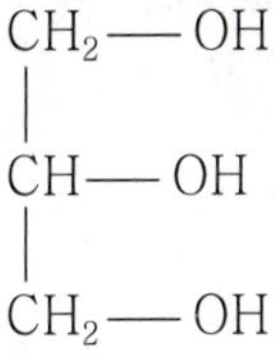

丙三醇

乙二醇和丙三醇都是无色、黏稠、有甜味的液体，乙二醇易溶于水和乙醇；丙三醇吸湿性强，能跟水、酒精以任意比混溶，它们都是重要的化工原料。此外，丙三醇俗称甘油，有良好的吸水性，常用来做化妆品的添加原料，有护肤保湿的作用。一般来说，护肤选用的都是纯度较高的甘油，来添加任何化学成分及防腐剂等，不伤皮肤。

表7-1　　几种饱和一元醇的物理性质

名称	结构简式	熔点/℃	沸点/℃	相对密度
甲醇	CH_3OH	-93.9	65	0.7914
乙醇	CH_3CH_2OH	-114.1	78.5	0.7893
丙醇	$CH_3CH_2CH_2OH$	-126.5	97.4	0.8035
正丁醇	$CH_3CH_2CH_2CH_2OH$	-89.5	117.2	0.8098
异丁醇	$(CH_3)_2CHCH_2OH$	-108	108	0.8018
正十二醇	$CH_3(CH_2)_{10}CH_2OH$	26	255.9	0.8309
正十六醇	$CH_3(CH_2)_{14}CH_2OH$	50	344	0.8176

【生活向导】

当心假酒中的甲醇“毒手”

在日常生活中，无论是家人团圆、亲朋好友相聚，还是红白喜事，人们总离不开酒。据有关资料统计，我国酒销量每年可达千万吨之多。大家知道酒是用粮食、水果发酵以及食用酒精兑制而成的。在各类酒中，都含有不同量的酒精，酒精的主要化学成分是乙醇。

然而，随着社会的发展，不法商人利用一些技术手段，生产出一种很难凭视觉和嗅觉与食用酒精加以区别的工业酒精——甲醇（CH_3OH）。甲醇是无色，易挥发，易燃，且能与水任何比例混合成无色透明的酒香液体，它是制造农药、医药和其他许多化工产品的原料。甲醇具有极强的毒性，当高浓度的甲醇进入人体后，可经乙醇脱氢代谢生成甲酸和甲醛。甲酸可导致严重的酸中毒；甲醛则对眼视网膜细胞具有极强的毒性作用，这是因为眼房水和玻璃体液内含水达99%以上，故该处甲醇含量最高，可导致视神经发生退行性病变，造成视神经萎缩甚至失明。成人致死量为60~250 mL，儿童致死量为8~10 mL，潜伏期为12~18 h。中毒按摄入甲醇量多少和个人体质而分为轻度、中度和重度中毒。轻度中毒呈醉酒状，有头痛、头晕、兴奋、恶心呕吐症状。中度中毒则出现神志不清、步态不稳、眼痛、怕光、视力减退，并有酸中毒症状。重度中毒有剧烈的头痛、意识模糊、失明抽搐、昏迷、呼吸麻痹，并因呼吸衰竭而死亡。

【练习题】

一、填空题

1. 乙醇的结构简式是______。饱和一元醇的通式是______。

2. 在甲醇、乙醇、丙三醇这几种物质中，属新的可再生能源的是______；是饮用酒主要成分的是______；俗称甘油且可用于护肤保湿的是______；有毒的是______。

二、选择题

1. 下列有机化学反应中，属于消去反应的是（　　）。

   A. 苯与浓硫酸、浓硝酸混合，温度保持在50~60℃

   B. 溴丙烷与氢氧化钠溶液混合，静置

   C. 乙醇与浓硫酸共热，温度保持在170℃

   D. 1-氯丁烷与乙醇、氢氧化钾共热

2. 下列化合物中，既能发生消去反应，又能发生水解反应的是（　　）。

   A. 氯仿　　B. 氯甲烷　　C. 乙醇　　D. 氯乙烷

任务二　苯酚

羟基与芳香烃侧链上的碳原子相连的化合物是芳香醇，羟基与苯环上的碳原子直接相连的化合物则是酚。苯分子里只有一个氢原子被羟基取代的生成物是最简单的酚，叫做苯酚（图7-3）。苯酚的分子式是C_6H_6O，结构式是：

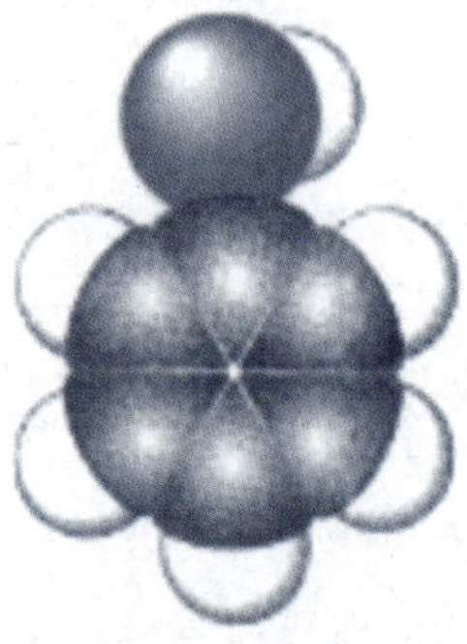

图7-3　苯酚分子的比例模型

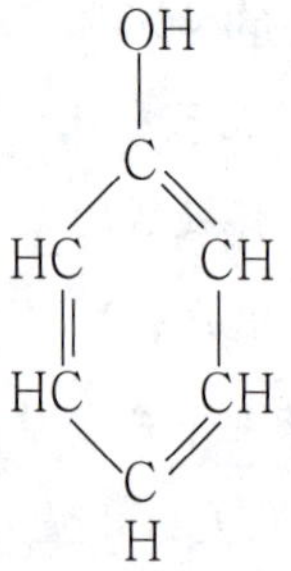

，简写为 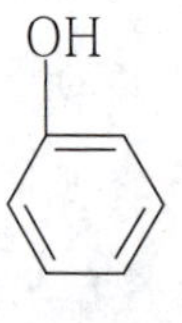 或C_6H_5OH。

苯酚是一种重要的化工原料，主要用于制造酚醛树脂（俗称电木）等，还广泛用于制造合成纤维、医药、合成香料、染料、农药等。苯酚有毒，它的浓溶液对皮肤有强烈的腐蚀性，使用时要小心，如不慎沾到皮肤上，应立即用酒精洗涤。但是苯酚的稀溶液可直接用作防腐剂和消毒剂，如日常所用的药皂中掺入了少量苯酚。

一　苯酚的物理性质

纯净的苯酚是无色的晶体，露置在空气里会因小部分发生氧化而呈粉红色。苯酚具有特殊的气味，熔点43℃，在水中的溶解度不大，当温度高于70℃时，则能与水以任意比互溶。苯酚易溶于乙醇等有机溶剂。

二　苯酚的化学性质

苯酚分子里羟基与苯环直接相连，二者会相互影响。

1. 苯酚的酸性

【实验1】如图7-4所示，向一个盛有少量苯酚晶体的试管中加入2 mL蒸馏水，振荡试管，有什么现象发生？再逐滴滴入5%的NaOH溶液并振荡试管，观察试管中溶液的变化。

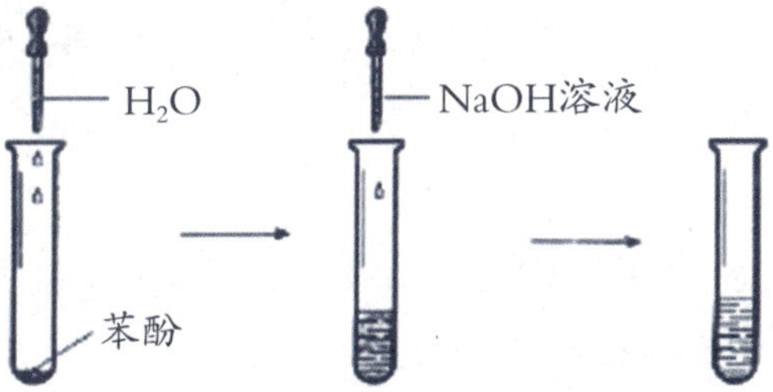

图7-4　苯酚的酸性实验（一）

苯酚与水混合，液体呈混浊，这说明常温下苯酚在水中的溶解度不大，少量苯酚晶体在2 mL蒸馏水中不能完全溶解，因此溶液呈现混浊；但当加入NaOH溶液后，试管中液体由混浊变为澄清透明。这是由于苯酚与NaOH发生了反应，生成了易溶于水的苯酚钠，因此溶液变澄清。苯酚与NaOH反应的化学方程式是：

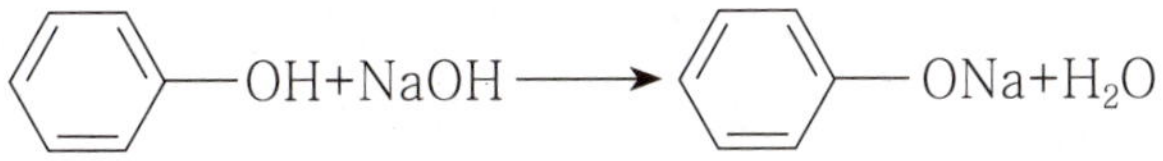

在这个反应中，苯酚显示了酸性，因此苯酚俗称石炭酸。

苯酚里的羟基在水溶液中能够发生电离，但电离出的H^+很少，这说明苯酚的酸性很弱。

我们知道，乙醇能与Na反应放出H_2，说明乙醇中的羟基也具有一定的活动性；但乙醇在水溶液中很难电离出氢离子，也不能与碱反应生成盐。这说明受苯环的影响，酚羟基上的H比醇羟基上的H活泼。

那么，与无机弱酸碳酸相比，苯酚的酸性又如何呢？

【实验2】向上述实验所得澄清溶液中通入二氧化碳气体，观察溶液的变化（图7-5）。

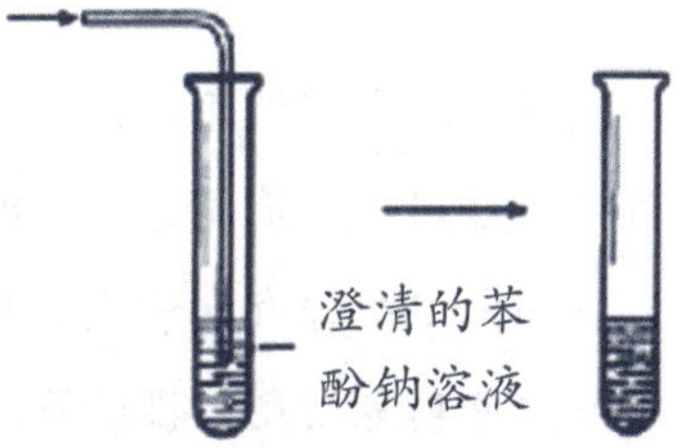

图7-5　苯酚的酸性实验（二）

可以看到，二氧化碳使得澄清溶液又变混浊，这是因为易溶于水的苯酚钠在碳酸的作用下，重新又生成了苯酚，说明苯酚的酸性比碳酸弱。

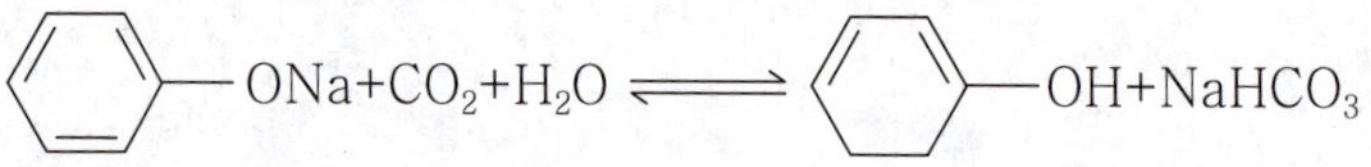

2. 苯酚的取代反应

与芳烃中的苯环类似，苯酚也可以与卤素、硝酸、硫酸等在苯环上发生取代反应。

【实验3】向盛有少量苯酚稀溶液的试管里滴入过量的浓溴水，观察现象。

可以看到，向苯酚溶液里加溴水，立即有白色沉淀产生。这种白色沉淀是三溴苯酚：

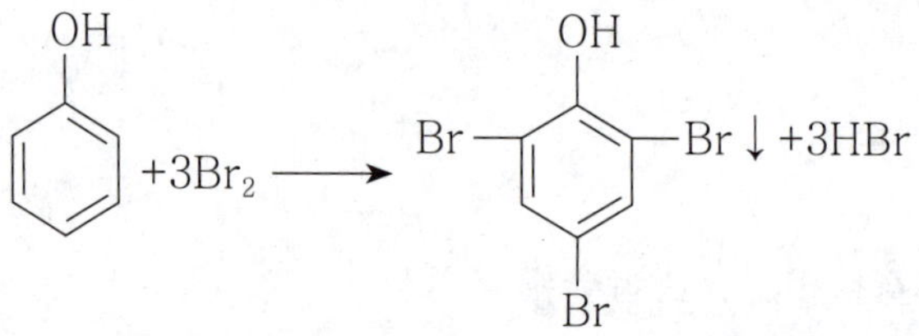

苯酚与溴在苯环上的取代反应，既不需要加热，也不需用催化剂，比溴与苯及其同系物苯环上的取代反应容易得多。这说明受羟基的影响，苯酚中苯环上的H原子变得更活泼了。

苯酚与溴的反应很灵敏，常用于苯酚的定性检验和定量测定。

3. 苯酚的显色反应

【实验4】向盛有苯酚溶液的试管中滴入几滴$FeCl_3$溶液，振荡，观察现象（图7-6）。

苯酚能跟$FeCl_3$反应，使溶液呈紫色。这一反应也可用来检验苯酚的存在。

由于酚的羟基上和苯环上都可以发生许多化学反应，因此酚类化合物是很重要的化工原料。

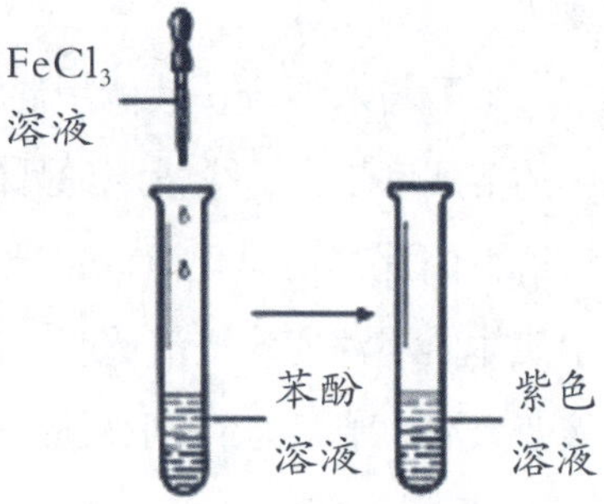

图7-6 苯酚的显色反应

【生活向导】

酚类的杀菌作用与各种药皂

多数酚在室温下是固体，有些是液体。大多数酚有难闻的气味，但有些也有香味。酚类化合物都有杀菌作用，杀菌能力随羟基数目的增加而增大。

药皂中就含有少量的酚类，根据颜色不同，它的功效也不一样。

红色药皂的刺激性最强，并有特殊气味。因其添加物是酚类化合物，因此这类药皂多数是红色的，俗称“来苏皂”。因其对皮肤刺激比较强，皮肤过敏及有伤口的人不适合使用，没有损伤的皮肤最好也不要长期使用。除洗手消毒外，还可用它来擦拭家具、灯具等。

加入硫磺的药皂呈黄色，有硫磺气味，不仅能控油还具有抑制皮脂分泌、杀灭细菌、霉菌、寄生虫等特殊功能，对皮肤病有辅助治疗作用。若是患有粉刺、痤疮、脂溢性皮炎的患者，可试试硫磺皂。爱出汗的人，往往皮肤表面寄生较多的真菌，甚至出现花斑癣，也就是我们俗称的汗斑，使用硫磺皂可以抑制这种真菌。中干性皮肤则不要使用，以免使皮肤变得更干燥。不管什么样的肤质，使用硫磺皂后，别忘记涂些润肤霜，来补充皮肤表面流失的保湿因子。

用中草药浸取液调配的药皂，往往呈深绿色或是深棕色。其功效主要是清热解毒，清凉祛痱止痒，比如添加了薄荷、金银花的药皂很适合湿疹患者；而添加了蜂胶的药皂，则可缓解痱子、粉刺，促进轻度伤口愈合等；加入芦荟提取物的药皂则有消炎作用。这类药皂对皮肤病多有辅助疗效，且性质温和。

硼酸类药皂通常是白色的，其刺激性相对较小，也是这四种药皂中消毒能力最弱的，仅能抑制部分细菌，皮肤敏感者可以使用。硼酸属一种外用消毒剂，药性温和，通常香皂是碱性的，而硼酸类药皂往往是中性或弱酸性的，对皮肤的伤害比较小。想看看你买的香皂是否是中性的，用pH试纸测测就知道了。

【练习题】

一、填空题

1. 纯净的苯酚是 ______ 体，常温下苯酚在水中的溶解度 ______，通常呈现出 ______，若加热至70℃以上，液体变得 ______，冷却后又 ______。

2. 盛放过苯酚的试管可以用 ______ 进行清洗。

3. 现有苯、甲苯、乙烯、乙醇、1-氯丁烷、苯酚等几种有机物，其中，常温下能与NaOH溶液反应的有 ______；常温下能与溴水反应的有 ______；能与金属钠反应放出氢气的有 ______；能与$FeCl_3$溶液反应使溶液呈现紫色的是 ______。

二、选择题

1. 下列物质中，不属于醇类的是（　　）。

A. C_3H_7OH　　B. $C_6H_5CH_2OH$　　C. C_2H_5OH　　D. 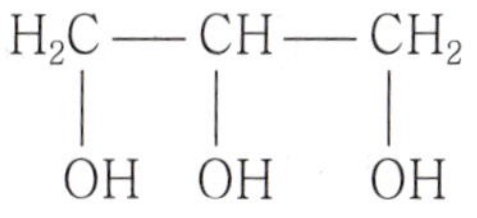

2. 下列关于苯酚性质的叙述中，不正确的是（　　）。

A. 苯酚在水中的溶解度随温度的升高而增大

B. 苯酚易溶于乙醇等有机溶剂

C. 苯酚水溶液呈弱酸性，能与碱反应

D. 苯酚没有毒，其稀溶液可用作防腐剂和消毒剂

3. 下列物质中，可用来鉴别苯酚、苯、氢氧化钠溶液和硝酸银溶液的一种试剂是（　）。

A. 溴水　　B. 新制$Cu(OH)_2$　　C. $FeCl_3$溶液　　D. 金属钠

任务三　乙醛　醛类

在学习乙醇的化学性质时，曾经提到过乙醛，它是乙醇氧化后的产物。乙醛的分子式是：

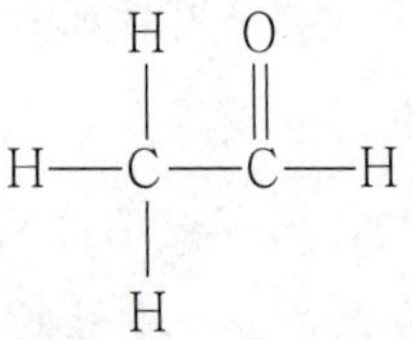

，简写为CH_3CHO。

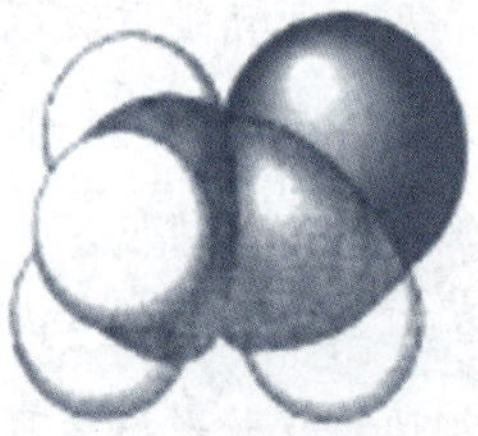

图7-7　乙醛分子的比例模型

乙醛（图7-7）主要用于制取乙酸、丁醇、乙酸乙酯等，是有机合成的重要原料。

一　乙醛的性质

乙醛是无色、具有刺激性气味的液体，密度比水小，沸点是20.8℃，易挥发，易燃烧，能跟水、乙醇、氯仿等互溶。从结构上乙醛可以看成是甲基和醛基（$-\overset{\overset{\displaystyle O}{\|}}{C}-H$）相连而构成的化合物。乙醛的化学性质主要由醛基决定。醛基比较活泼，乙醛的加成反应和氧化反应等都发生在醛基上。

1. 乙醛的加成反应

乙醛分子中的碳氧双键能够发生加成反应。例如，使乙醛蒸气和氢气的混合气体通过热的镍催化剂，乙醛与氢气即发生加成反应：

$$CH_3\overset{\overset{\displaystyle O}{\|}}{C}-H+H_2 \xrightarrow[\triangle]{\text{催化剂}} CH_3CH_2OH$$

在有机化学反应中，通常把有机物分子中加入氢原子或失去氧原子的反应叫做还原反应。乙醛与氢气的加成反应就属于还原反应。

2. 乙醛的氧化反应

在有机化学反应中，通常把有机物分子中加入氧原子或失去氢原子的反应叫做氧化反应。乙醛易被氧化，如在一定温度和催化剂存在的条件下，乙醛能被空气中的氧气氧化成乙酸：

在工业上，可以利用这个反应制取乙酸。

$$2CH_3—\overset{\overset{\large O}{\|}}{C}—H+O_2 \xrightarrow[\triangle]{催化剂} 2CH_3COOH$$

乙醛不仅能被氧气氧化，还能被弱氧化剂所氧化。

【实验1】在洁净的试管里加入1 mL2%的$AgNO_3$溶液，然后一边摇动试管，一边逐滴滴入2%的稀氨水，至最初产生的沉淀恰好溶解为止（这时得到的溶液通常叫做银氨溶液）。再滴入3滴乙醛，振荡后把试管放在热水浴中温热。观察现象（图7-8）。

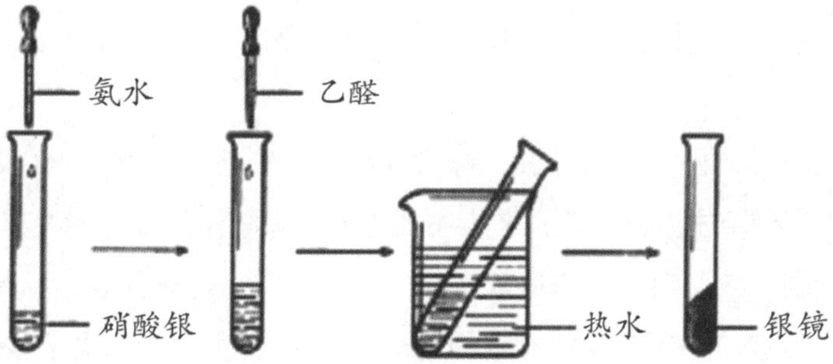

图7-8　乙醛的银镜反应

不久可以看到，试管内壁上附着一层光亮如镜的金属银。

在这个反应里，硝酸银与氨水生成的银氨溶液中含有$Ag(NH_3)_2OH$（氢氧化二氨合银），这是一种弱氧化剂，它能把乙醛氧化成乙酸，乙酸又与氨反应生成乙酸铵，而Ag^+被还原成金属银：

$$CH_3CHO+2Ag(NH_3)_2OH \longrightarrow \underset{乙酸铵}{CH_3COONH_4}+2Ag\downarrow+3NH_3+H_2O$$

还原生成的银附着在试管壁上，形成银镜，所以，这个反应叫做银镜反应。

银镜反应常用来检验醛基的存在。工业上可利用这一反应原理，把银均匀地镀在玻璃上制镜或保温瓶胆（生产上常用含有醛基的葡萄糖作为还原剂）。

此外，另一种弱氧化剂即新制的$Cu(OH)_2$也能使乙醛氧化。

【实验2】在试管里加入10%的NaOH溶液2 mL，滴入2%的$CuSO_4$溶液4~6滴，振荡后加入乙醛溶液0.5 mL，加热至沸腾，观察现象。

可以看到，溶液中有红色沉淀产生。该红色沉淀是Cu_2O，它是由反应中生成的$Cu(OH)_2$被乙醛还原产生的：$Cu^{2+}+2OH^-=Cu(OH)_2\downarrow$

$$CH_3CHO+2Cu(OH)_2 \xrightarrow{\triangle} CH_3COOH+Cu_2O\downarrow+2H_2O$$

这个反应也可以用来检验醛基的存在。

二 醛类

像乙醛这样，还有一些在分子结构和化学性质上都跟乙醛相似的物质，如甲醛（HCHO）、丙醛（CH_3CH_2CHO）、丁醛（$CH_3CH_2CH_2CHO$）等，它们统称为醛类，通式为$R-\overset{O}{\overset{\|}{C}}-H$，简写为RCHO。由于醛的分子里都含有醛基，它们的化学性质很相似。例如，它们都能被还原成醇，被氧化成羧酸，都能起银镜反应等。

由于醛基很活泼，可以发生很多反应，因此醛在有机合成中占有重要的地位。在工农业生产上和实验室中醛被广泛用作原料和试剂；有些醛本身就可用作药物和香料。例如，分子结构最简单的甲醛，用途就非常广泛。

甲醛也叫蚁醛，是一种无色、有刺激性气味的气体，易溶于水，35%~40%的甲醛水溶液叫做福尔马林。甲醛是重要的有机合成原料，在工业上主要用于制酚醛树脂等许多种有机化合物；在农业上，甲醛可用作农药，用于制缓效肥料等；甲醛的水溶液具有杀菌、防腐性能，稀释的福尔马林溶液（甲醛的质量分数为0.1%~0.5%）常用于浸种，给种子消毒；浸制生物标本也常常使用福尔马林。此外，甲醛还可用作制氯霉素、香料、染料的原料。

【练习题】

一、填空题

1. 醛分子中的 ______ 键，能与H_2发生 ______ 反应，该反应又属于 ______ 反应，反应的产物是 ______。工业上利用乙醛的 ______ 反应制取乙酸。

2. 在硫酸铜溶液中加入适量氢氧化钠溶液后，再滴入适量福尔马林，加热。可观察到的现象依次是 ______；反应的化学方程式是 ______。此反应可用于检验 ______ 基的存在。

二、选择题

1. 下列各组混合物中，可以用分液漏斗分离的是（　　）。

   A. 溴乙烷和水　　B. 苯酚和乙醇　　C. 酒精和水　　D. 乙醛和苯

2. 下列试剂中，可用来清洗做过银镜反应实验的试管的是（　　）。

   A. 盐酸　　B. 硝酸　　C. 烧碱溶液　　D. 蒸馏水

三、简答题

如何用化学方法鉴别苯、甲苯、己烯、苯酚和乙醛溶液。

任务四　羧酸　酯类

羧酸中的乙酸又名醋酸（图7-9），它是食醋的主要成分，是我们在日常生活中经常接触到的一种常见有机酸。

乙酸的分子式是$C_2H_4O_2$，结构式是：$CH_3-\overset{\displaystyle O}{\overset{\|}{C}}-OH$，简写为$CH_3COOH$。

乙酸从结构上可以看成是甲基和羧基相连而构成的化合物。乙酸的化学性质主要由羧基决定。

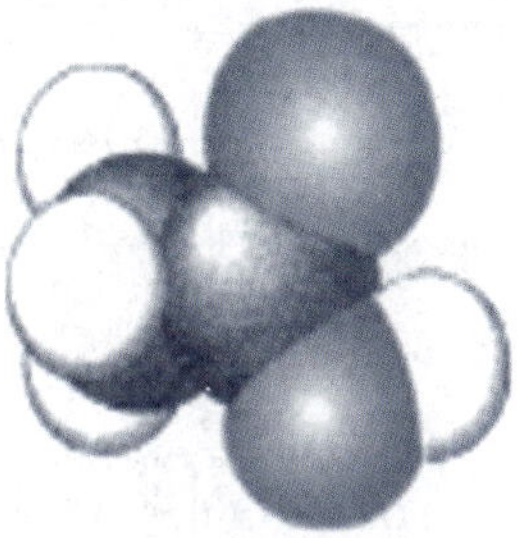

图7-9　乙酸分子的比例模型

一　乙酸的性质

乙酸俗名醋酸，无色具有强烈刺激性气味的液体，熔点16.6℃，沸点117.9℃，易溶于水和乙醇，无水乙酸又称冰醋酸。

1. 乙酸的酸性

我们已经知道，乙酸具有酸的通性，能使紫色的石蕊试液变红，但它的酸性强弱又是怎样的呢？

【实验1】向一盛有少量Na_2CO_3粉末的试管里，加入约3 mL乙酸溶液，观察有什么现象发生（图7-10）。

可以看到试管里有气泡产生，这是二氧化碳气体。这说明乙酸的酸性强于碳酸。尽管如此，但它在水溶液里还是只能发生部分电离，仍是一种弱酸。

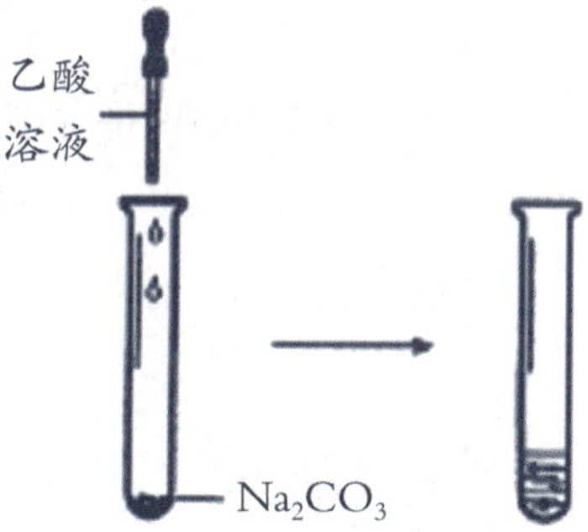

图7-10　乙酸的酸性实验

2. 乙酸的酯化反应

在有浓硫酸存在并加热的条件下，乙酸能与乙醇发生反应，生成乙酸乙酯（$CH_3COOC_2H_5$）。

【实验2】在一试管中加入3 mL乙醇，然后边摇动试管边慢慢加入2 mL浓硫酸和2 mL冰醋酸。按图7-11所示，连接好装置。用酒精灯小心均匀地加热试管3~5 min，产生的蒸汽经导管通到饱和碳酸钠溶液的液面上。在液面上可以看到有透明的油状液体产生，并可闻到香味。

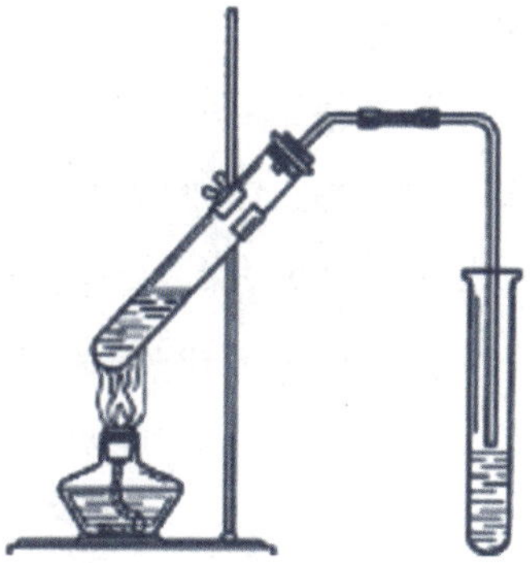

图7-11　乙酸的酯化反应

这种有香味的无色透明油状液体就是乙酸乙酯。反应的化学方程式可以表示如下：

$$CH_3-\overset{\displaystyle O}{\overset{\|}{C}}-OH+H-O-C_2H_5 \xrightleftharpoons[\triangle]{浓H_2SO_4} CH_3-\overset{\displaystyle O}{\overset{\|}{C}}-OC_2H_5+H_2O$$

乙酸乙酯是酯类化合物的一种。酸和醇起作用，生成酯和水的反应叫做酯化反应。

$$CH_3-\overset{\overset{\displaystyle O}{\|}}{C}-\boxed{OH+H}-O-C_2H_5 \underset{\Delta}{\overset{浓H_2SO_4}{\rightleftharpoons}} CH_3-\overset{\overset{\displaystyle O}{\|}}{C}-OC_2H_5+H_2O$$

这就是说，酯化反应的一般过程是羧酸分子里的羟基与醇分子里的氢原子结合成水，其余部分互相结合成酯。

二 羧酸

像乙酸这样，其分子由烃基与羧基相连构成的有机化合物还有很多，统称为羧酸。根据与羧基相连的烃基的不同，羧酸可以分为脂肪酸（如乙酸）和芳香酸（如苯甲酸C_6H_5COOH）等；根据羧酸分子中羧基的数目，羧酸又可以分为一元羧酸、二元羧酸（如乙二酸HOOC—COOH）和多元羧酸等。

一元羧酸的通式为R—COOH。在一元羧酸里，酸分子的烃基含有较多碳原子的叫做高级脂肪酸（如硬脂酸$C_{17}H_{35}COOH$、油酸$C_{17}H_{33}COOH$）。

由于羧酸分子中都含有相同的官能团——羧基，它们的化学性质很相似，如都有酸性、都能发生酯化反应等。

甲酸（HCOOH）是分子组成最简单的羧酸，俗称蚁酸，它是无色、有刺激性气味的液体，有腐蚀性，能与水混溶。甲酸具有与乙酸类似的酸性，它也是弱酸。但实验证明，甲酸的酸性比碳酸强。

羧酸在自然界广泛存在，是重要的工业原料。

三 酯类

酯的一般通式是RCOOR′，其中R和R′可以相同，也可以不同。酯类广泛存在于自然界中。

酯类都难溶于水，易溶于乙醇和乙醚等有机溶剂，密度一般比水小。低级酯是具有芳香气味的液体。

酯是根据形成它的酸和醇（酚）来命名的，例如乙酸乙酯$CH_3COOC_2H_5$、乙酸苯酯$CH_3COOC_6H_5$、苯甲酸甲酯$C_6H_5COOCH_3$等。

在有酸或有碱存在的条件下，酯能发生水解反应生成相应的酸或醇。

【实验3】在3个试管里各加入6滴乙酸乙酯。向第一个试管里加蒸馏水5.5 mL；向第二个试管里加稀硫酸（1∶5）0.5 mL、蒸馏水5 mL；向第三个试管里加入30%的氢氧化钠溶液0.5 mL、蒸馏水5 mL。振荡均匀后，把三个试管都放入70~80℃的水浴里加热。几分钟后，第三个试管里乙酸乙酯的气味消失了；第二个试管里还有一点儿乙酸乙酯的气味；第一个试管里乙酸乙酯的气味没有多大变化。

实验说明，在酸或碱存在的条件下，乙酸乙酯水解生成了乙酸和乙醇。从上述两个实验可以看出，乙酸乙酯的水解与乙酸的酯化反应是可逆反应。

$$CH_3COOC_2H_5+H_2O \xrightleftharpoons{\text{无机酸或碱}} CH_3COOH+C_2H_5OH$$

低分子量酯是无色、易挥发的芳香液体，高级饱和脂肪酸单酯常为无色无味的固体，高级脂肪酸与高级脂肪醇形成的酯为蜡状固体。酯的熔点和沸点要比相应的羧酸低。酯一般不溶于水，能溶于各种有机溶剂。低分子量的酯是许多有机化合物的溶剂，也是清漆的溶剂。

【视野拓展】

日常化学品中的化学污染

随着生活水平的提高，人们都用化妆品，女性对化妆品更是情有独钟。可是，化妆品中蕴含污染物，其中的色素、香料、表面活性剂、防腐剂、漂白剂、避光剂等都可导致接触性皮炎。香水、防晒剂、染发剂中含的苯二胺，口红中含的二溴和四溴荧光素可引起皮肤红肿、搔痒，发生变应性接触性皮炎。胭脂、眉笔的笔芯亦含有变应原，可引起眼睑接触性皮炎。而使用含雌激素的化妆品则能引起儿童性早熟发育症状。

洗发香波中的苯酚有毒性，若苯酚通过大面积皮肤吸收进入人体，对内脏、肾功能和神经系统有广泛的破坏作用，严重者1 h内可死亡。洗发水含苯胺类化合物，溅入眼内，两天内眼球表面就出现广泛性损伤，并能渗入晶体引起白内障。含氢醌的皮肤漂白剂，含巯基醋酸的冷烫剂，含硫化物的脱毛剂以及指甲化妆品常可引起刺激性接触性皮炎。祛斑霜的含汞量高达2%，长期使用后导致发汞、尿汞含量增高，引起慢性汞中毒。

毒性很高的苯胺有少量用于生产家用化学品、涂料、光漆、染料、抗氧化剂、除草剂、杀虫剂、杀菌剂、家用杀虫剂。如萘（卫生球的主要成分）若误服、皮肤沾染或吸入高浓度蒸汽，均可损害肝、肾。

广泛用作溶剂、灭火剂、干洗剂的CCl_4，用作去油剂、干洗剂的CH_3CCl_3，用作制冷剂、发泡剂的CHF_2Cl等是主要的氯代烃污染剂。

在塑料中用作增塑剂的多氯联苯，是毒性很大的有机氯化物，可诱导肝癌、腺癌的发展，并能通过母体转移给胎儿致癌。

因此，使用化妆品、日用化学品时一定要慎重，不安全的尽可能少用或不用。

【练习题】

一、选择题

1. 下列说法中，正确的是（　　）。

A. 链烃基与羧基直接相连的化合物叫做羧酸

B. 饱和链状一元羧酸的组成符合$C_nH_{2n}O_2$

C. 羧酸在常温下都能发生酯化反应

D. 羧酸的官能团是—COOH

2. 下列有关酯的叙述中，不正确的是（　　）。

A. 酸与醇在强酸的存在下加热，可得到酯

B. 乙酸和甲醇发生酯化反应生成甲酸乙酯

C. 酯化反应的逆反应是水解反应

D. 果类和花草中存在着有芳香气味的低级酯

二、解释以下概念，并举例说明

1. 取代反应　　2. 加成反应　　3. 聚合反应

4. 消去反应　　5. 酯化反应

归纳小结

烃分子中的氢原子被其他原子或原子团代替生成一系列新物质叫烃的衍生物。

一、衍生物类别

R—H ⟶ R—A（A可为：—OH、—CHO、—COOH、—COOR′、—NO_2、—NH_2等）
烃　　烃的衍生物

二、重要的烃的衍生物

1. 醇：R—OH（饱和一元醇通式：$C_nH_{2n+2}O$，代表物：CH_3CH_2OH）

2. 酚：代表物 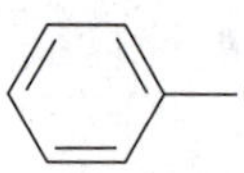—OH

3. 醛：R—CHO（代表物：CH_3CHO、HCHO）

4. 羧酸：R—COOH（代表物CH_3COOH）

5. 酯：R-COOR′（代表物$CH_3COOC_2H_5$）

三、烃的衍生物的比较

类别	通式	官能团	代表性物质	分子结构特点	主要化学性质
醇	ROH	—OH	乙醇 C_2H_5OH	有C—O键和O—H键，有极性；—OH与链烃基直接相连	1. 与金属钠反应，生成醇钠和氢气 2. 氧化反应：在空气中燃烧，生成二氧化碳和水；被氧化剂氧化为乙醛 3. 脱水反应：170℃时，发生分子内脱水，生成乙烯 4. 酯化反应：与酸反应生成酯
酚	ArOH	—OH	苯酚 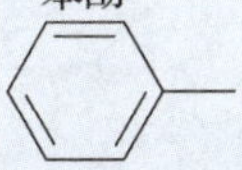 OH	—OH直接与苯环相连	1. 弱酸性：与NaOH溶液反应，生成苯酚钠和水 2. 取代反应：与浓溴水反应，生成三溴苯酚白色沉淀 3. 显色反应：与铁盐（$FeCl_3$）反应，生成紫色物质
醛	RCHO	—CHO	甲醛、乙醛	C═O双键有极性，具有不饱和性	1. 加成反应：用Ni作催化剂，与氢加成，生成乙醇 2. 氧化反应：能被弱氧化剂氧化成羧酸（如银镜反应、还原氢氧化铜）
羧酸	RCOOH	—COOH	乙酸	受C═O影响，O—H键能够电离，产生H^+	1. 具有酸的通性 2. 酯化反应；与醇反应生成酯
酯	RCOOR′（R和R′可以相同，也可以不同）	—COOC—	乙酸乙酯	分子中RCO—和OR′之间的键易断裂	水解反应：生成相应的羧酸和醇

四、烃的衍生物的性质转化

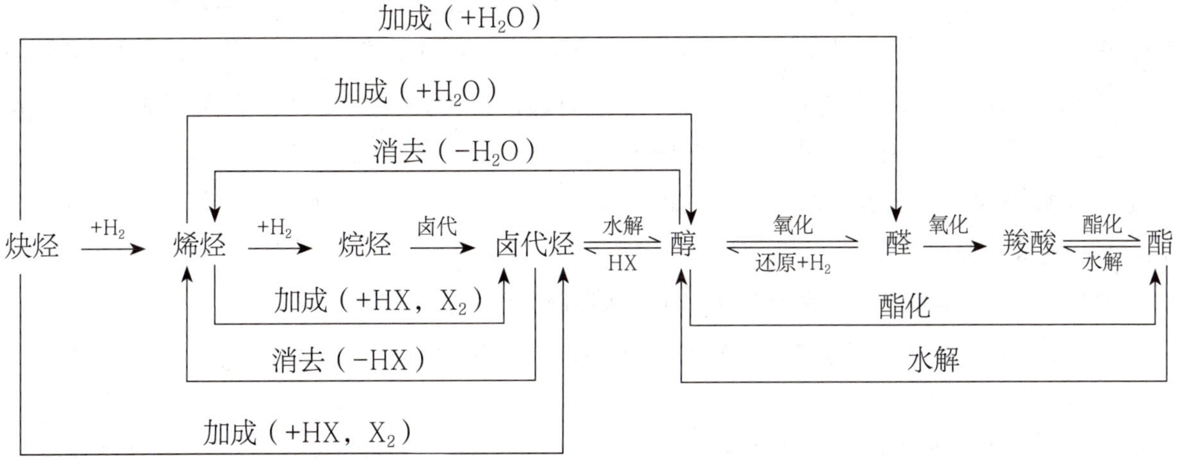

项目八　有机营养素

食品是人体获得所需热能和营养素的最主要来源。营养素是指食物中可给人体提供能量、机体构成成分和组织修复以及生理调节功能的化学成分。因此，凡是能维持人体健康以及提供生长、发育和劳动所需要的各种物质均称为营养素。人体所必需的营养素有蛋白质、脂肪、糖类（碳水化合物）、无机盐（矿物质）、维生素、水等六类。其中，蛋白质、脂肪、糖（碳水化合物）与维生素均为有机化合物，在此简称为有机营养素。

任务一　糖类

糖类是由C、H、O三种元素组成的一类有机化合物。它们是绿色植物经光合作用的产物，是动植物所需能量的重要来源。根据我国居民的食物构成，人们每天摄取的热能中约有75%来自糖类。历史上曾将糖类叫做碳水化合物，是因为它们的组成符合通式$C_n(H_2O)_m$（n与m可以相同，也可以不同）。随着化学科学的发展，发现碳水化合物的名称没有正确反映糖类化合物的组成、结构特征。糖类中的氢原子和氧原子的个数比并不都是2∶1，也并不以水分子的形式存在，如鼠李糖$C_6H_{12}O_5$；而有些符合$C_n(H_2O)_m$通式的物质也不是碳水化合物，如甲醛CH_2O、乙酸$C_2H_4O_2$等。所以碳水化合物虽然名称仍然沿用，但已失去原意。

糖类根据其能否水解以及水解产物的多少，可以分为单糖、双糖和多糖等几类。单糖不能水解成更简单的糖；双糖能水解，每摩尔双糖水解后产生2摩尔单糖；多糖也能被水解，每摩尔多糖水解后可产生许多摩尔的单糖。

单糖中重要的有葡萄糖和果糖，双糖中重要的有蔗糖和麦芽糖，多糖中重要的有淀粉和纤维素。

一 单糖

单糖一般是含有3~6个碳原子的多羟基醛或多羟基酮。其分子式为$C_6H_{12}O_6$，是不能再水解的糖类，也是构成各种二糖和多糖的分子的基本单位。

1. 葡萄糖

葡萄糖是自然界中分布最广的单糖。葡萄糖存在于葡萄和其他带甜味的水果里。蜂蜜里也含有葡萄糖。淀粉等食用糖类在人体中能转化成葡萄糖而被吸收，正常人的血液里约含质量分数为0.1%的葡萄糖，叫做血糖。

葡萄糖的分子式是$C_6H_{12}O_6$，它是白色晶体，有甜味，能溶于水。

【实验1】在一支洁净的试管里配制2 mL银氨溶液，加入1 mL10%的葡萄糖溶液，然后在水浴里加热3~5 min，观察现象（图8-1）。

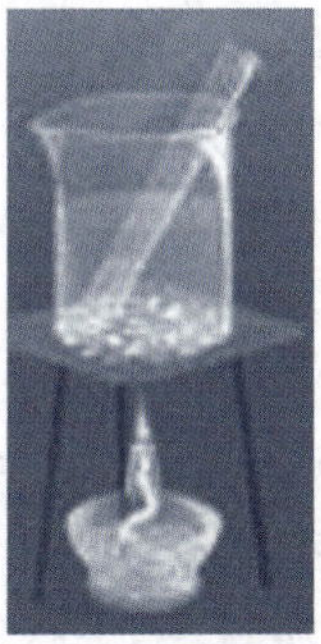

图8-1 葡萄糖的银镜反应

【实验2】在试管里加入2 mL10%NaOH溶液，滴加5% $CuSO_4$溶液5滴，再加入2 mL10%的葡萄糖溶液，加热，观察现象。

从实验1可以看到有银镜生成，从实验2可以看到有红色沉淀生成，它是Cu_2O。

讨论：根据上述实验现象分析，葡萄糖分子中具有什么官能团？葡萄糖具有什么性质？

实验证明，葡萄糖跟醛类一样具有还原性，能发生银镜反应，也能被$Cu(OH)_2$氧化，它的结构简式为：$CH_2OH—CHOH—CHOH—CHOH—CHOH—CHO$它是一种多羟基醛。

葡萄糖是一种重要的营养物质，它在人体组织中能进行氧化反应，放出热量，以维持人体生命活动所需要的能量。1摩尔葡萄糖完全氧化，能放出大约670 kcal的热量。

$$C_6H_{12}O_6 + 6O_2 \longrightarrow 6CO_2 + 6H_2O + Q$$

【生活向导】

糖尿病的化学鉴别

糖尿病患者的尿中含有葡萄糖，而且病情越重，含糖量越高。因此，可以根据测定尿中葡萄糖的含量来判断患者的病情。从前医疗上曾根据上述【实验2】的原理测定患者尿中葡萄糖的含量，现在为了快捷和方便，已改用仪器检测，在家中则可用特制的试纸来进行检测。

2. 果糖

果糖中含6个碳原子，也是一种单糖，它以游离状态大量存在于水果的浆汁和蜂蜜中，果糖还能与葡萄糖结合生成蔗糖。

果糖是白色晶体或粉末，熔点103~105℃，易溶于水、乙醇和乙醚。果糖是多羟基酮。它具有醇、酮的化学性质。此外，与石灰水可形成果糖钙沉淀，但通入二氧化碳又可还原果糖。用作食物、营养剂和防腐剂。

果糖是所有的糖中最甜的一种，它比蔗糖甜一倍，广泛用于食品工业，如制糖果、糕点、饮料等。果葡糖浆的甜度与蔗糖相当，但它是用淀粉做原料生产出来的，不但成本低，还具有天然蜂蜜的香味，在食品工业中比果糖有更广的用途。

二 双糖

分子式为$C_{12}H_{22}O_{11}$，因能水解为两分子单糖而被称为双糖或二糖。

1. 蔗糖

蔗糖为无色晶体，溶于水，是重要的甜味食物。蔗糖存在于不少植物体内，以甘蔗（含糖质量分数11%~17%）和甜菜（含糖质量分数14%~26%）的含量为最高。日常生活中所食用的白糖、冰糖、红糖的主要成分都是蔗糖。

【实验3】在两支洁净的试管里各加入20%的蔗糖溶液1 mL，并在其中一支试管里加入 3滴稀硫酸。把两支试管都放在水浴中加热5 min。然后向已加入稀硫酸的试管中滴加NaOH溶液，至溶液呈碱性。最后再向两支试管里各加入2 mL新制银氨溶液，在水浴中加热3~5 min，观察现象。

用新制$Cu(OH)_2$代替银氨溶液作上述实验，观察现象。

从上述实验可以看出，蔗糖不发生银镜反应，也不能还原$Cu(OH)_2$，这说明它的分子结构中不含有醛基，因此不显还原性。在硫酸的催化作用下，蔗糖发生水解反应，生成葡萄糖和果糖。

$$\underset{\text{蔗糖}}{C_{12}H_{22}O_{11}}+H_2O \xrightarrow{\text{催化剂}} \underset{\text{葡萄糖}}{C_6H_{12}O_6}+\underset{\text{果糖}}{C_6H_{12}O_6}$$

因此，蔗糖水解后能发生银镜反应，也能还原$Cu(OH)_2$。

2. 麦芽糖

麦芽糖是白色晶体（常见的麦芽糖是糖膏），易溶于水，有甜味。麦芽糖分子中含有醛基，因此有还原性。在硫酸等的催化剂作用下，麦芽糖发生水解反应，每mol麦芽糖水解生成2 mol葡萄糖。

$$\underset{\text{麦芽糖}}{C_{12}H_{22}O_{11}}+H_2O \xrightarrow{\text{催化剂}} \underset{\text{葡萄糖}}{2C_6H_{12}O_6}$$

麦芽糖可用作甜味食物。通常食用的饴糖（如高粱饴），其主要成分就是麦芽糖。

【视野拓展】

糖果传奇——自然到人造的蜕变

蜂蜜可能是人类吃到的最原始的“糖果”了，勤劳的蜜蜂们则称得上是最早的生物制糖专家。而在公元前1000多年的古埃及，人们则采用蜂蜜、无花果、椰枣等制造简单糖果。

中国和印度最早种植甘蔗，从而成为世界上最早开始制造砂糖的国家。最初，印度的制糖技术比我们先进，唐太宗还专门派人到印度学习熬糖的方法。后来中国造的糖“色味愈西域远甚”，印度反过来向中国学习制糖技术。宋朝、明朝以后，中国人做出来的糖果花样也越来越多，出现了芝麻糖、锤子糖、杨梅糖等各种品种，可谓是当时世界上品质最好的糖果。

糖果在西方得到大发展还是近代的事。18世纪中期，德国人从甜菜中成功地提取了砂糖，使得制糖得以顺应工业化的浪潮，在欧洲形成大批量生产，糖果业也由此在西方空前繁荣起来。

今天，科技的发展让糖果制造之路走得更加宽广。除了传统的“糖”，还有很多东西可以产生甜味。例如，在口香糖中常见的木糖醇，而可口可乐的产品中几乎100%都使用了一种叫高果糖浆的甜味剂。糖果的神奇魔力足以使它成为我们味觉神经的主宰。

三　多糖

分子通式为$(C_6H_{10}O_5)_n$，但它们的分子里所包含的单糖单元（$C_6H_{10}O_5$）的数目不同，即n值不同。不仅如此，它们的结构也不相同。

1. 淀粉

淀粉主要存在于植物的种子或块根里，其中谷类含淀粉较多。例如，大米约含80%，小麦约含70%，马铃薯约含20%。淀粉中含有几百个到几千个单糖单元，也就是说，淀粉的相对分子质量很大，从几万到几十万，属于天然有机高分子化合物。

淀粉是白色、无气味、无味道的粉末状物质，不溶于冷水，在热水里淀粉颗粒会膨胀破裂，有一部分淀粉溶解在水里，另一部分悬浮在水里，形成胶状淀粉糊，这一过程称为糊化作用。糊化是淀粉食品加热烹制时的基本变化，也就是常说的食物由生变熟。

通常淀粉不显还原性，但它在催化剂（如酸）存在和加热条件下可以逐步水解，生成一系列比淀粉分子小的化合物，最后生成还原性单糖——葡萄糖。

$$\underset{\text{淀粉}}{(C_6H_{10}O_5)_n}+nH_2O \xrightarrow{\text{催化剂}} \underset{\text{葡萄糖}}{nC_6H_{12}O_6}$$

【实验4】在试管1和试管2里各放入0.5 g淀粉，在试管1里加入4 mL 20%的H_2SO_4溶液，在试管2里加入4 mL水，都加热3~4 min。用碱液中和试管1里的H_2SO_4溶液，把一部分液体倒入试管3。在试管2和试管3里都加入碘溶液，观察有没有蓝色出现。在试管1里加入银氨溶液，稍加热后，观察试管内壁上有无银镜出现。

从上述实验可以看到，淀粉用酸催化可以发生水解，生成能发生银镜反应的葡萄糖。而在没加酸的试管中加碘溶液呈现蓝色，说明淀粉没有发生水解。

我们知道，淀粉是没有甜味的，但为什么在吃米饭或馒头时，多加咀嚼就会感到有甜味？原来淀粉在人体内也进行水解。人们在咀嚼米饭或馒头时，淀粉受唾液中所含淀粉酶（一种蛋白质）的催化作用，开始水解，生成了一部分葡萄糖。淀粉在小肠里，在胰脏分泌出的淀粉酶的作用下，继续进行水解。生成的葡萄糖经过肠壁吸收进入血液，供人体组织的营养需要。

淀粉是食物的一种重要成分，是人体的重要能源。它也是一种工业原料，可以用来制造葡萄糖和酒精等。淀粉在淀粉酶的作用下，先转化为麦芽糖，再转化为葡萄糖。葡萄糖受到酒曲里的酒化酶的作用，转化为乙醇。其反应可以简略表示如下：

$$C_6H_{12}O_6 \xrightarrow{\text{催化剂}} 2C_2H_5OH+2CO_2$$

2. 纤维素

纤维素是构成植物细胞壁的基础物质，因此一切植物中均含有纤维素。各种植物含纤维素多少不一，棉花是含纤维素很丰富的植物，其质量分数可达92%~95%，亚麻中含纤维素达80%，木材中的纤维素约占木材质量的1/2。

纤维素是一种复杂的多糖，它的分子中大约含有几千个单糖单元，相对分子质量约为几十万至百万，因此它也是天然有机高分子化合物。纤维素跟淀粉结构不同，性质也有差异。

纤维素是白色、无气味、无味道具有纤维状结构的物质，不溶于水，也不溶于一般有机溶剂。跟淀粉一样，纤维素也不显还原性，可以发生水解，但比淀粉困难，一般需要在浓酸中或用稀酸在加压下才能进行。

纤维素水解的最终产物也是葡萄糖。

【生活向导】

纤维素的作用

纤维素的用途十分广泛。棉麻纤维大量用于纺织工业。其他一些富含纤维素的物质，如木材、稻草、麦秸、蔗渣等，可以用来造纸。除此之外，纤维素可以用来制造纤维素硝酸酯、纤维素乙酸酯和黏胶纤维等。

纤维素硝酸酯俗名硝酸纤维。工业上把酯化比较完全、含氮量高的纤维素硝酸酯叫做火棉，把含氮量低的纤维素硝酸酯叫做胶棉。火棉可用来制造无烟火药，作为枪弹的发射药。胶棉可用来制造赛璐璐（一种塑料）和油漆。纤维素乙酸酯俗名醋酸纤维，它不易着火，可用于制造电影胶片的片基，也可作纺织工业原料。黏胶纤维是植物茎秆、棉绒等富含纤维素的物质，经过氢氧化钠和二硫化碳等处理后，得到的一种纤维状物质。黏胶纤维中的长纤维俗称人造丝，短纤维俗称人造棉，都可供纺织之用。

食物中的纤维素大多存在于蔬菜瓜果中，它们在人体消化过程中起着重要的“肠道清道夫”的作用。

【练习题】

一、填空题

1. 葡萄糖既能发生银镜反应，也能跟新制得的氢氧化铜反应生成红色沉淀。这说明葡萄糖具有 ______ 的性质，分子里含 ______ 官能团。

2. 在葡萄糖、蔗糖和麦芽糖中，不能发生银镜反应的是 ______；在硫酸的催化作用下，能发生水解反应的是 ______ 和 ______。

二、选择题

1. 下列物质中，属于天然高分子化合物的是（　　）。

A. 果糖　　B. 蔗糖　　C. 淀粉　　D. 麦芽糖

2. 下列各组物质中互为同分异构体的是（　　）。

A. 葡萄糖和蔗糖　　B. 蔗糖和麦芽糖

C. 淀粉和纤维素　　D. 黏胶纤维和火棉

3. 下列物质中属于还原性糖的是（　　），能水解且最终产物为两种物质的是（　　）。

A. $C_6H_{12}O_6$（葡萄糖）　　B. $C_{12}H_{22}O_{11}$（蔗糖）

C. $(C_6H_{10}O_5)_n$（淀粉）　　D. $(C_6H_{10}O_5)_n$（纤维素）

4. 下列关于淀粉和纤维素的叙述中，不正确的是（　　）。

A. 它们的通式都是 $(C_6H_{10}O_5)_n$，是同分异构体

B. 它们都是混合物

C. 它们都可以发生水解，其最终产物都是葡萄糖

D. 它们都是天然高分子化合物

三、问答题

1. 吃米饭或馒头时，为什么多加咀嚼就会感到有甜味？

2. 没有成熟的苹果肉遇碘显蓝色，成熟的苹果汁能还原银氨溶液。怎样解释这些现象？

四、填写下列表格

类别	名称	甜度	性质	人体作用
单糖				
二糖				
多糖				

任务二 脂类

脂类是油、脂肪和类脂一类的总称。食物中的油脂主要是油和脂肪，一般把常温下是液体的称作油，而把常温下是固体的称作脂肪。脂肪所含的化学元素主要是C、H、O。

脂肪是由甘油和脂肪酸组成的三酰甘油酯，其中甘油的分子比较简单，而脂肪酸的种类和长短却不相同。因此脂肪的性质和特点主要取决于脂肪酸，不同食物中的脂肪所含有的脂肪酸种类和含量不一样。自然界有40多种脂肪酸，因此可形成多种脂肪酸甘油三酯。脂肪酸分三大类：饱和脂肪酸、单不饱和脂肪酸、多不饱和脂肪酸。

脂肪能溶解于多数有机溶剂，但不溶解于水。

一 油脂的分类

脂类可分为两大类，即油脂和类脂。

1. 油脂

油脂即甘油三脂或称之为脂酰甘油，是油和脂肪的统称。一般把常温下是液体的称作油，而把常温下是固体的称作脂肪。它是由1分子甘油与3分子脂肪酸通过酯键相结合而成。

$R_1—COO—CH_2$
|
$R_2—COO—CH$
|
$R_3—COO—CH_2$

其中，R_1、R_2、R_3相同的称为单甘油酯，R_1、R_2、R_3不同的称为混甘油酯。

油脂分布十分广泛，各种植物的种子、动物的组织和器官中都存在一定数量的油脂，特别是油料作物种子和动物皮下脂肪组织，油脂含量丰富。人体脂肪占体重的10%~20%，人体内脂肪酸种类很多。适当的甘油三脂有滋润美化人体肤色的作用。

2. 类脂

类脂包括磷脂，糖脂和胆固醇及其酯三大类。这三大类类脂是生物膜的主要组成成分，构成疏水性的“屏障”，分隔细胞水溶性成分和细胞器，维持细胞正常结构与功能。此外，胆固醇还是脂肪酸盐和维生素D_3以及类固醇激素合成的原料，对于调节机体脂类物质的吸收，尤其是脂溶性维生素（A,D,

E，K）的吸收以及钙磷代谢等均起着重要作用。

二　脂类的性质

1. 物理性质

（1）水溶性　脂肪酸分子是由极性烃基和非极性烃基所组成。因此，它具有亲水性和疏水性两种不同的性质。所以，有的脂肪酸能溶于水，有的不能溶于水。脂肪一般不溶于水，易溶于有机溶剂。由低级脂肪酸构成的脂肪则能在水中溶解。脂肪的比重小于1，故浮于水面上。脂肪虽不溶于水，但经胆酸盐的作用变成微粒后，就可以和水混匀形成乳状液，被称为乳化作用。

（2）熔点　饱和脂肪酸的熔点依其分子量而变动，分子量越大，其熔点就越高。不饱和脂肪酸的双键越多，熔点越低。

2. 化学性质

脂肪的熔点各不相同，所有的植物油在室温下是液体，除几种热带植物油例外（棕榈果、椰子和可可豆的脂肪在室温下是固体）。动物性脂肪在室温下是固体，且熔点较高。

（1）皂化　脂肪内脂肪酸和甘油结合的酯键容易被氢氧化钾或氢氧化钠水解，生成甘油和水溶性的肥皂。这种水解称为皂化作用。

（2）加氢　脂肪分子中如果含有不饱和脂肪酸，其所含的双键可因加氢而变为饱和脂肪酸。植物脂肪所含的不饱和脂肪酸比动物脂肪多，在常温下是液体。植物脂肪加氢后变为比较饱和的固体，它的性质也和动物脂肪相似，人造黄油就是一种加氢的植物油。

（3）氧化和酸败　脂肪分子中的不饱和脂肪酸可受空气中的氧或各种细菌、霉菌所产生的脂肪酶和过氧化物酶所氧化，形成一种过氧化物，最终生成短链酸、醛和酮类化合物，这些物质能使油脂散发刺激性的臭味，这种现象称为脂肪的酸败。

酸败过程能使油脂的营养价值遭到破坏，脂肪的大部分或全部已变成有毒的过氧化物。长期食用变质的油脂，机体会出现中毒现象，轻则会引起恶心、呕吐、腹痛、腹泻，重则使机体内几种酶系统受到损害，或引起癌变。因此，酸败了的油脂或含油食品不宜食用。

【练习题】

一、选择题

1. 东北虎主要分布于我国长白山、小兴安岭等地；华南虎主要分布于我国长江流域以南地区。根据我们学过的知识判断，东北虎为了与其生存环境相适应，与华南虎相比，下列哪种物质含量所占比例明显较高（　　）。

A. 脂肪　　B. 糖原　　C. 蛋白质　　D. 核酸

2. 下列有关脂肪的叙述中，揭示其化学组成上区别于糖类的主要特点是（　　）。

A. 主要由C、H、O三种元素组成　　B. 分子中C、H原子所占比例特别高

C. 分子中O 的数量比C、H 多　　D. 脂肪有减少热量散失的作用

3. 下列脂肪酸中属于人体必需的脂肪酸是（　　）。

A. 软脂酸　　B. 硬脂酸　　C. 油酸　　D. 亚油酸

二、合作探讨

1. 油脂在化妆品中的应用。
2. 油脂对于人体的利与弊。

任务三 蛋白质

蛋白质广泛存在于生物体内，是组成细胞的基础物质。动物的肌肉、皮肤、血液、乳汁以及发、毛、蹄、角等都是由蛋白质构成的。蛋白质是构成人体的物质基础，它约占人体除水分外剩余质量的一半。许多植物（如大豆、花生、小麦、稻谷）的种子里也含有丰富的蛋白质。一切重要的生命现象和生理机能，都与蛋白质密切相关。如在生物新陈代谢中起催化作用的酶，起调节作用的激素，运输氧气的血红蛋白，以及引起疾病的细菌、病毒，抵抗疾病的抗体等，都是蛋白质。所以说，蛋白质是生命的基础，没有蛋白质就没有生命。

一 蛋白质的组成与结构

蛋白质是一类非常复杂的化合物，由碳、氢、氧、氮、硫等元素组成。蛋白质的相对分子质量很大，从几万到几千万。因此，蛋白质属于天然有机高分子化合物。蛋白质的元素组成如表8-1所示。

表8-1　蛋白质的组成

组成元素	C	H	O	N	S	P、Fe、Mg、I等
质量分数/%	53	7	23	16	1	微量

蛋白质在酸、碱或酶的作用下能发生水解，水解的最终产物是氨基酸。由于氨基和羧基都在α-C上，故称为α-氨基酸。氨基酸是蛋白质的基石。

几种氨基酸的结构简式：

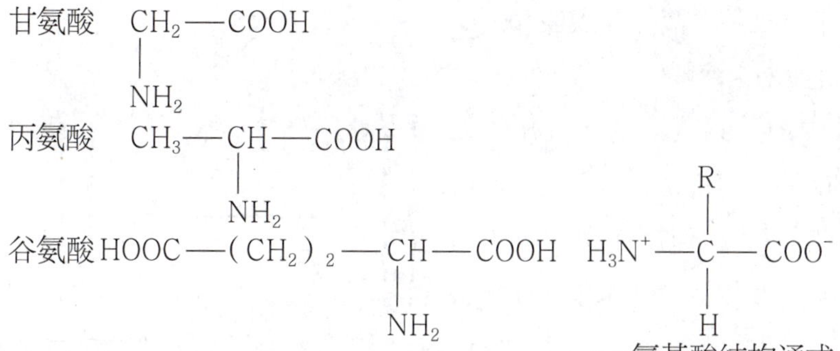

α -氨基酸结构通式

由于氨基酸的种类很多，组成蛋白质时氨基酸的数量和排列又各不相同，所以蛋白质的结构很复杂。研究蛋白质的结构和组成，进一步探索生命现象，这是生命科学研究中的重要课题。1965年，我国科学家在世界上第一次用人工方法合成了具有生命活力的蛋白质——结晶牛胰岛素，对蛋白质的研究作出了重要贡献。

蛋白质中的氨基酸成分与动物的营养有很大关系。某些氨基酸，人体（或其他脊椎动物）不能合成或合成速度远不适应机体的需要，必需由食物蛋白供给，这些氨基酸叫做必需氨基酸。有些氨基酸，如精氨酸与组氨酸在动物体内虽能合成，但合成量很少，不能满足正常生长和需要，故也归于必需氨基酸中。当食物中缺乏以上这些氨基酸时，就要影响动物的生长和发育。对成人来说，这类氨基酸有8种，包括赖氨酸、蛋氨酸、亮氨酸、异亮氨酸、苏氨酸、缬氨酸、色氨酸和苯丙氨酸。对婴儿来说，精氨酸、组氨酸也是必需氨基酸。非必需氨基酸是指人（或其他脊椎动物）自己能由简单的前体合成，不需要从食物中获得的氨基酸。例如甘氨酸、丙氨酸等氨基酸。

二 蛋白质的性质

有的蛋白质能溶于水，如鸡蛋白，有的难溶于水，如丝、毛等。蛋白质除了能水解为氨基酸外，还具有如下的性质。

1. 两性

蛋白质是由α -氨基酸通过肽键构成的高分子化合物，在蛋白质分子中存在着氨基和羧基，氨基酸在结晶形态或在水溶液中，能离解成两性离子。其中，氨基是以质子化（$-NH_3^+$）形式存在，羧基是以离解状态（$-COO^-$）存在。因此跟氨基酸相似，蛋白质也是两性物质。

2. 水解

蛋白质在酸、碱或酶的作用下发生水解反应，经过多肽，最后得到多种α -氨基酸。

3. 盐析

【实验1】在盛有鸡蛋白溶液的试管里，缓慢地加入饱和（$(NH_4)_2SO_4$）或Na_2SO_4溶液，观察沉淀的析出。然后把少量带有沉淀的液体加入盛有蒸馏水的试管里，观察沉淀是否溶解。

向蛋白质溶液中加入某些浓的无机盐（如$(NH_4)_2SO_4$、Na_2SO_4等）溶液后，可以使蛋白质凝聚而从溶液中析出，这种作用叫做盐析（图8-2）。析出的蛋白质仍可以溶解在水中，而不影响原来蛋白质的性质。因此，盐析是一个可逆的过程。利用这个性质，可以采用多次盐析的方法来分离、提纯蛋白质。

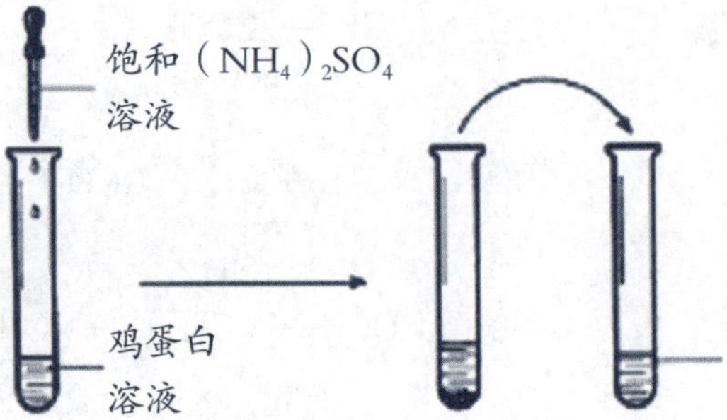

图8-2　蛋白质的盐析

4. 变性

图8-3　蛋白质的变性

【实验2】在两个试管里各加入3 mL鸡蛋白溶液，给一个试管加热，同时向另一个试管加入少量乙酸铅溶液，观察发生的现象（图8-3）。把凝结的蛋白和生成的沉淀分别放入两个盛有清水的试管里，观察是否溶解。

实验说明，蛋白质受热达到一定温度时就会凝结，这种凝结是不可逆的，我们把蛋白质的这种变化叫做变性。除加热以外，在紫外线、X射线，强酸、强碱，铅、铜、汞等重金属的盐类，以及一些有机化合物，如甲醛、酒精、苯甲酸等作用下，均能使蛋白质变性，蛋白质变性后，不仅丧失了原有的可溶性，同时也失去了生理活性。

【活动探究】

1. 医院里为什么用高温蒸煮、照射紫外线、喷洒苯酚溶液、在伤口处涂抹酒精溶液等方法来消毒杀菌？
2. 生物实验室为什么用甲醛溶液（福尔马林）保存动物标本？
3. 在农业上，为什么用波尔多液（由硫酸铜、生石灰和水制成）来消灭病虫害？

【生活向导】

豆浆变成豆腐脑

早点喝的豆浆、豆腐脑，菜肴里的砂锅豆腐、麻婆豆腐，豆制品里的豆腐丝、豆腐干……豆制品人人爱吃，它的花样可多呢！

大豆起源于中国，古称“菽”。培育大豆在我国已有四五千年的历史了。豆类含有丰富蛋白质，每100 g含蛋白质36 g多，在各种食物里遥遥领先。但是，炒黄豆和油炸黄豆不容易消化，能够被身体吸收的养分连一半都不到。煮黄豆好一些，吸收率也只有65.5%。豆浆和豆腐就比较好消化，其中85%~95%的蛋白质能被身体吸收。

豆腐是怎么做成的呢？把黄豆浸在水里，泡涨变软后，再磨盘里磨成豆浆，在滤去豆渣，煮开。这时，黄豆里的蛋白质团粒被水簇拥着不停运动，形成了“胶体”溶液。

对豆浆点卤，出现豆腐脑。豆腐脑滤去水，变成豆腐。再将豆腐压紧，榨干些水分，就成了豆腐干。豆浆、豆腐脑、豆腐、豆腐干，都含豆类蛋白质，只不过是水分有多有少而已。牛奶和豆浆差不多，也是胶体溶液。在新鲜的牛奶里，酪素，也就是蛋白质包裹着奶油，在水里分散开来，不停地运动着。所以，牛奶总是均匀的乳白色液体。让牛奶发酵，做成酸牛奶，酪素就聚集拢来，凝结成块，就像豆腐脑似的。

怎样解救重金属盐类中毒

当人误食重金属盐类时，可以喝大量牛奶、蛋清或豆浆解毒。原因是上述食品中含有较多的蛋白质，可以跟重金属盐类形成不溶于水的化合物，这样可以减轻重金属盐类对胃肠黏膜的危害，起到缓解毒性的作用。

5. 颜色反应

【实验 3】在盛有2 mL鸡蛋白溶液的试管里，滴入几滴浓硝酸，微热，观察现象。

从上述实验中可以看到，鸡蛋白溶液遇浓硝酸颜色变黄。蛋白质可以跟许多试剂发生特殊的颜色反应。某些蛋白质跟浓硝酸作用会产生黄色。

此外，蛋白质被灼烧时，产生具有烧焦羽毛的气味。可以此法检验蛋白质。

三　蛋白质的用途

人们从食物中摄取的蛋白质，在胃液中的胃蛋白酶和胰液中的胰蛋白酶作用下，经过水解生成氨基酸。氨基酸被人体吸收后，重新结合成人体所需的各种蛋白质。人体内各种组织的蛋白质也在不断地分解，最后主要生成尿素，排出体外。

蛋白质是人类必需的营养物质，成人每天要摄取60~80 g蛋白质，才能满足生理需要，保证身体健康。

蛋白质不仅是重要的营养物质，在工业上也有广泛的用途。动物的毛和蚕丝的主要成分都是蛋白质，它们是重要的纺织原料。动物的皮经过药剂鞣制后，其中所含的蛋白质就变成不溶于水、不易腐烂的物质，可以加工成柔软坚韧的皮革。

动物胶是用动物的骨、皮和蹄等经过熬煮提取的蛋白质，可用作胶黏剂。无色透明的动物胶叫白明胶，可用来制造照相胶卷和感光纸。如阿胶就是用驴皮熬制的，它是一种药材。

【练习题】

一、选择题

1. 下列物质中不含蛋白质的是（　　）。

A. 虾　　B. 豆腐　　C. 血液　　D. 矿泉水

2. 下列对蛋白质的认识不正确的是（　　）。

A. 蛋白质是构成人体细胞的基础物质

B. 人的头发主要成分是蛋白质

C. 蛋白质能被人的小肠直接吸收

D. 如果人体摄入蛋白质量不足，会引起发育迟缓、体重减轻、贫血等

3. 区别以下各组物质的方法错误的是（　　）。

A. 刻划法区别有机玻璃和普通无色玻璃　　B. 燃烧法区别棉线和羊毛线

C. 用酚酞试液区别稀盐酸和氯化钠溶液　　D. 用肥皂水区别软水和硬水

4. 区别毛织品和棉布的方法是（　　）。

A. 用盐酸　　B. 用水浸泡　　C. 用火灼烧　　D. 闻气味

5. 蛋白质遇到下列何种物质不会发生化学变化（变性）（　　）。

A. 甲醛　　B. 重金属盐　　C. 生理盐水　　D. 浓硝酸

6. 我国科学家于1965年9月在世界上第一个用化学方法合成了具有生命活力的蛋白质——结晶牛胰岛素，它的原料应该是（　　）。

A. 葡萄糖　　B. 氨基酸　　C. 维生素　　D. 油脂

二、简答题

1. 什么是蛋白质的胶凝作用？它的化学本质是什么？

2. 试述蛋白质变性及其影响因素，举例说明食品加工过程中怎样利用蛋白质的变性。

任务四　维生素

维生素是参与生物生长发育和代谢所必需的一类微量有机物质。它们是生物体所需要的微量营养成分，而一般又无法自己生产，需要通过饮食等手段获得。维生素不能像糖类、蛋白质及脂肪那样可以产生能量，组成细胞，但是它们对生物体的新陈代谢起调节作用。缺乏维生素会导致严重的健康问题。目前的研究表明，人类至少需要13种维生素。

一 维生素的分类

通用的维生素分类法，一般是依据维生素的溶解性进行的。根据维生素的水溶性与脂溶性的差别，可以将维生素划分为两大类，即水溶性维生素和脂溶性维生素。其中，水溶性维生素包括有维生素B_1、维生素B_2、烟酸、维生素B_6、泛酸、维生素H、叶酸、维生素B_{12}、维生素C等；脂溶性维生素包括有维生素A、维生素D、维生素E、维生素K等。

二 维生素的性质

由于化学结构的重大差别，所以很难叙述所有维生素的通性。这里，针对部分维生素的共性，主要介绍一些与维生素稳定性和保护有关的物理和化学性质。

1. 溶解性

维生素的溶解性分为两类，即水溶解性和脂溶解性。

一般来说，具有水溶解性的维生素，即水溶性维生素，容易通过扩散和渗透作用从食品中浸析出来。因此，在冲洗和加工食品时，应注意到维生素的这种损失过程。相对来讲，通过水溶解损失的脂溶性维生素则很少。脂溶性维生素容易溶解于油脂中，因此，在食品烹调加工过程中，加入食用油脂将有利于机体对脂溶性维生素的吸收。

2. 不稳定性

一部分维生素具有受热发生化学变化的特性。由于热不稳定性的影响，这一部分维生素在较高的温度下，例如热烹调操作、加热保存食品等，将发生破坏。一般氧气和酸碱度可以加快这种损失速度。具有这种特性的维生素主要是：维生素A、维生素K、维生素B_1、维生素B_2、泛酸、叶酸、维生素C。在食品的贮存温度比较高时，热不稳定性作用也会造成维生素较大的损失，所以在日常的饮食生活中，人们应该尽量地摄入新鲜蔬菜瓜果。

各种常见维生素的性质与来源见表8-2。

表8-2 常见维生素一览表

分类	名称	发现及别称	来源
水溶性维生素	硫胺素（维生素B_1）	生物体内通常以硫胺焦磷酸盐（TPP）的形式存在	酵母、谷物、肝脏、大豆、肉类
	核黄素（维生素B_2）	也被称为维生素G	酵母、肝脏、蔬菜、蛋类
	烟酸（维生素B_5）	也被称为维生素P、维生素PP、包括尼克酸（烟酸）和尼克酰胺（烟酰胺）两种物质，菸碱酸、尼古丁酸均属于吡啶衍生物	酵母、谷物、肝脏、米糠

续表

分类	名称	发现及别称	来源
水溶性维生素	吡哆醇类（维生素B_6）	包括吡哆醇、吡哆醛及吡哆胺	酵母、谷物、肝脏、蛋类、乳制品
	氰钴胺素（维生素B_{12}）	也被称为氰钴胺或（辅酶B_{12}）	肝脏、鱼肉、肉类、蛋类
	抗坏血酸（维生素C）	亦称为抗坏血酸	新鲜蔬菜、水果
脂溶性维生素	抗干眼病维生素（维生素A）	是一系列视黄醇的衍生物（视黄醇也被译作维生素A醇、松香油），别称抗干眼病维生素	鱼肝油、绿色蔬菜
	钙化醇（维生素D）	也称为骨化醇、抗佝偻病维生素，有维生素D_2即麦角钙化醇和维生素D_3即胆钙化醇。是人体唯一可以少量合成的维生素	鱼肝油、蛋黄、乳制品、酵母
	生育酚（维生素E）	又称抗衰老维生素	鸡蛋、肝脏、鱼类、植物油
	萘醌类（维生素K）	是一系列萘醌的衍生物的统称，主要有天然的来自植物的维生素K_1、来自动物的维生素K_2以及人工合成的维生素K_3和维生素K_4。又被称为凝血维生素	菠菜、苜蓿、白菜、肝脏

主要维生素的缺乏症有：

维生素A：夜盲症，角膜干燥症，皮肤干燥，脱屑；

维生素B_1：神经炎，脚气病，食欲不振，消化不良，生长迟缓；

维生素B_2：口腔溃疡，皮炎，口角炎，舌炎，唇裂症，角膜炎等；

维生素B_{12}：巨幼红细胞性贫血；

维生素C：坏血病，抵抗力下降；

维生素D：儿童的佝偻病，成人的骨质疏松症；

维生素E：不育，流产，肌肉性萎缩等。

【专业向导】

维生素与美容

从一日三餐丰富多彩的食物中，人们就可以获得美容养颜的各类维生素营养。

维生素A可使眼睛明亮，皮肤柔润，减少皮脂溢出并保持皮肤弹性，具有防止皮肤衰老的作用。胡萝卜、番茄、杏、柠檬、麦胚、植物油和蛋黄等食品含有丰富的维生素A。

维生素B_2可以消除粉刺与色斑，有助于指甲生长。富含维生素B_2的食物有：酵母、杂粮、蔬菜叶与花粉。

维生素B_3能够改善皮肤组织的排泄功能，促进血液循环，它可以从花生、扁豆、谷物、麦胚、蔬菜及新鲜水果中获取。

维生素B_5有益于皮肤的神经系统，大米、豆类含有这种维生素。

维生素B_6除了对保护皮肤大有裨益外，还有美发功效，可从香蕉、甜菜、蛋黄、蔬菜、谷物与豆类中摄取。

维生素C可以消除毒物，促进胶原合成，降低黑色素的代谢与生成，因此具有保护皮肤洁白细嫩，防止衰老的功效。柑橘、葡萄、芹菜、番茄、柿子椒等富含维生素C。

维生素D缺乏时，会影响形体的健美，使肌肉弹性减退，容易形成皱纹。维生素D可以从食物中获得，牛奶、牛油和蛋中含量最丰富。但大部分是通过紫外线照射皮肤转化而成。

维生素E能延缓细胞老化，使皮肤细胞新生增强，皮肤弹性纤维趋于正常。适当补充维生素E，肌肤会变得柔软且小皱纹消除。维生素E主要在蛋黄、牛乳、芝麻、大豆等食品中。

维生素H可以促进皮肤细胞生长，保持皮肤光泽，防止皮炎，它可以从酵母、牛奶、鸡蛋和土豆中获得。

【练习题】

一、选择题

1. 下列说法正确的是（　　）。

   A. 维生素是由生命体产生的，分子结构复杂，人工不可能合成

   B. 喜欢吃的食品多吃点，不喜欢吃的食品不吃，不会影响身体健康

   C. 食用凉拌蔬菜，有利于获得较多的V_C

   D. 维生素不是营养品，故缺少维生素不会引起营养不良

2. 青菜中一般不含有（　　）。

   A. 水　　B. 纤维素　　C. 维生素　　D. 蛋白质

二、填空题

1. 维生素C（$C_6H_8O_6$）能促进人体生长发育，增强人体对疾病的抵抗力。求：

① 维生素C的相对分子质量为 ______；

② 维生素C中碳、氢、氧三种元素质量比为 ______。

2. β-胡萝卜素（$C_{40}H_{56}$）是一种天然的植物色素，它广泛存在于黄绿色蔬菜和水果中，一定条件下在人体内它能够转化为维生素A（$C_{20}H_{30}O$）。

① 从物质组成的角度，2个维生素A分子可以看作比1个β-胡萝卜素分子多____个水分子；维生素A中碳、氢、氧元素的质量比为 ______。

② 黄色胡萝卜中富含β-胡萝卜素，当胡萝卜佐以食用油烹调后，人体对β-胡萝卜素的吸收效率达95%；而生吃胡萝卜吸收β-胡萝卜素仅25%。这说明β-胡萝卜素具有易溶于 ______ 的性质。

归纳小结

一、各种糖类的比较

类别		结构特征	主要性质	主要用途
单糖	葡萄糖 $C_6H_{12}O_6$	多羟基醛	白色晶体，溶于水，有甜味；既有氧化性，又有还原性，还可发生酯化反应，并能发酵生成乙醇	营养物质
	果糖 $C_6H_{12}O_6$	多羟基酮	白色晶体或粉末，熔点103~105℃（分解），果糖是所有糖中最甜的一种，是多羟基酮。它具有醇、酮的化学性质	制作食品
双糖	蔗糖 $C_{12}H_{22}O_{11}$	无醛基	无色晶体，易溶于水，有甜味；无还原性，能水解生成葡萄糖和果糖	制作食品
	麦芽糖 $C_{12}H_{22}O_{11}$	有醛基，蔗糖的同分异构体	白色晶体，溶于水，有甜味；能发生银镜反应，能水解生成葡萄糖	制作食品
多糖	淀粉（$C_6H_{10}O_5$）	由葡萄糖单元构成的天然高分子化合物	白色粉末，不溶于冷水，部分溶于热水；无还原性，能水解，最终生成葡萄糖，淀粉遇碘变蓝色	制葡萄糖、乙醇等
	纤维素（$C_6H_{10}O_5$）		无色、无味固体，不溶于水及有机溶剂；无还原性，能水解生成葡萄糖，并能发生酯化反应	造纸、炸药、人造纤维

二、脂类

1. 脂类是油、脂肪、类脂的总称。

2. 脂肪是甘油和三分子脂肪酸合成的甘油三酯。

① 中性脂肪：即甘油三酯。

② 类脂包括磷脂：卵磷脂、脑磷脂、肌醇磷脂。

三、蛋白质

1. 组成：蛋白质是由C、H、O、N、S等元素组成的，是由多种氨基酸通过分子间缩合脱水而形成的结构复杂的天然高分子化合物。

氨基酸分子中既含氨基（$-NH_2$），又含羧基（-COOH），既能与酸反应生成盐，又能跟碱反应生成盐，是两性化合物。

2. 性质：① 水解生成多种氨基酸；② 盐析；③ 变性；④ 颜色反应：某些蛋白质遇浓硝酸变黄；⑤ 灼烧有烧焦的羽毛味；⑥ 水溶液是胶体。

3. 用途：营养物质、工业原料、酶的成分

四、维生素

1. 水溶性维生素：维生素B_1　维生素B_2　维生素B_3　维生素PP　维生素B_6　维生素B_{12}　维生素C

2. 脂溶性维生素：维生素A　维生素D　维生素E　维生素K

模块三

专业知识

项目九 化妆品原料

化妆品是由各种原料经过合理调配加工而成的复配混合物。化妆品的原料种类繁多，性能各异。根据化妆品的原料性能和用途，大体上可分为基质原料和辅助原料两大类。前者是化妆品的一类主体原料，在化妆品配方中占有较大比例，是化妆品中起到主要功能作用的物质。后者则是对化妆品的成形、稳定或赋予色、香以及其他特性起作用，这些物质在化妆品配方中用量不大，但却极其重要。化妆品是以天然、合成或者提取的各种作用不同物质做为原料，经加热、搅拌和乳化等生产程序加工而成的化学混合物质。

在化妆品回归大自然的趋势下，应将自然的动植物原料作为化妆品原料的首选。近几年来随着生物新技术的发展，国内外化妆品专家对生物原料用于化妆品有了新的认识。

用于化妆品的原料必须具备以下条件：

① 无色无味，有较好的稳定性。

② 对皮肤无毒性、无刺激性，安全性高。

③ 使用后不影响皮肤的生理作用。

④ 对损容性皮肤问题能起到改善作用。

任务一 化妆品的组成与特性

化妆品的品种很多，按生产工艺和其外部形态可分成膏霜类、蜜类、粉类、液体类。根据用途可分成清洁类、护肤类、粉饰类、治疗类、护发类、固发类、美发类。化妆品的组成除个别比较单一而外，多数比较复杂。一般是由基质、活性成分和辅助成分三部分组成。了解与认识这些成分的性质和药理作用，对正确选择和合理使用化妆品，预防和治疗化妆品引起的不良反应均有较大的帮助。

一　化妆品的组成

膏霜类化妆品是较早广泛使用的化妆品之一，它主要是由油、脂、腊、水和乳化剂所组成的一种乳化体。膏霜类化妆品按其乳化的性质可分为W/O型（油包水）和O/W型（水包油）两种。

W/O型膏霜类的乳化体是分散成微小的水珠被油包围着，此水珠的直径一般为1~10 μm，因此水是分散相，油脂是连续相，再加入一种或两种以上乳化剂以使乳化体成为稳定状态。反之，O/W型膏霜类的乳化体是油分散成微小的油珠被水所包围着，因此油脂是分散相，水是连续相，也加入一种或两种以上乳化体成为稳定状态。雪花膏和冷霜是两种比较古老的膏霜类化妆品，雪花膏是典型的O/W型乳化体膏霜。

从膏霜类的形态来看，此类化妆品包括自稠厚的半固体到能流动的液体。呈半固体状态不能流动的膏霜类一般称做固体膏霜，例如雪花膏、营养润肤霜、冷霜、清洁霜、粉刺霜、雀斑霜等，呈液体状态能流动的膏霜则称为液态膏霜，例如奶液、清洁奶液、营养润肤奶液、防晒奶液等。

为适应不同的使用目的，还可以分为能使皮肤保持柔软的雪花膏、冷霜、奶液等；能清洁润肤的清洁霜等；化妆前打底用的粉底霜和粉底蜜等；能促进血液循环的按摩霜等以及有其他特殊作用的各种营养霜、防晒霜等。

1. 雪花膏

雪花膏一般是以硬脂酸和碱类溶液作用所生成的肥皂类阳离子型乳化剂为基础的O/W型乳化体，在化妆品中是一种非油腻性的护肤品。它是一种色泽洁白的膏体，具有令人舒适的香气，使用时当涂敷在皮肤上后，好像雪花一般能很快地消失，故取名雪花膏。

雪花膏成分配比中绝大部分是水，涂在皮肤上水分逐渐蒸发后，便留下一层肉眼看不见的有硬脂酸、硬脂酸皂和保温剂所组成的薄膜，于是皮肤与外界空气隔离，能减少皮肤表皮水分的过量挥发。在秋冬季节空气相对湿度较低的情况下能保护皮肤，使其不至于干燥、开裂或粗糙，也可减轻皮肤因干燥而引起的瘙痒。因雪花膏中含有甘油、丙二醇等保湿剂，可制止皮肤水分的过快蒸发，从而调节和保持角质层适当的含水量，对保持表皮的柔软起了重要的作用。且保湿剂具有黏附的性质，所以妇女们敷粉前先用雪花膏打底来增加香粉的附着力，使之不易脱落，同时也可以防止粉粒钻进毛孔。雪花膏的特点是使用后舒适爽快，皮肤上没有油腻的感觉。

至今为止，国内外绝大部分厂家生产的雪花膏（包括名牌产品）除在装潢上有一些变化和改进外，雪花膏的基础配方并无多大的变化，其主体原料仍为硬脂酸和钾盐。因而生产的膏体颜色洁白，并可保持雪花膏的香型不变。

雪花膏的基本配方

组方	重量/%
化合硬脂酸	5.0
游离硬脂酸	10.0

续表

组方	重量/%
多元醇	10.0
碱类（如氢氧化钾）	2.0
水	73.0
香精、防腐剂	适量

2. 冷霜类

冷霜也叫香脂或护肤脂，是一种W/O型乳化体。质量好的冷霜应是乳化光亮、细腻，没有油水分离现象，不易收缩，稠厚程度适中，便于使用。冷霜使用后要求能在皮肤上留下一层油性薄膜，具有保护皮肤柔软，滋润的作用，更是干燥皮肤的必需用品。

冷霜的水分含量是一项重要的因素：一般含水量低于45%将得到W/O型乳化体，而当含水量超过45%则是O/W型。O/W型冷霜的主要特点是质地特别细腻，光泽度好，受热至35℃胶体不受破坏，没有油水分离现象，能抵御一般低温。而W/O型冷霜则是质地油润，在较低的温度下胶体不受破坏，但在较高温度时（40℃以上）易产生渗油现象。

一般配方中水的含量低于油、脂、蜡的含量，目的是使乳化体稳定，一般冷霜中油与水的比例是2:1左右。如果水分含量过量，乳化体则有水渗出。

冷霜的基本配方

组方	重量/%
蜂蜡	15.0
白油	40.0
水	43.0
硼砂	2.0
香精及防腐剂	适量

3. 清洁霜

清洁霜和冷霜基本上是同一类型的乳化体，所不同的只是清洁霜的主要作用是帮助去除积聚在皮肤表皮及毛孔上的异物，如油污、香粉等。水对皮肤的清洁效能是不够的。皮肤上的油污必须以溶剂或乳化的方法除去。用溶剂去除油污是基于它对油污的溶解性，矿物油对油污的溶解性能较好，但如单独使用，会在皮肤上留下一层油，使人有过分油腻的感觉。肥皂或合成洗涤剂能使油污在追中起乳化作用，但必须用大量的水才能洗净。而清洁霜则是靠原料中油分和水分的溶剂作用，把污垢包括化妆品溶入清洁霜内，其中水分则溶解水溶性污垢，油分则溶解油溶性污垢，同时都分散于清洁霜内，最后擦掉清洁霜时，皮肤表面的油溶性和水溶性污垢随清洁霜被除去，皮肤即被洗净。

清洁霜的原料和冷霜基本相同，但也有其独特的要求，必须将这些原料适当地配成一种凝胶，在常温时是具有触变作用的固体，当涂敷于皮肤上摩擦即能液化。

清洁霜的基本配方

组方	重量/%
单硬脂酸甘油酯	10.0
液体石蜡	40.0
鲸蜡	3.0
多元醇	4.0
水	43.0
香精、防腐剂	适量

4. 润肤霜

润肤霜和清洁霜的主要的区别在于：清洁霜涂敷后即可抹去，而润肤霜仍保留在皮肤上一段时间，因此润肤霜内要加入润肤剂、调湿剂和柔软剂。一般说在清洁霜的基础上加入羊毛油、羊毛醇和高级脂肪醇、多元醇等即能制得良好的润肤霜、晚霜、按摩霜等。

市场上O/W型润肤霜占主要地位，要求制成O/W型乳剂，必须选用亲水性乳剂为主，辅以少量亲油性乳化剂，配成“乳化剂对”，用以制造O/W型润肤霜。

使用润肤霜的目的在于使润肤物质补充皮肤中天然存在的游离脂肪酸、胆固醇、油脂的不足，也就是补充皮肤中的脂类物质，使皮肤中的水分保持平衡。水是皮肤最好的柔软剂，但是要使水分从外界补充到皮肤中去是比较困难的，行之有效的方法是防止表皮层水分的过量损失，天然润泽因子即有此种功效。

润肤霜应控制pH在4~6.5，和皮肤相近，如果pH>7，偏于微碱性，会使表皮的天然润泽因子及游离脂肪酸遭到破坏。虽然使用乳化剂后过一些时间，皮肤pH又恢复平衡，但使用日久，必然会引起皮肤干燥，得到相反的效果。

在润肤霜中还可以加入各种营养成分，以期达到对皮肤有更好的保养效果，这种膏霜常被称为营养霜。下列原料可加入润肤霜中：能为皮肤吸收促进表皮的新陈代谢作用，以减轻女性皮肤衰老现象的雌激素；能增加细胞活力，延迟衰老的人参浸出液；能使皮肤滋润和细腻的维生素A、维生素D和维生素E；以及水解蛋白、蜂王浆、珍珠粉、蛋白酶、貂油、黄瓜汁、水果汁等，都是很好的营养成分。

润肤霜的基本配方

组方	重量/%
单硬脂酸甘油酯	10.0
液体石蜡	10.0
十六醇	3.0
硬脂酸	2.0
植物油	6.0

续表

组方	重量/%
棕榈酸异丙酯	5.0
羊毛脂	5.0
凡士林	5.0
三乙醇胺	1.0
多元醇	3.0
水	50.0
香精、防腐剂等	适量

5. 奶液类

奶液是一种液态霜。现代奶液的发展趋向有润肤作用也有调湿作用；可用于敷粉前打底用，或作润滑皮肤之用：有很好的展开性能和渗透性能，适用于干燥皮肤的产品应含有较多的油脂润肤剂；适用于油性皮肤的应含有果汁、维生素C或收敛剂。产品中使用的润肤剂也有按适用的年龄不同而异的。14~19岁在发育阶段，要加些植物性润肤剂；21~28岁要帮助保持天然的青春皮肤，产品中不能给予太多的营养；30~40岁，眼袋、眼尾皱纹逐渐增加，产品中应加入较多的润肤剂；40岁以后，肌肉逐渐失去弹性，因此产品中应加入强烈的营养润肤剂。

营养润肤奶液的基本配方

组方	重量/%
蜂蜡	3.0
失水山梨醇单硬脂酸酯	3.0
液体石蜡	37.0
羊毛醇	5.0
硼砂	0.1
水	52.0
香精、防腐剂等	适量

6. 面膜

面膜是用于美容护肤的面部化妆品。将湿润的膏体涂敷在脸上，逐渐干燥成一层薄膜覆盖在皮肤表面，经一段时间后将面膜揭掉时，即可将黏附在毛孔及皮肤表面的尘埃和油腻同时除去，达到比较满意的清洁效果。长期使用面膜可促进皮肤的血液循环和吸收功能，由于面膜覆盖在皮肤表面，可防止水分蒸发，使皮肤角质层柔软，毛孔和汗腺扩张，皮肤表面温度增高，促进血液循环，这时敷在皮肤上的面膜中添加的营养成分，如维生素、水解蛋白、生物制品等就能更好地被皮肤吸收，达到增进皮肤机能的作用。敷用面膜，还可以减轻皱纹，因为面膜干燥时的收缩能使皮肤产生张力，而将部分皱纹消失。如上所述，面膜有保温、促进血液循环和良好的清洁作用，因此受到了广大消费者的欢迎与喜爱。但它也可以把比较老化的角质层除去，因此不宜经常使用，以每周使用1~2次比较合适。

好的面膜首先要安全性高，对正常皮肤没有刺激性，又要具有稳定性；使用时应当涂布和剥落容易；敷用后应和皮肤密合，并给皮肤以适当的紧张感；能够在短时间内干燥并有足够的吸收性以达到清洁的效果。

面膜的基本配方

组方	重量/%
聚乙烯醇	15.0
羧甲基纤维素	5.0
甘油	5.0
乙醇	10.0
水	65.0
香精、防腐剂等	适量

二 化妆品的特性

1. 安全性

为向消费者提供符合卫生要求的化妆品，保证化妆品的安全性，防止化妆品对人体近期和远期的危害，我国制定了《化妆品安全性评价程序和方法》的国家标准，其程序和方法适用于在我国生产和销售的一切化妆品原料和化妆品产品。

2. 稳定性

绝大多数化妆品都是多组分的分散体系，如膏霜是由油脂、蜡分散于水中的分散体系。它们往往是热力学的不稳定体系。

化妆品的稳定性是化妆品质量检查的重要指标。为了保证化妆品的各种功能，保证内容物质不发生化学变化对于一位皮肤科医生和美容师是极为重要的。化学变化为变色、褪色、变味、污染、结晶等。物理变化是分离、沉淀、凝聚、挥发、固化、软化、解裂等。出现这样的现象不仅会影响产品的外观而且能影响产品的功能。

3. 功效性

功效性化妆品指含有活性制剂或具有疗效的药物制剂化妆品，这类化妆品的使用大致是卫生、美化或改善身体的不愉快气味等方面为目的。

疗效性化妆品又称为“药物化妆品”。我国《化妆品卫生监督条例》把疗效化妆品称为特殊用途化妆品，日本对疗效化妆品称为“类药品”。我国规定：特殊用途化妆品是指用于育发、烫发、染发、脱毛、美乳、健美、除臭、祛斑和防晒的化妆品。

疗效性化妆品除了具有护肤、美容的功能外，同时还要求兼备各种不同功能特点。供不同年龄用的有儿童化妆品、青年化妆品、老年化妆品；供不同时间使用的有早霜、午霜和晚霜。男女化妆品已经分明，不再混用；旅游化妆品、体育运动用化妆品已问世。另外还有供油性皮肤用、干性皮肤用、中性皮肤用、粉刺皮肤用、祛斑用、防晒用、祛狐臭用、抑汗用等专用化妆品等。

天然性化妆品顺应“回归自然”的世界潮流，尽可能选用自然界无毒的、具有疗效和营养的物质为原料，以便减少或根除含有害化学物质的化妆品对皮肤的副作用。我国医学宝库中为数众多的中草药和天然动物制品，具有防治皮肤病、增强皮肤营养和抵御紫外线辐射的功能，将它们应用于化妆品，正符合当今世界化妆品发展的潮流。

【练习题】

一、判断题

1. 雪花膏的含水量比冷霜、润肤霜都少。(　　)
2. 纯天然的液体化妆品出现混浊，仍可以使用。(　　)
3. 水杨酸是润肤霜的主要成分。(　　)
4. 雪花膏的含水量较高，约占膏体的70%。(　　)

二、计算题

一瓶雪花膏净含量50 g，各组分的质量见下表，试分别求出水相和油相各成分的质量。

组分	重量/%
化合硬脂酸	5.0
游离硬脂酸	10.0
多元醇	10.0
氢氧化钾	2.0
水	73.0
香精、防腐剂	适量

任务二　化妆品基质原料

基质原料是组成化妆品的主体，在化妆品中占有较大的比例，也是在化妆品中起主要作用的物质。

基质原料一般分为油质原料、粉质原料、胶质原料和溶剂类原料。在现场调配化妆品中使用的基质原料是为该原料在不加温情况下可以使用，否则就不能在现场调配中应用。

一 油质原料

油质原料包括天然油质原料和合成油质原料两大类，主要指油脂、蜡类原料、烃类、脂肪酸、脂肪醇和酯类等，是化妆品的一类主要原料。

1. 植物性油脂

植物性油脂分三类，干性油、半干性油和不干性油。干性油如：亚麻仁油、葵花籽油；半干性油如棉籽油、大豆油、芝麻油；不干性油指的像橄榄油、椰子油、蓖麻油等。用于化妆品的油脂多为半干性油，干性油几乎不用于化妆品原料。常用的油脂有：橄榄油、椰子油、蓖麻油、棉籽油、大豆油、芝麻油、杏仁油、花生油、玉米油、米糠油、茶籽油、沙棘油、鳄梨油、石栗子油、欧洲坚果油、胡桃油、可可油等。

2. 动物性油脂

动物性油脂用于化妆品的有水貂油、蛋黄油、羊毛脂油、卵磷脂等，动物性油脂一般包括不饱和脂肪酸和饱和脂肪酸，他们和植物性油脂相比，其色泽、气味等较差，在具体使用时应注意防腐问题。

水貂油具有较好的亲和性，易被皮肤吸收，用后滑爽而不腻，性能优异，故在化妆品中得到广泛应用，如营养霜、润肤霜、发油、洗发水、唇膏及防晒霜化妆品等。蛋黄油含油脂、磷脂、卵磷脂以及维生素A、维生素D、维生素E等，可作唇膏类化妆品的油脂原料。羊毛脂油对皮肤亲和性、渗透性、扩散性较好，润滑柔软性好，易被皮肤吸收，对皮肤安全无刺激；主要作用于无水油膏、乳液、发油以及浴油等。卵磷脂是从蛋黄、大豆和谷物中提取的，具有乳化、抗氧化、滋润皮肤的功效，是一种良好的天然乳化剂，常使用于润肤膏、霜和油中。

3. 蜡类

蜡类是高碳脂肪酸和高碳脂肪醇构成的酯。这种酯在化妆品中起到稳定性、调节黏稠度、减少油腻感等作用。主要应用于化妆品的蜡类有：棕榈蜡、小烛树蜡、霍霍巴蜡、木蜡、羊毛酯、蜂蜡等。

棕榈蜡精致产品为白色或淡黄色脆硬固体，具有愉悦的气味。主要成分为蜡酸蜂花醇酯和蜡酸蜡酯。在化妆品中主要提高蜡酯的熔点，增加硬度、韧性和光泽，也有降低黏性、塑性和结晶的倾向。主要用于唇膏、睫毛膏、脱毛蜡等制品。

小烛树蜡是一种淡黄色半透明或者不透明的固体。精致产品有光泽和芳香气味，略带黏性。主要成分为碳水化合物、蜡酯、高级脂肪酸、高级醇等。应用于唇膏等淀状化妆品中。

霍霍巴蜡是一种透明无臭的浅黄液体。主要为十二碳以上脂肪酸和脂肪醇构成的蜡酯。其特点不易氧化和酸败，无毒、无刺激，易于被皮肤吸收以及具有良好的保湿等作用。因此，广泛应用于润肤膏、面霜、香波、头发调理剂、唇膏、指甲油、婴儿护肤用品以及清洁剂等用品中。

木蜡又叫日本蜡，为淡奶色蜡状物，具有酸涩气味，不硬，具有韧性、可延展和黏性。其主要成分为棕榈酸的甘油三酯，为植物性脂肪或高熔性脂肪。易于与蜂蜡、可可脂和其他甘油三酯配伍，易被碱皂化形成乳液。用于乳液和膏霜类化妆品中。

蜂蜡又叫蜜蜡，它具有熔点高的特点，因此自古为冷霜原料，还是制造发蜡、胭脂、唇膏、眼影棒、睫毛膏等美容修饰类化妆品的原料。此外，它具有抗细菌、真菌、愈合创伤的功能，还用于香波、洗发剂、高效去头屑洗发剂等。

4. 烃类

烃是指来源于天然的矿物精加工而得到的一类碳水化合物。它们的沸点高，多在300℃以上，无动植物油脂的皂化价与酸价。按着其性质和结构，可分为脂肪烃、脂环烃和芳香烃三大类。在化妆品中，主要是起溶剂作用，用来防止皮肤表面水分的蒸发，提高化妆品的保湿效果。通常用于化妆品的烃类有液体石蜡、固体石蜡、微晶石蜡、地蜡、凡士林等。

5. 合成油脂原料

合成油脂原料是指由各种油脂或原料经过加工合成的改性的油脂和蜡，不仅组成和原料油脂相似，保持其优点，而且在纯度、物理形状、化学稳定性、微生物稳定性以及对皮肤的刺激性和皮肤吸收性等方面都有明显的改善和提高，因此，已广泛用于各类化妆品中。常用的合成油脂原料有：角鲨烷、羊毛脂衍生物、聚硅氧烷、脂肪酸、脂肪醇、脂肪酸脂等。

二 粉质原料

粉质原料主要用于粉末状化妆品，如爽身粉、香粉、粉饼、唇膏、胭脂以及眼影等原料。在化妆品中主要起到遮盖、滑爽、附着、吸收、延展作用；常用在化妆品中的原料有无机粉质原料、有机粉质原料以及其他粉质原料。

这些原料一般均含有对皮肤有毒性作用的重金属，应用时，重金属含量不得超过国家化妆品卫生规范规定的含量。

1. 无机粉质原料

化妆品中使用的无机粉质原料有：滑石粉、高岭土、膨润土、碳酸钙、碳酸镁、钛白粉、辛白粉、硅藻土等。

① 滑石粉是天然硅酸盐，主要成分为含水硅酸镁。特性为色白、滑爽、柔软，对皮肤不发生任何化学反应，主要用作爽身粉、香粉、粉饼、胭脂等各种粉类的化妆品的重要原料。

② 高岭土又叫白陶土，主要成分为含水硅酸铝，为白色或淡黄色细粉，对皮肤的黏附性能好，有抑制皮脂及吸汗的性能，在化妆品中与滑石粉配合使用，有缓解消除滑石粉光泽的作用，主要用作粉条、眼影、爽身粉、香粉、粉饼、胭脂等各种粉类的化妆品的重要原料。

③ 膨润土在化妆品中主要用于乳液制品的悬浮剂和粉饼等。

④ 钛白粉为无臭、无味、白色、无定形微粒细粉末，具有较强的遮盖力，对紫外线透过率较低，因此，应用于防晒化妆品中也用于粉条、眼影、爽身粉、香粉、粉饼、胭脂等各种粉类的化妆品的重要遮盖剂。

2. 有机粉质原料

有机粉质原料有硬脂酸锌、硬脂酸镁、聚乙烯粉、纤维素微珠、聚苯乙烯粉等，主要用于爽身粉、香粉、粉饼、胭脂等各种粉类的化妆品中作吸附剂。

其他粉质原料主要有：尿素甲醛泡沫、微结晶纤维素、混合细粉、丝粉及表面处理细粉。

三　胶质原料

胶质原料是水溶性的高分子化合物，它在水中能膨胀成胶体，应用于化妆品中会产生多种功能，可使固体粉质原料黏和成型，作为胶合剂，对乳状液或悬状剂起到乳滑作用，作为乳化剂，此外还具有增稠或凝胶化作用。

化妆品中所用的水溶性的高分子化合物主要分为天然的和合成的两大类。天然的水溶性的高分子化合物有：淀粉、植物树胶、动物明胶等，但质量不稳定，易受气候、地理环境的影响，产量有限，且易受细菌、霉菌的作用而变质。合成的水溶性的高分子化合物有：聚乙烯醇、聚乙烯吡咯烷酮等，性质稳定，对皮肤的刺激性低，价格低廉，所以取代了天然的水溶性的高分子化合物成为胶体原料的主要来源。它又分为半合成的与合成的水溶性的高分子化合物。半合成水溶性的高分子化合物常常使用：甲基纤维素、乙基纤维素、羧甲基纤维素钠、羟乙基纤维素以及瓜耳胶及其衍生物。合成水溶性的高分子化合物常用：聚乙烯醇、聚乙烯吡咯烷酮、丙烯酸聚合物等。这些原料作为黏胶剂、增稠剂、成膜剂、乳化稳定剂在化妆品中使用。

四　溶剂类原料

溶剂类原料在化妆品的配方中除了主要的溶解性能外，在化妆品中还利用其个别的一些其他特性，如挥发、分散、赋形、增塑、保香、防冻、收敛等作用，是许多制品配方中不可缺少的组成部分。

1. 水

化妆品中用的水是一种最普通的溶剂，根据不同的化妆品，对水质有其特殊的要求。一般都要求蒸馏水或去离子水。主要通过阴阳离子交换树脂柱或阴阳离子交换膜电渗析方法制得去离子水。pH在6.5~7.5。化妆品中用水的灭菌方法主要有加热法、超精细过滤法、紫外线照射法。

2. 醇类

乙醇为无色、挥发性液体，有酒香、味刺激，分子量46.07。能溶于水、甲醇及醚。能溶解松香、色素、樟脑、碘等多种物质。能与水形成共沸混合物。利用其溶解、挥发、芳香、防冻、灭菌和收敛等特性，广泛用于制造香水、花露水等。香水中添加量为90%~95%，另外，乙醇还用于润肤化妆水和柔软性化妆水等。

3. 酯类

酯类，如乙酸丁酯是无色液体，有香味，分子量116.16，易燃烧，能溶解于醇、醚等，微溶于水。为化妆品溶剂，常在化妆品中溶解成膜剂来使用，其添加量约为20%。

4. 酮类

丙酮为无色液体，有芳香气味，分子量58.08。易燃烧。能溶于水、乙醇、氯仿、油类和乙醚等，能溶解油脂、树脂、橡胶。是化妆品的溶剂，主要用于指甲油等，也可作为化妆品的原料，如乳状面膜中的成膜剂等。其添加量为30%。

5. 苯类

甲苯为无色透明液体，有类似苯的气味，分子量92.13 。有毒易燃，能溶于乙醇、乙醚等，不溶于水。为化妆品的溶剂，并增进树脂等皮膜成分的溶解性。

【专业向导】

化妆品原料

化妆品的主要原料通常分为通用基质原料和天然添加剂两大种类。

化妆品通用基质原料包括：

油性原料：是化妆品应用最广的原料，在护肤产品中起保护、润湿和柔软皮肤作用，在发用产品中起定型、美发作用；

表面活性剂：能降低水的表面张力，具备去污、润湿、分散、发泡、乳化、增稠等功能，被誉为工业味精；

保湿剂：是膏霜类化妆品必不可少的原料，其作用是防止膏体干裂，保持皮肤水分；

黏结剂：主要用于发胶、摩丝及胶状面膜；

粉料：主要用于制造香粉类产品；

颜料、染料：主要用于制造美容修饰类产品；

防腐剂、抗氧剂：在化妆品保质期内和消费者使用过程中抑制微生物生长；

香料：增加化妆品香味，提高产品身价；

其他原料：包括紫外线吸收剂、用于染黑发的染料中间体、烫发原料、抑汗剂、祛臭剂、防皮肤干裂的原料、防粉刺原料等。

常见的天然添加剂有水解明胶、透明质酸、超氧化歧化酶（SOD）、蜂王浆、丝素、水貂油、珍珠、芦荟、麦饭石、有机锗、花粉、褐藻酸、沙棘、中草药等。

【练习题】

单选题

1. 古希腊妇女发明了应用于女性脸部达两千年的化妆品（　　）及颊红、口红。
   A. 凡士林　　B. 氧化锌　　C. 铅粉　　D. 高岭土
2. 下列不属于无机粉质原料的是（　　）。
   A. 滑石粉　　B. 高岭土　　C. 钛白粉　　D. 聚乙烯粉
3. 羊毛醇是化妆品中常用的成分，主要有（　　）作用。
   A. 润滑　　B. 溶解　　C. 抗氧　　D. 调湿
4. 在化妆品中能使水与油相溶的化学物质是（　　）。
   A. 皮肤膜　　B. 调湿因子　　C. 乳化剂　　D. 溶解剂

任务三　化妆品辅助原料

化妆品辅助原料又称“化妆品的有效性原料”，主要分为表面活性剂、水溶性高分子、色素、香料和香精、防腐剂、抗氧剂、收敛剂、紫外线吸收剂、药物、生物制品等。它们在化妆品配方中的所占比例不大，但由于各自都具有独特的性质和功能，因此有着不可替代的重要作用。

一　表面活性剂

表面活性剂在化妆品中通称为“乳化剂”，是一种能使油脂或腊与水制成乳化体的原料。它能使油、水分散体系保持均一稳定。溶液中的溶质吸附在气体-液体、液体-液体或液体-固体的表面，能将这些表面性质显著改变的作用称为“表面活性”或“界面活性”。

根据来源不同，可将乳化剂分为天然乳化剂和合成乳化剂两大类。如天然乳化剂有阿拉伯胶、西黄耆胶、海藻酸钠、白芨胶、明胶、羊毛脂、胆固醇等。合成的乳化剂有硬脂酸钾、十二醇硫酸钠等阴离子型乳化剂；十六烷基三甲基溴化铵、十八烷基三甲基氯化铵等为阳离子型乳化剂；十二烷基二甲基甜菜碱等为两性离子型乳化剂。单硬脂酸甘油酯、Span系列乳化剂、Tween系列乳化剂是现代化妆品乳化剂中比较常用的乳化剂。在化妆品中的用量虽不是很多，但起着极其重要的作用。

乳化剂结构中同时包含有亲油基团和亲水基团。它又分为阴离子型表面活性剂、阳离子型表面活性剂、两性离子型表面活性剂及非离子型表面活性剂等四类。

表面活性剂的作用有乳化、增溶、润湿、分散、洗涤外，还有保湿、杀菌、润滑、抗静电、柔软和发泡等作用，为现代化妆品工业发展和技术进步作出了很大的贡献。

将油相和水相相互不相溶的物质进行混合使其中的一相物质在另一相物质中呈现出均匀稳定的分散状态叫做乳化作用，简称为乳化。一般说来，要想制得均匀稳定的油水乳化体，必需选用适量的乳化剂。事实上，很大一部分化妆品，如雪花膏、冷霜、清洁霜、按摩霜、防晒霜、祛斑霜、蜜类化妆品都是油水两相物的乳化体。

将油相和水相互不相溶的物质进行混合，乳化后的机械混合液称为乳液、乳剂或乳化体。乳化体最基本的类型有水包油（O/W）型和油包水（W/O）型两大类。

乳化时油相均匀地分散与水相中得到的乳化体为O/W型乳化体。该乳化体的形成过程是油相物先形成极微小的球状颗粒，外表被水相物所包裹。此时油相做微颗粒的核心，是内相或分散相，水是外相或连续相。

乳化时水相均匀地分散与油相中得到的乳化体为W/O型乳化体。该乳化体的形成过程是水相物先形成极微小的球状颗粒，外表被油相物所包裹。此时水相做微颗粒的核心，是内相或分散相，油是外相或连续相。

二 水溶性高分子

水溶性高分子是结构中具有羟基、羧基或氨基等亲水基的高分子化合物。水溶性高分子在化妆品的膏霜、乳液、香波、香粉等中较为广泛的应用。它用于化妆品中应具有高安全性和稳定性，尽可能无色无味，以及在水中优良的溶解性。

水溶性高分子在化妆品中的具体作用有：

① 提高分散体系的稳定性，具有胶体保护作用。

② 提高乳液的触变性，具有增黏作用。

③ 提高成膜性和定型效果。

④ 降低乳液的表面张力，具有乳化和分散作用。

⑤ 提高粉类原料的黏合性。

⑥ 具有保湿及营养保健等功效。

水溶性高分子分为天然高分子、半合成高分子和合成高分子三类。天然高分子：明胶、果胶、海藻酸钠、淀粉等。半合成高分子：甲基纤维素（MC）、羧甲基纤维素（CMC）、羧乙基纤维素（HEC）等。合成高分子：聚乙烯醇（PVA）、聚乙烯吡咯烷酮（PVP）等。

三 色素

色素是赋予化妆品以一定颜色的原料，通常称为着色剂。化妆品是通过色素溶解而使化妆品的基质原料和其他原料着色的。对水溶性或油溶性着色剂常先制成溶液，对不溶性着色剂则将其分散在介质中。

化妆品中的着色剂应要求做到以下几点：

① 安全性高，应无致变性、致敏性及致癌性等。

② 光稳定性好，在紫外线的照射下不易变色和褪色。

③ 与化妆品其他原料相容性稳定。

④ 与化妆品的功效性不矛盾。

从化工合成得到的色素称为合成色素。化妆品用的色素要求与食用色素相同。能用于食品、药品和化妆品的色素常用F.D.A（Food. Drug and Cosmetic Act）表示。合成色素能溶于水，应用于膏霜、乳液、香波、面膜、精华素。

四 香料与香精

几乎所有的化妆品都有一个共同的特点，那就是它们都具有一定的优雅、宜人的香气，故古人称化妆品为“香妆品”。任何物质在常温常压下，它的蒸汽和微粒能分散在空气中，引起人们嗅觉上具有特殊的香气，这种物质称为香料。将几种香料按一定的要求，香型和用途结合在一起，成为香精。

化妆品的香气是通过在生产配制时加入一定数量的香精所赋予的。香精可由几种、几十种至多可上百种香（原）料按一定比例调配混合而成。其中，植物性香料最早发现，也是种类最多的香料，其用途极广。这类香料是由植物的花、叶、枝干、皮、果皮、种子及树脂和草类或苔衣等提取而得到的，其提取物为具有芳香的油性物质，被称为“精油”，取自香花者一般称为“花精油”。植物性精油很少直接应用于化妆品，绝大多数提供调配香精使用。

香精又称为调和香料，它是指由多种香料（天然、合成的单体香料）配制而成的一种混合物。对各种制品进行加香，往往不能单独用香料直接加入，而大多是添加香精。设计香精配方和调制香精叫做“调香”，而设计香精配方的人叫做“调香师”。根据需要、用途和价格，香料香精工业及各种香料公司调配出具有各种香气（香型）的香精，提供给各工业部门（食品、日用工业等），化妆品的加香大多为添加香精，除应用方便外，其价格也比较低廉。

调香是将数种甚至数十种天然和合成香料调配成香精的一个过程。调香是一种极其细致，且技术性很强和极复杂的工作，调香师不仅需要有多年的经验，而且还必须有丰富的想象力和创造力，具有较高的艺术修养和敏锐的嗅觉。

一般调香的过程为：拟定配方—调配—闻香—修改—加入到产品中观察等步骤，并经反复实践才能完成。

1. 头香

头香或称为顶香，人们在嗅一种香精时，最先闻到的便是头香，组成头香的香料，都是由低沸点、扩散力相当强的香料来充当，这些香料大多是醛、酮及一些酯类，起到尽快扩散香气的作用。

2. 体香

体香是香精香气的主要特征，它是紧跟在头香后面的香韵。这组香料一般是由比较适中的沸点及挥发度的香料组成。在某一香介质中，体香要能够在较长的时间内保持稳定和一致。

3. 尾香

尾香又叫基香，是香精的“残留”香气很重要的部分，这组香料主要是高沸点、低挥发度的香料组成，它们多用动物、苔藓、木香、根、树脂等香料。

调香是从尾香部分开始，组成所确定香型的骨架结构，尾香部分完成后，便开始加入组成体香的香料，体香可以使用天然香料，也可使用有各种香料调制而成的香基，体香大体完成后，加入顶香部分，顶香部分的作用是使香气轻快、新鲜、活泼，隐蔽尾香和体香中的抑郁气氛，取得良好的香气平衡。顶香完成后，香精即算调配完成，但还要经过“陈化”，即将调配好的香精放置于阴凉处搁置一定时间，陈化是香精经过“酯化”化学反应，能使香精的香气会变得更加芬芳。

五 防腐剂

在化妆品的生产和美容院现场调配及化妆品的使用中，难免混入一些肉眼看不见的微生物，这些微生物是造成化妆品变质的一个重要原因。因此，在化妆品的生产配方中都要加入一定量的防腐剂及抗氧化剂。使用防腐剂的目的是抑制外来污染微生物在化妆品中的生长繁殖，对微生物或霉菌具有杀灭、抑制或阻止生长作用的物质，起到防止化妆品变质的作用。抗氧化剂的目的是防止和减弱油脂的氧化酸败现象。

医院皮肤科和医学美容院做现场调配化妆品时一般不使用防腐剂，这样可避免防腐剂对皮肤的刺激。根据顾客存在的损容性皮肤，对化妆品进行针对性调配，一般要求顾客在短时间内用完，在冰箱内保存以免腐败。

化妆品中常用的防腐剂主要有尼泊金酯、苯甲酸盐类、季铵类表面活性剂、苯酚类、咪唑烷基脲。为了达到较全面的防腐效果，一般将几种防腐剂混合在一起使用。

六 皮肤吸收促进剂

皮肤吸收促进剂是指能帮助和促进药物营养物等活性物渗透进入皮肤，以被皮肤吸收的制剂。它的作用机理是可改变皮肤的水合状态，改变药物、营养物的分子结构，使其具有较高的皮肤亲和力，降低皮肤的屏障作用，以促进药物、营养物渗透皮肤，而被皮肤吸收。利用皮肤吸收促进剂可以增加药物疗效和养肤效果。因此，皮肤吸收促进剂在医药、化妆品中有着广泛的应用，在化妆品特别是功能性和营养性的化妆品，如生发灵、减肥霜、营养霜等中常添加皮肤吸收促进剂。传统的皮肤吸收促进剂有二甲基亚砜、水杨酸、尿素等，目前应用较为广泛的皮肤吸收促进剂是氮酮。近年发现很多中草药及其成分也具有很好的透皮吸收促进作用，如薄荷（醇）、冰片等。

【专业向导】

世界十大香水品牌

香水用香料、香精油、酒精、固定剂和水混合而成的液体，用来让人体部位拥有持久且悦人的气味。名贵的香水，有“液体钻石”之称。虽价比钻石，仍然吸引着那些爱美之“心”。当今世界上最昂贵的香水品牌中排列前十位的是：

夏奈尔5号　由著名的香水专家欧奈斯特·博瓦调制，其也为世界上第一款加入乙醛的香水，问世于20世纪20年代，为法国夏奈尔公司的王牌香水产品，属醇花香调。它的主体香味为茉莉和玫瑰，适合于20~40岁成熟的女性。

兰蔻驿动　1990年推出，水果（花）香调的香水在头香中突出了甜甜的水果香韵。一款有历史和记忆的香水，表现出女性独立自主、清新奔放的感觉，尤为年轻女性所喜爱。

雅诗兰黛欢沁　1996年，法国雅诗·兰黛公司推出，属于清新花香调的香水。主要原料有百合花、紫罗兰、茉莉、丁香、檀香森等，飘散着浓雅的花香。

雅顿白钻　绝对以花香为主调，香味浓郁，是一种相当女性化的香水，尤为偏爱甜花香如玫瑰、夜来香等花香的成熟女性所喜爱。

夏奈尔魅力　为法国夏奈尔公司1996年出品，主要原料有卡拉布尼亚及西西里柑橘、茉莉花、亚洲香子兰等。这是夏奈尔公司花了10年工夫研制出的香水新产品，其中散发着6种不同的都市女性韵味。

“鸦片”　体现东方神秘风情的香水，以圣罗兰的“鸦片”香水最负盛名。属于浓香型，多以木香、檀香为主，配以辛辣的木香和持久的动物香。更适合于自信和妖媚的女性。

让·保罗·戈蒂埃　这是位创造前卫服饰和香水的天才设计师，他的设计充满幽默感和令人惊奇的东西。凭借花香、果香、麝香的迷人香气，诠释女人大方性感的一面。

“嫉妒我”　古弛1997年度推出的“嫉妒我”，属花香调，前味是香草、风信子、木兰花，中味是铃兰、茉莉、紫罗兰花，后味是鸢尾花、木香和麝香。

克莱恩1号　由美国卡尔文·克莱恩公司于1994年推出，属于无性别香水。由佛手柑、鲜菠萝、茉莉花、紫罗兰等组合而成。

寄情水　由阿玛尼公司于1994年推出，分男用和女用香水，是世界上著名的情侣香氛。在其推出的那年便作为女用香水之冠获得了香水业的奥斯卡奖——菲菲奖。

【练习题】

一、多选题

化妆品中的防腐剂不起（　　）的功效。

A. 抗氧化　　B. 防腐　　C. 杀菌　　D. 乳化

E. 保湿

二、单选题

1.（　　）不是化妆品中的天然抗氧化剂。

A. 胡萝卜素　　B. 维生素E　　C. 维生素A　　D. 维生素B

2. 化妆品表面活性剂的作用不包括（　　）。

A. 洗涤　　B. 分散　　C. 增溶　　D. 收敛

3. 橄榄油是乳剂类化妆品中常用成分，对皮肤有较强的（　　）性。

A. 透气　　B. 吸湿　　C. 渗透　　D. 滋润

任务四　化妆品功能性原料

根据美容化妆业的需求，可将用于皮肤的化妆品分为洁肤类、护肤类、治疗类和粉饰类。这样便于认识不同化妆品的特点、所含成分和作用，从而应用到不同类型的皮肤和以适合不同的需求。护肤类化妆品中的原料又有养颜、美白、保湿等原料。

一　养颜类原料

现代化妆品除了具有清洁和保护肤发之外，还要求化妆品具有营养和保健的作用。这种营养性原料又称为养颜类化妆品原料。因此，开发具有优良营养性能，且安全性和与其他原料配伍性良好的营养添加剂，将是化妆品的一个发展趋势。常见的养颜添加类原料有：

1. 人参

人参能促进细胞繁殖，延缓皮肤衰老，具有抗氧化及清除自由基活性，减少脂褐素在体内的沉积等作用。多用在制备膏霜（护肤霜、粉刺霜、防皱霜等）、乳液和护肤制品中。

2. 灵芝

近代研究表明，灵芝提取液具有清除体内自由基的生理活性，对皮肤具有保湿、美白、防皱、抗衰老等作用。因此，多将灵芝添加到膏霜类产品中。

3. 芦荟

芦荟对人体皮肤具有优良的营养和滋润作用，具有保湿、抗敏、促进皮肤新陈代谢、减轻皮肤皱纹、增加皮肤弹性和光泽及能生发乌发等多种功效。它还可以有效地减少皮肤表面水分蒸发，在皮肤上形成一种薄膜，有效防止表皮因水分散失而造成的干燥和皲裂。

4. 当归

当归用在化妆品护肤护发制品中，具有滋补皮肤、防止皮肤干燥、增强皮肤弹性、减轻色素沉着、延缓皮肤衰老、防止头发脱落和赋予头发柔润、光泽等功效。

5. 花粉

花粉通过皮肤经皮肤吸收后，可促使毛发生长，头发光泽，使皮肤柔软、白嫩、富有弹性，能消除色素沉着、减少皮肤皱纹，对痤疮、雀斑、黄褐斑等皮肤疾病有良好的治疗效果。

6. 绞股蓝

绞股蓝能改善头皮微循环，具有乌发护发的效果，还有很强的起泡力，具有乳化、分散、湿润等性能，并具有良好的洗涤和去污效果，是一种性能优良的天然表面活性剂。

7. 沙棘

沙棘的活性成分是维生素E和维生素C、胡萝卜素、不饱和脂肪酸等，具有消除体内自由基和抗氧化等功能，因而对皮肤头发具有优良的营养和保护作用。

8. 紫草

紫草的提取物是紫草素，除了作为天然优质色素作用外，还有收敛、抗菌功能，对皮肤、头发具有调理作用，对粉刺皮肤粗糙、雀斑、老年斑都有疗效。

9. 黄瓜

黄瓜能促进皮肤毛细血管扩张和血液循环，改善皮肤营养状态，对皮肤有滋润、光泽、增强弹性、减轻皱纹，减少色素沉着等作用，对头发有调节功能、抑制头屑，可使头发柔软、自然光泽、防止头发枯黄等作用。

10. 蜂制品

蜂制品有蜂王浆和蜂胶等。蜂王浆对痤疮、黄褐斑、脂溢性皮炎等多种皮肤疾病，有预防和治疗效果。蜂胶对如痤疮、疱疹、毛囊炎、黄褐斑等皮肤疾病有治疗作用。用于化妆品，可添加到膏霜、乳液、发乳、香波、生发水等制品中。

11. 鹿茸

鹿茸含有丰富的多种保湿剂，如透明质酸、鹿脂酸、胆固醇油酸等，可保持和调节皮肤中的水分，使皮肤湿润、光泽、富有弹性，有良好的抗衰老效果。

12. 鲜奶

鲜奶可通过皮肤吸收补充营养，促进皮肤新陈代谢，从而使皮肤光泽，细嫩健康而富有弹性。

二 保湿类原料

保持皮肤有适当水分不致减少，是防止皱纹、皲裂、衰老的一个重要因素。人体皮肤细胞中，有皮脂与保湿因子使皮肤保持柔顺光滑。

1. 保湿剂

人体中的天然保湿因子（NMF）包括氨基酸、吡咯烷酮羧酸、尿素、乳酸的钠盐、钾盐、镁盐与钙盐等，它们大都含有亲水基团。化妆品中已合成的保湿因子有焦谷氨酸钠、聚谷氨酸钠、吡咯烷酮羧酸钠（PCA钠）等，具有较甘油、山梨醇和丙二醇等更强的保湿能力，近年来已成为护肤、护发化妆品的重要添加成分。

另外，其他的保湿剂应根据吸收程度及保水容量分为保湿的功能强弱，可包括透明质酸、甲壳质、维生素C、磷酸镁、乳酸及NMF等。

2. 海藻润肤剂

海藻是生长在海底和海面的无根、无花、无果的一类地球上最古老的植物。这些物质对皮肤有一种天然的亲和力，使皮肤易于吸收。褐藻中含有多种维生素，具有抗皮肤衰老和促进角质层细胞生长的作用，可使皮肤变得柔软细腻，它在皮肤表面可形成保护膜以防止水分散发，有良好的保湿、消炎抗菌作用。

近年来，国内外已将海藻萃取物应用于化妆品中，将它添加到香波、浴液、膏霜、面膜等制品中。海藻外观为黄色溶液，是一类极有开发前景的化妆品原料。

3. 丝肽

丝肽是虫丝蛋白的酶水解产物，为可溶性天然纯丝肽蛋白，可被人体吸收。能使皮肤角质层保持一定水分，透过角质层与上皮细胞结合，并被细胞吸收，参与和改善皮肤细胞的代谢，使皮肤光滑润泽，富有弹性和保湿的功效。

4. 尿囊素

尿囊素不仅可以促进肌肤、毛发最外层的吸水能力，而且有助于提高角蛋白分子的亲水力，可改善肌肤、毛发、嘴唇组织中的含水量，赋予肌肤、毛发及嘴唇以柔软、弹性及光泽，使非病理状态的肌肤干燥、粗糙、皱纹、生鳞屑、衰老、角化、皲裂或毛发干枯、无光、硬脆、断裂、分叉以及嘴唇干裂等症状得到改善。尿囊素可添加到化妆品基质中，性能稳定，减少加到乳膏化妆品中，也无变色、破坏乳膏结构稳定性等弊病。

三　美白类原料

美白类原料是降低皮肤色度或减轻色素沉着，以达到皮肤美白，去掉皮肤表面色素为目的的天然或人工合成化合物。

1. 氢醌

氢醌有明显的皮肤脱色作用，可用于治疗黄褐斑、雀斑、色素性化妆品皮炎、瑞尔黑变病、特发性多发性斑状色素沉着症、炎症后色素沉着、色素性口周红斑、色素性玫瑰糠疹等色素沉着性皮肤病。氢醌制剂外用可产生红斑、脱屑、瘙痒和刺痛感。

2. 壬二酸

壬二酸主要应用于黄褐斑病人，可作为痤疮的辅助用药。

3. 曲酸

曲酸是微生物在发酵过程中生成的天然产物，是国际流行的新型生化祛斑美白剂，具有护肤、防晒、祛斑、美白等功能。抑制酪氨酸酶形成黑色素的生化过程，为现代美白化妆品的新型原料。它在治疗色素沉着症中独树一帜，较为成功地解决色素沉着这一重大皮肤医学难题。

4. 过氧化氢

临床上用于皮肤增白，治疗黄褐斑和雀斑等色素沉着性疾病。其不良反应有如较长期涂在毛发部位，毛发会脱色而变黄。

5. 熊果苷

渗入皮肤后能有效地抑制酪氨酸酶的活性，来达到阻断黑色素形成的目的，起到减少黑色素积聚，预防雀斑、黄褐斑等色素沉着，使皮肤产生独特的美白功效。目前，熊果苷不仅用于美白护肤品，而且广泛用于洗发、护发和染发化妆品中。

6. 宫宝素

宫宝素是由人胎盘组织经过酶解后提取的生物制品，是一种较好的化妆品功能性原料。可使较干燥的皮肤转为润泽，减少皮肤的皱纹，有明显的保湿作用。同时可以改变皮肤的黑色素细胞，增加黑色素细胞的排泄，使皮肤变为洁白光亮。

【专业向导】

化妆品原料的选用注意事项

广泛性　原料越来越多，应该说凡是对人体皮肤、毛发、指甲等外部器官有清洁、保护、滋养、治疗和美化作用的物质都可以被选用。

有效性　选用的原料应该在化妆品中发挥确实有效的作用。

针对性　化妆品的品种很多，应根据化妆品最终体现的效果有针对性地选择原料。

配伍性　化妆品本身是一个复杂的多元体系，它要求原料在复配体系中有良好的配伍性质，从而确保体系物理化学体系性质稳定。

安全性　化妆品原料的安全性直接影响化妆品产品的安全性，因此，必须严格加强控制，其中与安全性有关的原料主要是油脂、表面活性剂、粉剂、溶剂、保湿剂等。

特殊性　部分化妆品具有特殊的功能和疗效，他们是通过加入有特殊功效的原料而实现的，这就需要根据特殊的作用去选择。

时效性　化妆品既是日常生活必需品，也是顺应时代潮流的消费品。要求化妆品原料也要不断地推陈出新，原料的选择也要有时代的特征、潮流的特征和高科技的含量。

【练习题】

一、填空题

1. 芦荟提取物含有的多种生理活性物，对人体皮肤具有优良的营养和滋润作用，具有________、________、________、________、________及生发乌发等多种功效。

2. 丝肽蛋白能使皮肤角质层保持一定水分，透过角质层与上皮细胞结合，并被细胞吸收，参与和改善________的代谢，使皮肤光滑润泽，富有________和________的功效。

二、单选题

1. 在以下减肥化妆品成分中的主要成分之一（　　）不是化学药物。

A. 烟酸酯　　B. L-肉毒碱　　C. 绞股蓝　　D. 透明质酸酶

2. 抑制（　　）的吸收，是减少皮肤色斑的有效途径。

A. 维生素E　　B. 维生素A　　C. 酪氨酸　　D. 高蛋白

归纳小结

本专题内容主要包括化妆品的组成与特性、化妆品基质原料、化妆品辅助原料、化妆品功能性原料等内容。

化妆品原料极其复杂和广泛，凡是对人体皮肤、毛发有清洁、保护、美化和功效作用的物质均是化妆品原料。化妆品原料就其在化妆品中的作用可分为基质原料和辅助原料两类。基质原料是化妆品的主体，体现了化妆品的性质和剂型，而辅助原料起到化妆品的功能、成型、色、香等作用。还有部分原料具有养颜、保湿、美白等作用，称为功能性原料。

项目十 美容化妆品

美容化妆品是人们以美化容颜为目的，作用于皮肤、毛发表面的化工产品，包括各种用于化妆的膏、霜、粉、脂、液、水、气溶胶等。对人体能起到清洁护肤、滋养健肤、修饰驻颜等作用。人的皮肤各有不同，有油性皮肤、干性皮肤、中性皮肤、混合型皮肤和过敏性皮肤之分。因此，每一种护肤品的制造成分，根据不同皮肤的性质也就不一样。在使用时一定要根据顾客的实际情况进行选用，不可千人一面。为了能对美容用化妆品的作用和功效有较全面的了解，本项目首先介绍皮肤的构造与功能，然后分别介绍洁肤、润肤、护肤及美肤类化妆品等方面的内容。

任务一 皮肤的构造与功能

皮肤是人体最大的器官，其总重量约占体重的16%。皮肤由表皮、真皮和皮下组织组成，表皮与真皮之间由基底膜带连接。皮肤含有丰富的血管、淋巴管、神经、肌肉和各种皮肤附属器官，包括毛发、毛囊、皮脂腺、小汗腺、顶泌汗腺、甲。

皮肤颜色的深浅主要取决于皮肤内黑色素和胡萝卜素含量的多少，也与真皮内血液供应的情况，表皮的厚薄以及生活环境中接触紫外线照射的多少有关。

一 皮肤的构造

人体解剖学上，将皮肤的构造可分为表皮、真皮与皮下组织三部分。

1. 表皮层

表皮层由复层鳞状上皮细胞组成。由外而内依序为：角质层—透明层—颗粒层—棘层—基底层。

（1）角质层 主要成分由角质蛋白组成。年轻的皮肤其细胞之间的脂质丰富，细胞与细胞之间排列紧密，水分不易散失，含水程度的多少能影响皮肤的光泽度，正常的角质层是呈弱酸性的保护膜层，是作为皮肤第一道防线。

（2）透明层 此层细胞存在于手掌及脚掌。

（3）颗粒层 由扁平状的脂肪细胞构成，含有透明胶质颗粒，能反射光线，防止异物侵入表皮内层。

（4）棘层 为表皮中最厚的一层，细胞与细胞间的空隙，是淋巴液流动的通道，供给表皮所需的营养。

（5）基底层 最靠近真皮，能吸收血液输送的养分，不断进行有丝分列，新细胞成长后逐层向外发展浮出，最后成为不具细胞核的死细胞（最外层的角质层），又被称为“表皮之母”。负责制造黑色素的麦拉宁细胞也居于这一层。

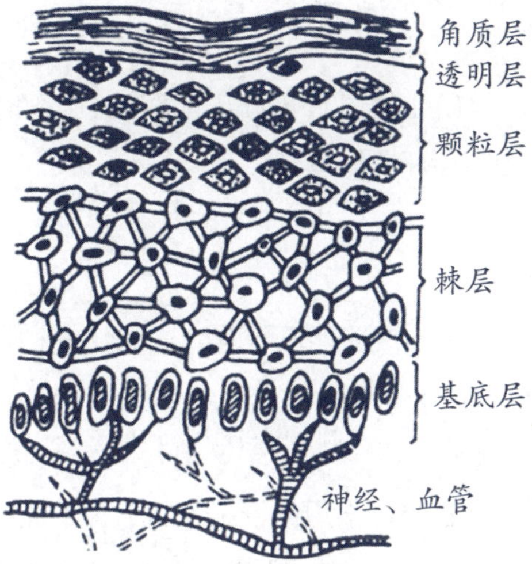

图10-1 皮肤的构造

2. 真皮层

真皮层由胶原纤维、弹性纤维、网状纤维、基质所构成。由外而内依序为乳头层—网状层。

（1）乳头层 广泛分布着微血管及末梢神经，能感受触觉与负责将氧气及养分送达皮肤。并排泄新陈代谢所生废物，含有丰富的水分，直接影响着皮肤的弹性。

（2）网状层 使皮肤具有弹性和伸展力，80%由胶原蛋白组成。

3. 皮下组织

一大块网状结合纤维，是皮肤与脂肪组织间的移行层，主要由结缔组织、脂肪细胞及汗腺腺体与毛囊的所在地，其功能使皮肤展现良好的张力。

4. 皮肤的附属器官

皮肤的附属器官是指甲、毛发、汗腺、皮脂腺等。

二 皮肤的功能

皮肤具有保护、感觉、调节体温、吸收、分泌与排泄、新陈代谢等生理功能。其中皮脂的分泌是主控肌肤光泽及健康与否的决定性因素，它是由皮脂、汗液以及角质层中的数种成分所组成。皮肤表面的pH为4.5~6.5呈弱酸性，健康的皮肤若是外在环境改变为碱性，它也有自动中和的能力。

1. 保护作用

防止体内水分和电解质流失，同时更能阻挡有害物质侵入体内，有自净功能，保护人体不受复杂的生存环境伤害。

2. 再生作用

表皮细胞能不断地重复分裂—角质化—再生的功能，如此生生不息，促使新陈代谢发生。

3. 分泌及排泄作用

起排泄作用的汗腺，将人体的废物一部分经由出汗排出体外，每日有700~900 mL。主司分泌的皮脂腺，其分泌的皮脂能润泽肌肤并形成保护膜，在夏天全身表皮的皮脂分泌量约为2 g，冬天约为4 g。

4. 吸收作用

功能正常的皮肤对外来物的吸收功能非常微小，但密集的毛细孔使皮肤具有渗透性，使得与皮肤皮脂膜相近的物质能渗透到内部。另外，皮肤也和肺脏功能一样，能吸入氧气，排出二氧化碳，其呼吸量是肺脏的1/180左右。

5. 感觉作用

满布末梢神经的皮肤使得人能有冷、热、痛、痒的触觉功能。

6. 调节体温

正常的皮肤能借着传导、辐射、对流、蒸发这四个途径，皮肤能利用体毛细孔和微血管的收缩，调节人体温度维持在37℃左右。人体30%的热量是经呼吸作用排出，其余70% 是靠着皮肤将之排泄出去的。

7. 色素的形成

皮肤一经紫外线的照射，麦拉宁细胞便产生黑色素来抵御和吸收紫外线，减轻日光对于皮肤的伤害，是皮肤重要的功能。

8. 合成维生素D

人体所须的大部分维生素D，皆是紫外线透过皮肤，再经过复杂的生理变化而形成。

三 皮肤的分类

一般来说，健康人的皮肤表现为色正柔软、整洁、干净、细致平滑、富有弹性、没有皱纹脱屑。

简单地说，皮肤红白细嫩、干净美观、具有柔软性、光滑性和极好的弹性。

根据皮肤角质层内含水量和皮脂分泌量等皮肤特征，医学上常将皮肤分为油性皮肤、中性皮肤、干性皮肤、混合性皮肤及其他。

1. 中性皮肤

中性皮肤是皮肤皮脂（油分）、汗（水分）的分泌平衡，最为理想。但易受季节变化的影响，冬天稍感干燥，夏天稍觉油腻，无粗糙感，纹理细腻，富有弹性。一般来说，护肤品的选择较广，可选用以增加皮肤的营养物质，促进皮肤的血液循环为主的化妆品。

2. 干性皮肤

干性皮肤是皮肤毛孔不明显，皮脂腺的分泌少而均匀，肤色洁白或白中透红，角质层含水量在10%以下，纹理较细，不易生粉刺和起疙瘩，易引起皮屑。引起皮肤干燥的内因与先天性皮脂腺活动弱，后天性皮脂腺活动和汗腺活动衰退，维生素A缺乏、脂类食物摄入过多、皮肤血循环不良、过度疲劳有关；外因与烈日暴晒、寒风吹袭、使用碱性肥皂、过于频繁受热、皮肤不洁、乱用化妆品等有关，当然年龄增长也令功能减退。由于滋润润泽因子减少、水分丢失，应选用以保湿为主、油包水的化妆品。

3. 油性皮肤

油性皮肤也称多脂性皮肤，多见于青年人和肥胖者。由于皮脂分泌多，故皮脂表面显得油光发亮，毛孔扩大。其皮肤角质层水分正常，皮脂腺活动亢进，雄性激素分泌过多，偏食多脂食物，香浓调味摄入过多，以及B族维生素的缺乏有关。青春期皮脂腺活动较强，出现油性皮肤是正常的。可选用硫磺等偏碱性香皂，宜用啫喱、水剂或含油少的乳剂型化妆品。

4. 混合性皮肤

混合性皮肤是部分干性、部分油性皮肤，如额部、鼻及下巴周围（通常呈T形区）油性皮肤，而在另外的区域中呈中性或干性皮肤的特点。女性中有70%~80%的人为混合性皮肤，应选用中性化妆品。

5. 其他皮肤

（1）老化皮肤　人的皮肤从30岁起开始老化，随着岁月的增添，人的肌肤由年轻亮丽细腻有弹性，逐步出现既干且皱的衰老。皮肤一般呈干燥特征。形成老化的原因是年龄增加，植物神经的紊乱、内脏机能的异常等，外因中最主要的是紫外线的伤害，生活环境的恶化、烟酒过量，饮食不当以及错误的保养，激烈的减肥等，也是皮肤老化的原因之一。经护理和化妆品的作用可使之改善，延缓老化速度。可选用有营养、保湿、防晒和类激素作用的化妆品。

（2）敏感性皮肤　这类皮肤毛孔紧闭，纹理细致，皮肤干燥缺水，皮肤薄，隐约可见微血管，色泽不均匀、潮红。对于不利于因素反应性过强，导致组织损伤或生理功能紊乱，表现为易发生病损或过敏反应。如容易因季节变化和日光照射患过敏性皮疹，也因接触某些化纤物品或金属物品、颜料等引起过敏。化妆品宜选弱酸性，不含香料、无刺激性化妆品，也可采用防敏和中性化妆品交替使用。

【活动探究】

测试肤质——给自己的肌肤评分

1. 眼尾出现了细小的皱纹。
2. 笑的时候眼下有放射状的皱纹。
3. 下眼圈浮肿，有眼袋了。
4. 鼻子周围不再油油的。
5. 鼻翼的毛孔呈现。
6. 洗完脸拍上化妆水，水分立即被吸干。
7. 感到只擦乳液仍不够滋润。
8. 不知怎么回事，脸上忽然冒出了雀斑。
9. 脸色不再红润。
10. 常找不到合适的洗面奶，以致每次洗完脸后就觉得皮肤像涂了一层粉似的。
11. 用无名指轻拂眼下的皮肤，有涩感。
12. 脸颊肉横向生长，毛孔几乎看不到。
13. 鼻翼的小文似乎加深了。
14. 嘴巴周围总觉得非常干燥。
15. 嘴角似乎有些下垂。
16. 不喜欢化妆，对皮肤保养也不热衷。
17. 粉底用液态或膏状，否则不易上妆。
18. 颈部出现皱纹了。
19. 虽不算胖，却出现了双下巴。
20. 将头发向后挽起，脸部轮廓显突出。
21. 颧骨附近的肉往下移了。

统计一下以上21个问题，和自己的情况相符多少，由此可以大概推知皮肤年龄：

3项以下：肌肤年龄未满20岁。肌肤一年四季都处于极佳的健康状态，即使出现一些小毛病，也能迅速恢复。建议平时只需以柔软化妆水补充水分，眼部和嘴巴四周以乳液轻轻按摩防止干燥就行了。

3项以上至10项以下：肌肤年龄为20~24岁。肌肤弹性还不错。建议：这个年龄阶段的肌肤已是细小呵护、谨防干燥的时候了。应该养成多喝水的习惯，尽量减少甜点、油炸、腌制等食品，有针对性地进行一些食补。

10项以上至20项以下：肌肤年龄为25~29岁。肌肤弹性已明显衰退。建议除了采取上述24岁之前肌肤保养方法外，还应用乳液和营养霜加强保湿。特别注意晚间保养，先拍上保湿效果强的化妆水，配合使用美容乳液在眼睛四周和嘴角处轻轻按摩。此外定期到美容院做皮肤护理。

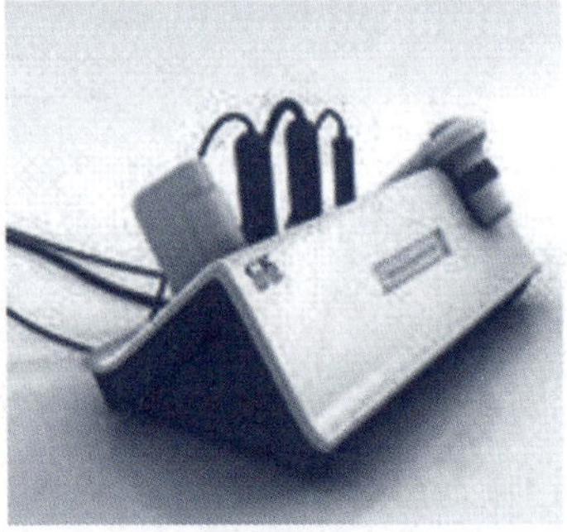

20项以上：肌肤年龄在30岁以上。这时小皱纹已爬上面颊，脸色常显灰暗，且经常干燥。建议使用营养霜敷脸，化妆水应选带油性的夜间用美容乳液或营养霜，以强化肌肤弹性和湿度，最好每月做一次精华素导入。当然还要注意饮食、锻炼，保持宽容、愉悦的心境。

【练习题】

一、填空题

1. 皮肤是人体最大的器官，其重量约占人体重量的 ________%。
2. 身体各部位皮肤厚度不尽相同，________ 处皮肤最薄，________ 处皮肤最厚。
3. 皮肤由内向外可分为 ________、________、________ 三层。

二、选择题

1. 皮肤的（　　）具有防止皮肤水分被蒸发的功能。
   A. 胶原纤维　　B. 角质层　　C. 透明层　　D. 基底层
2. 表皮中最厚一层是（　　）。
   A. 角质层　　B. 颗粒层　　C. 透明层　　D. 棘层
3. 表皮棘细胞的营养主要靠（　　）供给。
   A. 血液　　B. 外界护肤品　　C. 组织液　　D. 其他细胞
4. 皮肤中含水量最多的是（　　）。
   A. 表皮　　B. 真皮　　C. 皮下组织　　D. 皮肤附属器

三、简答题

1. 按照皮脂腺的分泌情况，皮肤可分为哪几种类型？
2. 请描述每一类皮肤的基本特征。

任务二 护肤用品

护肤品是具有保护皮肤的护肤产品。护肤品不但养颜美容，能增强皮肤的弹性和活力，使人青春靓丽。而且还增强人的自信心，提高形象，促进社会文明。

护肤品种类繁多，特点各异。在我国，化妆品可分为六大类，即清洁类、护肤类、彩妆类、芳香类、毛发用途类和特殊用途类。

一 清洁类化妆品

清洁类化妆品是用于清洁、养护人体皮肤的化妆品。常说的护肤“三步曲”有洁肤、爽肤和润肤。洁肤即洗掉附着在皮肤上的尘埃、污垢和致病微生物，以及体表的油脂和汗渍。有时还需要清洁附在皮肤上的油彩、粉底、胭脂、眼影等彩妆类化妆品的残留物，以保持皮肤腺体和毛孔的通畅，使皮肤正常生理功能得以发挥。

1. 美容皂

美容皂是一种表面活性剂，其利用泡沫洁面。用于清洁皮肤的美容皂依据pH的不同可分为碱性皂、中性皂、弱酸性皂，按功能可有保湿皂、美白皂、减肥皂等。按物理性状还可分为固体皂（有透明皂、浮皂等）、膏状皂、液体皂。美容皂的主要成分及作用是：

（1）高级脂肪酸　常见的有硬脂酸、肉豆蔻酸、月桂酸、棕榈酸、油酸等，属于基质成分。

（2）碱剂　常用的有氢氧化钠、氢氧化钾及其他有机碱，起中和、增稠作用。

（3）其他　包括表面活性剂（月桂基硫酸钠、烷基糖苷、烷基甜菜碱、氨基酸系、烷基醚硫酸钠等）、润肤剂（高级脂肪醇、精致羊毛脂、卵磷脂等）、保湿剂（甘油、山梨糖醇、丙二醇等）、抗氧化剂、营养剂、防腐剂、香料等。

2. 清洁霜

清洁霜是一种用于去除面部皮肤表面污垢，并有保护和营养皮肤功能的新型清洁类化妆品。其利用基质成分的溶解作用达到洁面目的。清洁霜有油包水型（W/O）清洁霜和水包油型清洁霜两大类。清洁霜的主要成分及作用：

（1）油相物　以油、脂、蜡类为主要成分，作为清洁剂或溶剂。

（2）水相物　如水、保湿剂等，作为溶剂，调节洗净作用及使用感。

（3）乳化体系　有油包水型（W/O）、水包油型（O/W），起乳化作用。

清洁霜除污迅速，在清除沉积皮脂腺上的油性污垢或残留于皮肤的油性化妆品方面，比美容皂效果更好，而且与皮肤的pH范围接近，所以对皮肤的刺激性小。另外，使用于皮肤上可留存一层薄膜，起到保护湿润皮肤的作用。

3. 洗面奶

洗面奶是以清洁皮肤为目的的面部专用清洁用品，其同类产品有洁面乳、洁面霜，新型产品有洁面啫哩、洁面凝胶、洁面摩丝（也称洁面泡沫）等。它们兼备美容皂优良的洗净力、泡沫性和清洁霜温和滋润、保护皮肤的功能。此类产品种类繁多，以洗面奶为例，按使用皮肤类型可分为干性皮肤用洗面奶、中性皮肤用洗面奶、油性皮肤用洗面奶等；按功能可分为美白洗面奶、保湿洗面奶、祛斑洗面奶、暗疮洗面奶等；还可按植物的种类不同分为青瓜洗面奶、柠檬洗面奶、洋甘菊洗面奶等。洗面奶主要成分及作用有：

（1）洗净剂　包括高级脂肪酸（月桂酸、肉豆蔻酸、棕榈酸、硬脂酸、油酸）、碱剂（氢氧化钠、氢氧化钾和其他有机碱）和表面活性剂（月桂基硫酸钠、烷基糖苷、烷基甜菜碱，氨基酸），起洗净作用。

（2）润肤剂　包括高级脂肪醇（如十六醇、十八醇）、精制羊毛脂、羊毛脂衍生物、卵磷脂、脂肪酸酯等，起滋养润肤作用。

（3）保湿剂　包括甘油、山梨糖醇、焦谷氨酸钠、聚乙二醇、丙二醇等，起保湿作用。

（4）其他　包括有氧化剂、防腐剂、胶体保护剂、透皮剂、营养剂、香料、精制水等，主要起提高稳定性及使用感的作用。

4. 磨砂膏

磨砂膏是在洗面奶的基础上发展起来的一种深度洁面产品，其基本配方与洗面奶相近，但配方中添加了一些磨料（如球状聚乙烯、尼龙、纤维素、二氧化硅、方解石和研细种子皮壳的粉末），通过摩擦作用将皮肤表面的疏松角质层鳞片除去，使外表洁净、光滑。它属于深度清洁产品，可根据个体皮肤状况每周使用1~2次，干性皮肤、过敏性皮肤的人慎用。磨砂膏可制成O/W型膏霜（无泡）或温和浆状物（有泡）；根据其砂粒的大小，有粗砂型、中砂型、细沙型。其主要成分及其作用有：

（1）油相物　包括高级脂肪酸、醇及油、脂、蜡等。

（2）水相物　含保湿剂、精制水等。

（3）乳化剂　有脂肪酸类、脂肪醇醚类、多元醇酯类等阴离子和非离子表面活性剂。

（4）摩擦剂　是磨砂膏的特殊成分，要求是必须在高倍显微下颗粒呈圆形或椭圆形，不可以有棱角，以免在摩擦面部时损伤皮肤。摩擦剂有天然型（如杏橄榄仁壳的精细颗粒等）和合成型（如聚乙烯、石英精细颗粒等）。

5. 去死皮膏（液）

去死皮膏又称磨皮膏，去死皮液又称脱屑液。它们的作用与磨砂膏一致，都是深层清洁产品。它们性质温和，不易损伤皮肤。去死皮膏适合于干性及敏感皮肤，去死皮液则适用于油性不敏感皮肤或中性皮肤。

去死皮膏是由合成聚乙烯组成，有较轻微的磨滑作用；去死皮液则是以微酸液除去皮脂膜，其主要成分是微酸性海藻胶、润滑油脂和胶合剂。

二　护肤类化妆品

护肤类化妆品是指滋润、保护、营养皮肤的化妆品。在美肤三步曲中，除洁肤以外的爽肤、润肤过程都要使用此类化妆品。护肤类化妆品的分类及代表性产品大致如下：

- 化妆水
  - 柔软性化妆水：柔肤水、营养水
  - 收敛性化妆水：紧肤水、爽肤水
  - 洗净用化妆水：清洁水
- 乳液类
  - 天然型：柠檬蜜、杏仁蜜
  - 营养型：人参蜜、珍珠蜜
  - 疗效型：美白蜜、保湿蜜
- 膏霜类
  - 凝胶：冻胶状膏霜、凝胶、水晶凝露
  - 雪花膏类：雪类膏、营养膏
  - 润肤霜类：
    - 中性膏霜：营养膏、润肤膏、日霜
    - 油性膏霜：按摩霜、晚霜、营养霜
  - 冷霜类：按摩霜、香脂、营养霜
  - 无水膏霜：按摩油、防晒霜

1. 化妆水

化妆水是一种兼具清洁、收敛、营养、抑菌等多种功能的液体产品。从其外观形态可分为透明型、乳化型和多层型。透明型是最常见的形式，有增容型和赋香型两种。乳化型含油量多，有良好的润肤效果，又称乳白润肤水。多层型是粉底与化妆水打底的效果。通常将化妆水按其功能分为三类：

（1）柔软性化妆水（营养性化妆水） 其作用主要是保持皮肤柔软、湿润。

（2）收敛性化妆水 其作用主要抑制皮肤分泌过多的油分，从而起到收敛调整皮肤的效果。

（3）洗净用化妆水 主要被用作清洁皮肤及淡妆卸妆。

也有按其pH不同分为碱性化妆水、中性化妆水、酸性化妆水。一般说，收敛性化妆水的pH大多偏向酸性，洗净用化妆水的pH大多为弱碱性，而柔软性化妆水的pH有接近皮肤pH的弱酸性（又称为营养性化妆水），也有中性及碱性的。

化妆水的主要成分及作用是：

（1）精制水 主要是去离子水，添加量大于或等于60%，起稀释剂的作用。

（2）收敛杀毒剂 包括乙醇、异丙醇、阳离子表面活性剂、硼酸等，起稀释、收敛、杀菌、溶解、紧肤及清凉感的作用。

（3）保湿剂 包括乳酸钠、甘油、丙二醇、透明质酸、可溶性胶原蛋白等，起吸湿、保湿及提高使用感的作用。

（4）特殊添加剂 可使化妆水具有营养滋润、抗炎杀菌、美白防晒等不同作用。

2. 乳液

乳液是一种介于化妆水和雪花膏之间的半流动态的液态霜，又称作蜜、香乳、奶液。作用主要是润肤、保湿。乳液一般按功能分类。如润肤乳液、保湿乳液、营养乳液等，也可按照添加成分分类，如柠檬蜜、杏仁蜜、丝素蜜、珍珠蜜等。其主要成分有：

（1）油相　有烃类或酯类、高碳醇、脂肪酸等。

（2）水相　有精制水、低碳醇、多元醇、水溶性高分子化合物等。

（3）添加剂　有色素、香料、各种添加剂。

3. 雪花膏

雪花膏是一种以硬脂酸为主体、硬脂酸皂为乳化剂的水包油型膏霜类化妆品。因其洁白如霜，搽在皮肤上犹如雪花般地消失，并有滑爽舒适感觉，故而得名雪花膏。它是一种非油腻性的护肤品，其使用对象是皮脂分泌活跃的年轻人及油性皮肤者。雪花膏成分配比中水分占70%，涂在皮肤上逐渐蒸发后，便留下一层肉眼看不见的硬脂酸及盐和保湿剂组成的薄膜，使皮肤与外界干燥空气隔离，使其不至于干燥、粗糙甚至开裂，还可防止因干燥引起的皮肤瘙痒。常被用在化妆打粉底前及男士剃须后使用。根据产品结构、色泽、香型、添加剂的不同，可将其分为普通型雪花膏、营养性雪花膏、辅助功效型雪花膏。其中辅助型雪花膏又包括增白型雪花膏、按摩型雪花膏、婴儿用雪花膏。主要成分及其作用为：

（1）油相原料　包括硬脂酸、十六醇、十八醇、流体石蜡、棕榈酸异丙酯、硬脂酸丁酯、动植物油等。可使皮肤柔软滋润，有良好的润滑作用，并使膏体稳定，颗粒不致变粗，可避免使用时起面条现象。

（2）水相原料　包括碱剂（氢氧化钾、氢氧化钠、三乙酸铵、硼砂）、保湿剂（甘油、丙二醇、丁二醇、山梨醇、透明质酸）、柔软剂、营养剂、精制水等，起溶解作用。

（3）乳化剂　包括肥皂、非离子表面活性剂，起乳化作用，现多采用非离子型活性剂。

（4）香精　起赋香作用。

4. 润肤霜

润肤霜的油分含量为40%～60%，处于弱油性的雪花膏与含油量高的冷霜之间，故又称为中性膏霜。其适合于普通皮肤使用，大部分的营养霜、夜霜、潮湿霜等以皮肤保湿为目的的膏霜类化妆品属于此范畴。主要成分及其作用有：

油相原料除包括雪花膏所使用的以外，还广泛使用了蜂蜡、羊毛脂、角鲨烷、各种植物油及合成酯油，以补充皮肤中的脂类物质；水相原料除了包括甘油、丙二醇、山梨糖醇等雪花膏使用的以外，还使用天然保湿因子（NMF）成分的吡咯烷酮羧酸衍生物等保湿剂，以防止皮肤水分的过量流失。成分上的添加，使润肤霜比雪花膏具有更广泛的护肤作用。

5. 冷霜

冷霜又称为香脂，是一种典型的油包水型乳化体。由于其涂搽于皮肤上会感凉快，故而得名冷霜。其属于油性膏霜，含油量通常达50%以上。由于含有较多的油脂成分，涂搽后在皮肤上可流下一层油脂薄膜和适量水分，以保护皮肤免遭干燥和寒冷空气的直接侵袭，防止皮肤变粗或皴裂，最适宜秋冬寒冷干燥季节及干性皮肤者使用。对干性皮肤能有效滋润的营养霜、夜霜及促进皮肤血液循环的按摩霜均属于此类化妆品的范畴。冷霜按功能可分为普通型冷霜和营养型冷霜两种，按乳化体类型则可分为水包油（O/W）型冷霜（如清洁霜、按摩霜等）和油包水（W/O）型冷霜（如营养霜、夜霜等）。主要成分是：

（1）油相原料　包括蜂蜡、鲸蜡、液体石蜡、茶油、杏仁油、羊毛脂、凡士林、十六醇等。蜂蜡是冷霜的主要成分，又是冷霜乳化剂的前体物。

（2）水相原料　包括碱剂、精制水及各种添加剂等。制作冷霜的碱剂为硼砂，又名四硼酸钠，其也是冷霜乳化剂的前体物。

（3）香料　起赋香作用的物质。

三　特殊用途化妆品

特殊用途化妆品是指用于防晒、祛斑、除臭、美乳、减肥、脱毛、育发、染发、烫发的化妆品。这类化妆品介于化妆品与药品之间，具有一定的缓和作用，是内含药效成分的化妆品。对可能出现不良反应的化妆品，应注明使用方法、注意事项等。

1. 防晒化妆品

防晒化妆品是指能够吸收和散射紫外线，避免或减轻皮肤晒伤晒黑的化妆品。防晒剂是添加于化妆品中的重要原料，根据作用机制可分为化学性防晒剂和物理性防晒剂。化学性防晒剂主要用于吸收紫外线，故又称紫外线吸收剂，常用的包括对氨基苯甲酸类、水杨酸类、肉果酸类、二苯甲酮类等，它们能吸收使皮肤产生红斑的中波紫外线及使皮肤变黑的长波紫外线，从而有效防止皮肤晒红晒黑。物理性防晒剂的作用机制是将紫外线反射出去，故又称为紫外线屏蔽剂，常用的包括氧化锌、氧化铁、二氧化钛等无机粉体，这些粉体是通过散射作用减少紫外线与皮肤的接触，防止了紫外线对皮肤的侵害。

2. 祛斑化妆品

祛斑化妆品是指用于减轻或祛除皮肤色素沉着症的化妆品。色素沉着症是指人体皮肤上的雀斑、黄褐斑、老年斑等色素沉着斑，其与遗传、日晒及内分泌功能紊乱等因素有关。对色素斑的治疗常采用综合治理的方法，如避免日晒或暴晒、精神疗法、内服（食物疗法、药物疗法）外用（祛斑化妆品、化学剥脱疗法）等，这些均需在医生指导下使用。

外用法的祛斑化妆品有效成分有祛斑物质，大致分为三大类：

（1）化学药物　包括紫外线吸收剂和屏蔽剂、维生素及其衍生物、氢醌及其衍生物、L-半胱氨酸等。

（2）生化制剂　包括曲酸及其衍生物、熊果苷、超氧化歧化酶（SOD）、蛋白质及其提取物等。

（3）天然中草药　包括人参、芦荟、当归、桂皮等中草药提取物。它们具有防御紫外线，抑制黑色素生成；抑制酪氨酸酶活性，阻断黑色素生成；改变黑色素生成途径和促进上皮细胞的新陈代谢等的作用。

这些祛斑物质有时在防晒化妆品中被协同应用，以提高其祛斑效果。

3. 除臭化妆品

特殊用途化妆品中所指的除臭化妆品是专指用于消除人体腋臭的化妆品。至于能消除口臭、脚臭或其他体臭的除臭化妆品则属于广义的除臭化妆品的范畴。腋臭的发生主要是由于分布在腋下的大汗腺分泌和排泄功能旺盛，加上细菌分界作用所产生的不良气味而形成的，它与遗传有关，并因种族、性别、年龄及气候环境的不同存在差异。消除腋臭的方法很多，如药物治疗、手术治疗等，但最方便的是使用除臭化妆品。

除臭化妆品中的有效除臭成分包括三种：

（1）抑汗剂　包括尿囊素碱式氯化铝、氯化铝、硫酸铝、硫酸铝钾、柠檬酸铝、羟基苯磺酸锌等，其以强力的收敛作用抑制汗液的过量分泌，从而起到间接除臭的作用。

（2）杀菌剂　包括硼酸、六氯酚、新霉素、叶绿素衍生物、二硫化四甲基秋兰姆、季铵盐型表面活性剂等，其以抑制或杀灭寄生于腋下的细菌等微生物而达到改善腋臭症状的作用。

（3）除臭剂　包括氧化锌和某些碱性锌盐及天然药物，如广木香、丁香、藿香、荆芥、蛇床子、洋金花、土大黄、天仙子等，其可与腋下的脂肪酸臭味物质发生作用使腋臭消失。

4. 美乳化妆品

美乳化妆品是指有助于乳房健美的化妆品。丰满而健美的乳房是人体发育良好的象征，又是体现女性曲线美的重要标志。美乳的方法很多，有文胸美乳法、按摩美乳法、运动美乳法、食疗美乳法、药物美乳法及手术治疗美乳法等，其中使用美乳化妆品是一种安全有效又简单易行的美乳方法。

美乳化妆品的组成包括基质、营养剂和美乳药物等三部分。其中营养剂能为乳房发育提供各种营养成分，以增加乳房中的脂肪含量。常用的营养剂有蛋白质、氨基酸、各种微量元素及维生素、动植物油脂（包括苹果油、沙棘油、玫瑰果油、霍霍巴油、貂油、深海鲛油、深海鱼子精油等）。美乳药物的作用是诱导和激活腺体内分泌的功能，提高体内雌性激素的水平，从而达到乳房丰满结实的效果。常用的美乳药物有化学药物、中草药及生化药物三类。化学药物包括雌性激素（乙烯雌酚、乙酸孕酮）、维生素E（也称生育酚）等；中草药包括人参、花粉、海藻、丹参、藏红花等；生化药物包括蜂皇浆、胎盘及鹿茸等的提取物。中草药和生化药物为美乳化妆品间接提供了类雌性激素物质、各种微量元素、维生素、蛋白质、氨基酸等营养成分。

5. 减肥化妆品

减肥化妆品是指具有减肥作用、使体形健美的化妆品。肥胖分继发性肥胖和单纯性肥胖。继发性肥胖是某种疾病的合并症，非美容对象。目前，减肥的方法很多，包括运动减肥法、节食减肥法、中西药减肥法、手术减肥法及化妆品减肥法等。其中，运用减肥化妆品进行减肥是一种安全有效的方法。

使用于减肥化妆品中的有效减肥包括天然药物及化学药物两大类。天然药物用于减肥化妆品中的有几十种中草药及从其中提炼出来的精油。常用的中草药有茶叶、泽泻、丹参、何首乌、大黄、藏红花、海藻、柑橘、芦荟、荷叶、辣椒、银杏、红杉、紫杉、问荆、木贼、女萎、昆布、山楂、茴香、柴胡、川芎、连翘、枳实、蘑菇、草莓、金盏草、洋苏草、车前子、枸杞子、绞股蓝等。常用的精油有薄荷油、柠檬油、桉叶油、刺柏油、月见草油、迷迭香油、百里香油、薰衣草油、洋葱油等。常用于减肥的化学药物有丙醇二酸、胆甾烯酮、透明质酸酶、α-育享烯、L-肉毒碱、烟酸酯类（乙醇酸酯、苯甲醇烟酸酯、α-生育酚盐酸酯）和高浓度血清等。上述的有效减肥剂作用于人体，经透皮吸收渗入皮下，对参与脂肪代谢的腺苷酸环化酶和磷酸二酯酶产生抑制作用，减少脂肪的合成，另一方面，又加速体内脂肪的分解于排泄，从而达到控制和消除肥胖，促进体形健美的目的。

【拓展视野】

巧用防晒化妆品

利用防晒产品防护皮肤，免受日光中紫外线损害，是近年来化妆品行业的重要发展趋势。尤其夏季的到来，使那些喜欢在阳光下沐浴、度假、烤肉野餐和沙滩浴的人们对皮肤护理产生了一系列的遐想。在全球范围内，目前防晒技术品种及各种品牌较多，如物理防晒、生物防晒、天然防晒技术的研究方向等。

物理防晒技术　物理防晒剂中二氧化钛、氧化锌的纳米化、超细化、在粉体表面包覆具有亲水、亲油功能基团的表面化处理，以提高粉体的适配性以及在不降低透明度的情况下提高纳米二氧化钛、氧化锌的UVA屏蔽效果等，这将是物理防晒剂的重要研究方向。

生物防晒技术　随着基因工程、细胞工程和发酵工程等生物工程技术的发展，许多国家开始采用生物技术制造与人体自身结构相仿、并具有高亲和力的生物精华物质，将其加入防晒产品中，被称为生物防晒制品。模仿皮肤自身的化学防晒反应机理，采用天然细胞中吸收紫外线防晒成分合成的仿生防晒剂，将是人们追求的理想防晒剂。

天然防晒技术　开发从天然植物中提取的天然防晒剂，研究其对紫外线的吸收特性，抗紫外线辐射损伤、抗氧化损伤和炎症，防止皮肤癌的发生，这对提高防晒产品的有效性，保证产品的安全性，较有机合成防晒剂更具优势，难度也更大，这也是当今防晒剂发展的趋势。

【练习题】

一、选择题

1. 乳液、面霜应保存在（　　）。
   A. 干净密封的容器内　B. 光线充足的地方
   C. 干净的小碗内　D. 湿热的地方
2. 抑制（　　）的吸收，是减少皮肤色斑的有效途径。
   A. 维生素E　B. 维生素A　C. 酪氨酸　D. 高蛋白
3. 下列属于护肤类护肤用品的是（　　）。
   A. 洗面奶　B. 磨砂膏　C. 化妆水　D. 防晒霜
4. 理想的护肤品应具有良好的（　　）。
   A. 药物性　B. 刺激性　C. 稳定性　D. 疗效性
5. 除臭化妆品中含有（　　）物质。
   A. 抑汗剂　B. 抑制皮脂腺分泌　C. 促进皮脂腺分泌　D. 角质蛋白促进剂

二、判断题

1. 在面霜中加微量水银，可以使皮肤变得白嫩、细腻。（　　）
2. 护肤霜中香味过浓及防腐剂过量是造成皮肤过敏的原因之一。（　　）
3. 化妆水可以补充皮肤的水分，而且可以调整皮肤的pH。（　　）
4. 清洁霜是以矿物油为主体的清洁用品，适用于干性皮肤使用（　　）
5. 洗面奶是化妆皮肤的最佳清洁剂。（　　）

任务三　美容面膜

美容面膜是涂于面部皮肤上的一种特殊性化妆品，它能达到保养清洁皮肤的作用，其作用机理是将皮肤与空气隔绝，使皮肤温度上升，敷在皮肤上的面膜中的营养物质才能有效地渗透到皮肤内，起到保养皮肤的作用。美容面膜可以保护皮肤、清洁皮肤、改善皮肤的功能、延缓皮肤的衰老，同时还可以纠正和改善损容性皮肤问题。

一　美容面膜

美容面膜从功能来讲可以分为美白面膜、祛斑面膜、消粉刺面膜、抗衰老面膜、防敏面膜等，其组分可使用化学药物，中草药、生物制品等为主要原料，复配其他成分制成功效性面膜。特别是近来从天然植物和生物制品中提取的有效物质用于面膜的组方中，是美容面膜发展的趋势。

作为皮肤护理使用的美容面膜已经成为美容院消耗性材料的重要成分之一，近几年美容面膜从数量上、品种上、功能上有较大的发展。据不完全统计，美容面膜需求量占护肤类化妆品总量的20%左右，其中的粉状面膜、膏状面膜的用量占据较多，而湿布状面膜或乳状面膜用量较小、面膜用量较大，主要用于美容院做皮肤护理和家庭使用。以中药面膜、天然面膜、矿物质面膜、生物面膜等用量较多。特别近几年随着生物技术的发展，生物制品做成的面膜用于美容业较以往为多，而且生物面膜效果突出，容易被消费者和美容师所接受。如以茶多酚为主原料的绿茶面膜，以海藻酸钠为主原料的海藻面膜，以啤酒花为主原料的啤酒花面膜等也深受欢迎。

二　家庭自配面膜

在家庭中利用蔬菜、水果、鸡蛋、蜂蜜、牛奶等物质品自制成美容面膜做家庭皮肤护理。因为这些营养物中含有大量人体可吸收的营养成分，对保养皮肤，增进美容起到较大作用。

1. 蜂蜜面膜

蜂蜜制的美容面膜具有营养皮肤的作用。可使面部皮肤柔软、丰满、嫩滑、而且能改善肤色，增加皮肤弹性，舒展皱纹，常用方法有：① 自制蜂蜜面膜：蜂蜜适量与牛奶、甘油和鸡蛋等调敷面部，20~30 min洗净即可。② 使用蜂蜜作为粉状养颜面膜的调和剂也会收到理想的效果。

2. 水果面膜

水果和蔬菜能用来做面膜这已是人所共知的事，因为水果和蔬菜其含有丰富的维生素。蛋白质、氨基酸、叶绿素以及一些有效和特殊的物质能起到药效作用，而且水果蔬菜面膜无任何副作用。

（1）黄瓜面膜　黄瓜直接用于皮肤具有扩张毛细血管、促进血液循环和皮肤的氧化，还原作用。并有防晒的作用，主要用于粉刺、老年斑、色斑、黄褐斑、皮肤粗糙及皱纹。可将黄瓜切片敷于面部20~30 min，也可把黄瓜原汁涂于面部。

（2）番茄面膜　番茄含有大量亚油酸和维生素E，用于面膜可以是皮肤增加水分，防止水分蒸发，同时番茄还能给皮肤提供重要的物质，使皮肤细腻、红润。直接将番茄切片敷于面部20~30 min，或制成汁和提取番茄油用于面膜。

（3）柑橘面膜　柑橘的废弃物柑橘皮中含有相当量的有机酸、氨基酸、肽类、多糖与水溶性纤维素等水溶性成分，此外还含有精油、胡萝卜素、脂溶性纤维素等。榨汁后柑橘汁所含大量维生素，具有优良的抗氧化能力。将柑橘果皮或整果榨汁后涂于面部或用柑橘的提取物经加热杀毒后加入，作为面膜的有效成分。

（4）苹果面膜　苹果用于面膜近几年引起化妆品界的高度重视，主要是苹果酸在面膜中可使面部皮肤毛细血管扩张，促进血液循环加快，改善皮肤营养状态，使皮肤保养，纠正皮肤色素沉着，增白皮肤。长期使用可使面部皮肤白嫩。将苹果切片敷于面部20~30 min，或将苹果原汁和提取苹果有效成分制成面膜。

3. 牛奶面膜

牛奶中含有脂肪、维生素等营养成分，对皮肤有整肌嫩肤、美容之功效，而且皮肤易于吸收。牛奶面膜很早就被人们接受，如牛奶洗面，牛奶洗澡很早就有记载。取新鲜牛奶加入少许小麦成分，搅成糊状敷面外用，也可用新鲜的牛奶作为调和剂，来调和中药面膜使用。

【拓展视野】

自制植物面膜要当心

春天皮肤暴露在阳光下，很容易干燥、粗糙、发红，不少人尝试着做一些水果、蔬菜天然面膜敷脸。自制面膜时要注意些什么呢?

1. 营养物质通过皮肤难吸收

一些水果、蔬菜中丰富的营养成分和果酸确实具有减少皮肤角质层的聚合力、降低角质层的厚度以及去角质的作用，使皮肤光滑富有弹性。然而，从医学角度看，人体皮肤本身的吸收能力与排泄能力相比要弱很多，很多营养物质不能通过皮肤被人体吸收。

2. 敏感体质易患湿疹

不同季节面部皮肤对外界环境的抵御能力会有所不同。特别是夏季，由于大量出汗和经常清洗，皮肤的屏障功能会有所降低，这时较易出现皮肤过敏反应。

不同的肤质对果酸的耐受程度也不同，瓜果中浓度过高的有机酸与皮肤直接接触，就会产生腐蚀和刺激作用，久而久之引起皮肤的逐渐粗糙老化，甚至会使敏感体质的使用者引发皮肤湿疹等皮肤病。如柠檬、草莓、菠萝、柑橘、芒果、芹菜、菠菜等就不能直接敷脸。因为其中富含鞣酸、果酸等酸性成分，可能对敏感肤质造成很大刺激。

3. 长期日晒者选择蔬菜要当心

有些蔬菜含有光敏性物质，少数过敏体质者如果食用了过量的光敏性蔬菜，如芹菜、油菜、菠菜、白菜等，体内的光敏性物质达到一定浓度时，经过太阳光的直射，可能导致光敏性物质代谢异常，甚至可能诱发“植物性日光性皮炎”，出现局部红肿、皮疹、瘙痒和刺激感。同样，这些蔬果也不宜直接敷脸，避免不知不觉皮肤受损。

如果想在家自己用果蔬做面膜，那就注意两个窍门：一是先在手臂内侧测试一下，看是否有过敏反应；二是可将果蔬汁与适当奶油、蜂蜜一起调和，使面膜脂溶性变强，以帮助皮肤吸收。

【练习题】

一、填空题

1. 冷模具有______作用，适用于______皮肤、______皮肤和______皮肤。
2. 当归软膜具有改善______的作用，适用于______性皮肤、________的皮肤及______皮肤。

二、选择题

1. 面膜干燥，收紧皮肤的同时，不会使皮肤（　　）。
   A. 升温　　B. 张力增加　　C. 绷紧　　D. 小皱纹减少
2. 海藻应用在美容品内，因为它（　　）。
   A. 对皮肤有滋润效果　　B. 增加皮肤色素
   C. 减轻炎症　　D. 对皮肤有消毒作用
3. 氨基酸使用在化妆品上，因为它能（　　）。
   A. 润湿皮肤　　B. 增加皮肤色素　　C. 除臭　　D. 滋养皮肤
4. 海藻胶原面膜可补充皮肤水分、维生素和（　　）。
   A. 卵磷脂　　B. 角蛋白　　C. 矿物质　　D. 葡萄糖

任务四　化妆用品

彩妆化妆品是指涂敷于脸面、指甲等部位，达到修饰矫形、赋予色彩、增添魅力等作用的化妆品。彩妆化妆品能使人的皮肤、面部轮廓、眼、鼻、唇、体现出不同要求的美。彩妆类化妆品的种类繁多，可根据使用部位、目的分为修颜化妆品（粉底霜、香粉、胭脂）、眉眼部化妆品（眼影、眼线、睫毛液、眉笔）、唇部化妆品（唇膏）、指甲化妆品（指甲油）等。

一　修颜化妆品

修颜化妆品是指用于脸部（包括颈部）的彩妆类化妆品，主要有粉底霜、香粉、胭脂等。

1. 粉底霜

粉底霜是具有调整肤色、掩盖瑕疵功能，使肤色显得均匀健康、光滑细腻的化妆品。粉底霜一般分为三大类：① 油性粉底霜，如粉条、粉锭等；② 乳化型粉底霜，根据其性状不同又分为乳液状粉底霜（粉底蜜、粉底液）和膏霜状粉底霜；③ 粉饼型粉底霜，如干湿两用粉笔等。其主要成分及其作用有：

（1）粉质原料　包括基质、白色、着色、符合等原料，赋予滑感、透明感、珠光感和色感。

（2）油分　包括油、油脂和蜡等，可提高密着性，有利于延展可取，并赋予适度光泽感。

（3）乳化剂　包括阴、阳离子型、两性离子型和非离子型，增强稳定、分散及密着可取。

（4）保湿剂　起保湿作用，使皮肤湿润。

（5）其他　有紫外线吸收剂、增稠剂、防腐剂、香料等。

油性粉底霜是将粉质原料分散在油、油脂及蜡等混合而成的基质中制成的。蜡用于调节制品的硬度，油等用于调整制品对皮肤的黏附和延展性。粉质原料包括高岭土、氧化钛、着色颜料等，其用量决定制品的覆盖力及色调。乳化型粉底霜是以乳液或膏霜为基质并使粉质原料分散其中的制品，乳化剂常使用非离子型表面活性剂。粉底型粉底霜是用油和表面活性剂处理粉质原料的表面后压缩成固体的制品，其中油和表面活性剂起黏合剂的作用。

2. 香粉

香粉是涂敷于皮肤上用来消除因使用了含油分多的粉底霜所引起的不自然油光的粉状化妆品。又称蜜粉、散粉。现在使用香粉主要是为了定妆，因其可以吸收分泌物、抑制油光、固定底妆。洗发有粉状的散粉和固形的粉饼两种。此外，还可根据产品中吸收剂加入量的多少，将香粉分为轻质型香粉、普通型香粉、重质型香粉。

香粉是由滑爽剂（主要是滑石粉）、遮盖剂（钛白粉、锌白粉等）、吸收剂（碳酸镁、沉淀碳酸钙、高岭土、淀粉等）、附着剂（硬脂酸镁、硬脂酸锌、硬脂酸铝）等粉体基质和香精、色素等组成的。它根据浓妆、淡妆等不同作用目的，原料的组合也有所不同。用于浓妆时，大多增加遮盖力大的钛白粉、锌白粉用量，而减少滑石粉用量。反之，用于淡妆时，则增加滑石粉用量，减少钛白粉和锌白粉用量。此外，固形的粉饼则除了上述成分外，还添加了黏合剂（液体石蜡、肉豆蔻酸异丙酯等），以易于压缩成形。

3. 胭脂

胭脂是涂于面颊颧骨部位以呈现立体感及健康气色的化妆品。又称颊红、腮红。胭脂具有修改面型、补充血色、增添魅力的作用，可体现健康、艳丽、年轻、明快的感觉。

传统胭脂分为两种类型，一种是呈粉饼状的叫胭脂块，需使用海绵块或化妆刷等工具进行涂敷。还有一种呈膏状的叫胭脂膏，又分为以油蜡为基体的胭脂膏和以乳化体为基体的胭脂膏。新开发的产品形式有胭脂胶冻、胭脂摩丝、胭脂水等。其主要成分及作用有：

（1）粉质原料　有滑石粉、高岭土、钛白粉、锌白粉、碳酸钙、碳酸镁、硬脂酸镁、硬脂酸锌及淀粉等。其中滑石粉为主要原料，高岭土起增加胭脂块强度的作用，钛白粉和锌白粉起调节色度和增加遮盖力的作用，碳酸钙、碳酸镁起增加吸收的作用，硬脂酸镁、硬脂酸锌和淀粉则起黏附作用。

（2）色素　使用有机色素，也可使用胭脂红等天然色素。

（3）黏合剂　包括水溶性黏合剂羧甲基纤维素钠、聚乙烯醇等，油脂性黏合剂羊毛脂、高碳脂肪酸酯等，乳化型黏合剂有硬脂酸、三乙醇胺、液体石蜡和水组成，粉质黏合剂硬脂酸镁、硬脂酸锌等，黏合剂的作用是增强胭脂块的强度及使用时的润滑性。

二 眉眼部化妆品

眉眼部化妆品是指专用于眼睛、睫毛、眉毛部位的彩妆类化妆品，主要有眼影膏、眼线笔（液）、睫毛液、眉笔等。

1. 眼影膏

眼影膏是一种涂描于眼睑处以形成阴影，增加眼睛深邃感、神秘感及魅力感的眼部化妆品。要求易于涂描，涂抹无油光，遇汗、遇水不化开，安全性高，对眼部无刺激性。根据剂型可分为油性软膏型、棒型、乳化型及固体粉饼型。其主要成分及作用：

（1）油脂和蜡　包括凡士林、液体石蜡、地蜡、羊毛脂及其衍生物、硬脂酸等，它们是眼影膏的基剂成分。凡士林能增加制品表面光泽起黏合作用，液体石蜡能调节制品稠度和硬度，也可增加光泽。地蜡则帮助吸收液体石蜡使其不外析。硬脂酸则起乳化作用。

（2）颜料　包括无机颜料、珠光颜料等，起赋色作用。

（3）其他　包括保湿剂、抗氧化剂、香精、精制水等。

2. 眼线笔（液）

眼线笔（液）是用于描绘眼睛睫毛边缘，使眼睛轮廓清晰，充满魅力的眼部化妆品。眼线产品按剂型及涂膜形成剂的不同分类如下所示：

- 固形
  - 粉体系（粉饼型）
  - 油性系（铅笔型）
- 液状
  - 水性系
    - 皮膜型（悬浊型）
    - 非皮膜型（乳液型）
  - 油性系（溶剂型）

粉饼型眼线是由颜料（滑石粉、氧化钛、着色颜料等）、黏合剂（液体石蜡、脱水山梨糖醇倍半油酸酯等）、添加剂（香精、防腐剂等）压缩成型的。铅笔型眼线是将颜料分散于熔化的油性基料（木蜡、蜂蜡、巴西棕榈蜡、微晶蜡、硬脂酸、角鲨烷等）中制成。液状油性系制品是将形成涂膜的蜡类溶于易挥发的碳氢化合物中，再添加颜料使其分散而成的。液状水性系制品又可分为两种：一种是乳化型眼线液，将颜料分散在以蜡为主体的乳化物中的制品；另一种是悬浮型眼线液，将颜料分散悬浮于水溶性高分子溶液中或乳化树脂中的制品。

3. 睫毛液

睫毛液是一种涂染于睫毛上，使睫毛显得浓密而长翘，增添眼睛美感的眼部化妆品。分类如下：

- 固形　油性系（软膏型）：睫毛膏
- 液状
  - 水性系
    - 乳化型
    - 乳化树脂型
  - 油性系（溶剂型）：睫毛油

睫毛液的主要成分包括油相物质（如液体石蜡、羊毛脂、卡那巴蜡、蜂蜡、硬脂酸单甘油酯、山梨糖醇酐倍半油酸酯等）和水相物质（如丙二醇、三乙醇胺、阿拉伯树胶、羧甲基纤维素钠、黑色氧化铁、炭黑及精制水等）。睫毛油、睫毛液的主要原料与睫毛膏相似，也包括油相物质，如硬脂酸三乙醇胺、蜂蜡、精制地蜡、凡士林、角鲨烷、羊毛脂、巴西棕榈钠等；水相物质有丙二醇、丁二醇、三乙醇胺、聚羧酸乙烯乳液、炭黑、精制水等。

4. 眉笔

眉笔是用来描画眉毛，使其显得浓美光亮的化妆品。又称眉墨、眉黛。目前国际上流行两种眉笔形式，即铅笔型和活动笔型（推管型）。

制作眉笔的主要成分有液体石蜡、羊毛脂、可可脂、蜂蜡、地蜡、巴西棕榈蜡和颜料等。

三　其他

1. 唇膏

唇膏是一种涂抹于嘴唇，赋之予美的色彩、光泽及外形，同时还可以滋润保护嘴唇，具有美化和养护唇部双重作用的化妆品。唇膏可分为原色唇膏、变色唇膏、无色唇膏三类。原色唇膏由于其色彩基调多为红色，通常又称为口红。其主要成分及其作用有：

（1）油　有蓖麻油、橄榄油、单元醇及多元醇的酯类、硬脂酸丁酯、脂肪酸异丙酯、油醇、角鲨烷、霍霍巴油等，赋予唇膏一定的黏性和滋润性，调节唇膏的硬度和伸展性，还有色素溶剂的作用。

（2）脂　有羊毛脂及其衍生物、可可脂、卵磷脂、单甘酯、矿物油、凡士林等，主要是提高唇膏附着性、润滑性并调整光泽感。

（3）蜡　有蜂蜡、鲸蜡、巴西棕榈蜡、卡那巴蜡、地蜡、微晶蜡等，主要是作为硬化剂，提高制品熔点，以保持唇膏的性状。

（4）色素　有可溶性的染料和不溶性的颜料两种，两者可合用，也可单独使用。可溶性的染料主要有溴酸红等，不溶性的颜料包括天然有机颜料（如红花、胭脂红等）、合成有机颜料（色淀）、无机颜料（如氧化钛、氧化锌、炭黑等）、珠光颜料（如云母、云母钛、天然鱼鳞箔等）。主要有着色作用，赋予唇膏各种颜色。

（5）香精　必须为食用香料，对唇部无刺激性和毒性。赋予唇膏一定的香味。常用香型多为花香型或果香型。

2. 指甲油

指甲化妆品是指涂敷在指甲上起到清洁、保护、美化指甲等作用的系列化妆品。它包括指甲油、指甲膏、指甲白、指甲营养剂、指甲油去除剂等，其中美化指甲，起赋色保护作用的指甲油是最常见的指甲化妆品。指甲油的主要成分及其作用有：

（1）成膜剂　包括硝化纤维素、乙基纤维素、聚乙烯化合物、丙烯酸甲酯聚合物等。其中最常用的是硝化纤维素，也称硝化棉，使用可形成性能优良的薄膜。

（2）树脂　包括合成树脂（醇酸树脂、丙烯树脂、氨基树脂、聚乙酸乙烯脂等）和天然树脂（虫胶）。添加树脂的目的是增加硝化纤维素薄膜层的亮度和附着力。

（3）增塑剂　包括樟脑、蓖麻油、邻苯二甲酸正丁酯、磷酸三甲苯酯等，增加涂膜的柔韧性和可塑性，减少收缩性。

（4）溶剂　包括真溶剂（丙酮、丁酮、乙酸乙酯、溶纤剂等）、助溶剂（乙醇、丁醇等）和稀释剂（甲苯、二甲苯、异丙醇等），调节使用感和干化速度。

（5）着色剂　包括颜料和染料，作用是遮盖并赋予颜色。

【专业向导】

不同肤色的蜜粉搭配

蜜粉分成好多种颜色，但并不是所有的蜜粉都对所有人适用，使用时要选出最适合自己的那种。

（1）白色蜜粉　白色具有扩张、加大的效果，因此利用白色蜜粉可以让脸庞不突出、脸庞过瘦的脸型，获得完美的改善。将白色蜜粉刷在太阳穴、眼下、T字部位，可以让脸型看起来更丰腴些，并且突显五官，不会过于细长。

（2）紫色蜜粉　肤质不好、脸色惨黄的人，紫色蜜粉是很好的选择，紫色蜜粉的效用与粉红色粉底相似，对自己脸色不满意的人，使用后会让脸庞自然散发出红润的光泽：同时肌肤老是暗沉、无光泽的人，将紫色蜜粉轻刷整脸，也能立即改善此困扰。紫色蜜粉还有一个妙用，当你有黑眼圈、眼皮浮肿时，可以将蜜粉轻柔的刷在下眼圈，可让黑眼圈不那么明显。

（3）黄色蜜粉　有的人肤色在妆前、妆后相差很多，此时，黄色蜜粉就派上用场了。因为东方人的肤色本来就偏黄，而黄色蜜粉因为与肤色相近，刷上后与肤色相合，让肤质显得细致、自然。但千万不要为了改善肤色而刷得太多，只要沾上蜜粉，轻轻刷完全脸，就有不错效果。

（4）蓝色蜜粉　如果肤色较深，有小黑斑、雀斑或明显的疤痕、痘子，蓝色蜜粉就是最理想的遮掩工具了。因为蓝色有良好的转移效果，在眼睛下方与整个脸部都刷上蓝色蜜粉，就可以让脸庞更立体，缺陷完全看不见了。

（5）绿色蜜粉　想让肤色看起来白皙透明，利用绿色蜜粉就可达到效果。在你原有的粉底中，加入一点绿色蜜粉，肌肤就能显得光滑、白嫩、自然。同时，肤色偏黑、眼白红血丝者，利用绿色蜜粉来做遮掩，效果也很不错。

（6）粉红色蜜粉 肤色较白、没有血色的人，可以用粉红色蜜粉来做变化，脸色马上出现红润的健康感觉。此外，喜欢表现双颊红透感觉的人，刷上粉红色蜜粉，效果比涂腮红更自然。

【练习题】

一、填空题

1. 使妆面固定持久而不脱妆需要（　　）。
   A. 粉霜　　B. 湿粉　　C. 蜜粉　　D. 腮红
2. 标准眉形的转折应在（　　）。
   A. 眉峰位置　　B. 眉头至眉梢的2/3部位
   C. 眉长的1/2部位　　D. 眉梢部位
3. 增加东方人眼部立体感，在眉骨上可以应用的眼影色为（　　）。
   A. 粉色　　B. 明亮色　　C. 灰色　　D. 褐色
4. 使唇形改变，防止口红外溢需要（　　）。
   A. 无色唇油　　B. 粉质口红　　C. 唇线笔　　D. 油质唇膏
5. 晚霜含高成分的（　　）。
   A. 水　　B. 油　　C. 山梨醇　　D. 氨基酸

二、简答题

1. 简述粉底霜的主要成分及其作用。
2. 祛斑类化妆品中有效成分的主要作用是什么？

归纳小结

本项目主要介绍了包括皮肤的构造与功能、护肤用品、美容面膜、化妆用品等内容。皮肤是人体的第一道防线，也是人体的最大器官，皮肤担负着人体生理功能中的重要责任。为了保护人体这道天然的屏障，人们研制和使用各种各样的化妆品，目的就是增强皮肤的生理功能，延缓皮肤的衰老。化妆用品是用于美化容颜的产品，此类化妆品名目繁多，色彩丰富，是所有化妆品中最富有魅力的类型。美容化妆品能在瞬间改变容颜，修饰或遮盖容貌中的缺陷，突现容貌的优点。

项目十一 美发化妆品

人体的毛发主要是指头发而言，它不仅具有保护作用，而且还具有美容的功能。清洁、健康的头发和漂亮的发型，可以增加人的俊美，使人精神焕发。因此，头发的清洁、保护和修饰是美容的重要内容，毛发用化妆品则提供了美发必需的物质基础。为了能对毛发用化妆品的作用和功效有较全面的了解，本项目首先介绍毛发的构造与功能，然后分别介绍清洁、护发、固发、剃须、卷发、染发、脱毛等使用的化妆品方面内容。

任务一 毛发的构造与功能

人的毛发是由胚胎的外胚层演变而来，以后生长和分化形成胎毛。毛发是从毛囊长出，而毛囊和毛发又都是由毛球下部毛母质细胞分化而来。毛发露出皮肤表面部分为毛干，处于毛囊内部分为毛根。

正常人平均每天约脱落20~100根头发，因此人们不必担心头发会长过自己的身体。不过也有极少数人的头发长得很长，甚至超过自己的身体。这是由于他们的头发生长周期达到15~20年，超过一般人头发生长周期的3~4倍所造成的。蓄长发达2 m以上的人，其头发生长周期长达25年，这是较罕见的现象。头发在一年四季中基本上没有太大的变化，这是因为每根头发都有其各自的生长周期。虽然每天都有头发脱落，但每天也有新发萌生。人体头发的脱落与萌生保持着动态平衡，使头发的总数量大体不变。

一 毛发的分类

人体的毛发分为长发、短发和毳毛。长毛又称终毛，包括头发、胡须、阴毛和腋毛，一般长度在1 cm以上，较粗而色泽浓；短发包括眉毛、睫毛、鼻毛、外耳道毛，其长度在1 cm以下；毳毛又称毫毛，比较细软，无色素、无髓，分布于全身。

人体头发是外表健美的重要标志之一，一头浓密漂亮的头发增加引人注目的美感，头发经过人为加工修饰后，可更增加美感和风采。头发有直发、波状发和卷发之分。我国多数民族的头发直而不卷，其断面呈圆形；白种人多为波状发，断面呈卵圆形；黑种人的头发卷曲更甚，其断面变化较大。头发颜色有黑色、金黄色、灰白色、白色之分，这与人种、性别、年龄、生活环境及营养情况等有关。

根据人体头发健康、分泌和保养情况，可分为中性发、干性发、油性发和受损发：

（1）中性发　是健康的正常头发，具有光泽、柔顺、健康的发质，既不油腻也不干燥，软硬适度，丰润柔软，有自然的光泽，适合做各种发型，是理想的发质。

（2）干性发　头发干燥，触摸有粗糙感，不润滑，缺乏光泽，造型后易变形。

（3）油性发　头发油腻，触摸有黏腻感，有时头屑多，缺乏光泽。不适合平直的发型，应使头皮更多地接触空气，减少头部油脂的产生。

（4）受损发　是指因物理或化学因素损害的头发。头发干燥，触摸有粗糙感，颜色枯黄，缺乏光泽，发尾易分叉，不易造型。

二　毛发的组织结构

毛发是皮肤的附属物，不能离开皮肤而独立存在。毛发（图11-1）埋在皮肤内的部分称为毛根，露在皮肤外的部分称为毛干。

1. 毛根

毛根在毛囊下端胀大成球形，称为毛球。毛球底部凹陷，含有结缔组织、毛细血管及神经，组成毛乳头。毛囊为一管状鞘囊，由内向外分为内根鞘和外根鞘两层。毛球细胞的增殖和分化必须有毛乳头的存在，毛乳头具有供给毛球营养的作用，如果毛乳头被破坏或退化，毛发即停止生长并逐渐脱落。

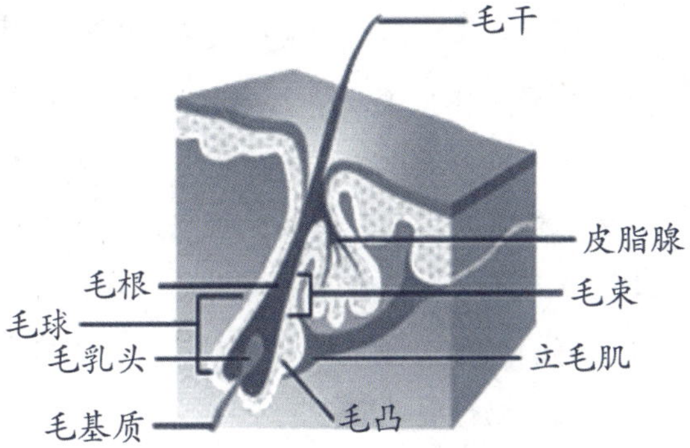

图11-1　毛发的构造

毛发与皮肤表面有一角度，在锐角一侧有一斜行的平滑肌束，称为立毛肌。立毛肌一端附于毛囊，另一端终止于真皮浅部，受交感神经的支配，在寒冷、恐惧或愤怒时，可使毛发竖直。

2. 毛干

以头发为例，毛干从其横截面看可以分为三层：最外层为表皮层，中间为皮质层，最里面为髓质层。

表皮层较薄，是由鳞状排列的无核透明细胞所组成，它使头发产生光泽。表皮层上有许多微小的孔，它是头发生理平衡的“呼吸口”，但它较脆弱，容易因酸碱的侵蚀和热度的影响而受到损伤。

皮质层最厚，由多层纤维状的扁平细胞纵列组织而成，形似海绵，有很多的气孔和色素细胞，是决定头发弹性、颜色、吸水性及可塑性等性能的重要部分。

髓质层是头发的核心，有一列或二列立方形细胞组成，它为头发输送营养，如其机能受到损伤，头发就会枯萎。

【专业向导】

头发的理化特性

头发是一种由完全角化的角质细胞所形成的天然高分子纤维。角质细胞内充满着由多种氨基酸组成的角蛋白，其中以胱氨酸的含量最高，可达15.5%。不过，头发中的角质细胞已丧失了活动能力，几乎没有任何生理功能。

头发中含有多种微量元素，可检测的就有20种以上，如铁、铜、碘、氟、硒、锌、砷等。这些元素的含量大大高于血、尿中的浓度。同时，头发中还含有血型物质。

由于头发是角蛋白物质，以至于大自然几乎不能把头发毁灭。已有2000多年历史的古埃及人尸骸被发掘出来时，有些只剩下一堆土及一两根骨头，而未用药泡制过的头发却多数依然存在。于是，头发便有了其多方面的特殊作用，如通过检测头发，可鉴别污染、诊断疾病、测定用药量、检测血型等。

1972年，湖南省长沙市马王堆出土了一具西汉女尸，轰动了国内外。这具古尸埋藏了2100多年，但保存相当完好。古尸外形完整，皮肤覆盖完整。头发附着比较牢固，稍用力牵扯还不致脱落。法医用这具古尸的头发测定其血型，结果证实这具女尸的血型是A型。

1874年，拿破仑被俘流放，最后死在圣赫勒舒岛上。对拿破仑的死因，百余年来争论不休，多数人认为是暴力或癌症。到了20世纪60年代，科学家对其头发进行检测，发现其头发中含有比正常人高40倍的砷元素，证实拿破仑的真正死因是汞中毒。

今天的医生还可以根据头发中金属元素或非金属元素的含量，来帮助论断某些疾病。例如，身材矮小、食欲不振，甚至有异食癖的儿童，其头发中钙含量比正常人低60%~70%；患有精神病的人，其头发中锰、镉的含量都低于正常人；克山病患者的缺硒、水俣病是汞中毒所致，都可能通过检测患者的头发来协助诊断。

【练习题】

一、填空题

1. 毛发由毛囊中角化的（　　）构成。

A. 上皮细胞　　B. 基底细胞　　C. 黑素细胞　　D. 表皮细胞

2. 毛发生长速度降低与饮食中（　　）有关。

A. 微量元素　B. 脂肪　C. 糖　D. 蛋白质

3. 发质富有弹性，密度大，含水量多，有光泽的头发是（　　）。

A. 油发　B. 天然卷发　C. 硬发　D. 绵发

4. 从横切面看，中国人的毛发是（　　）。

A. 椭圆形　B. 扁形　C. 圆形　D. 角形

二、判断题

1. 毛乳头是头发的发端。（　　）
2. 头发干燥或油腻是由皮脂腺分泌油脂多少决定的。（　　）
3. 头发的皮质层中间有黑色素存在。（　　）
4. 头发的皮质层决定头发的柔韧性和弹性。（　　）

任务二　美发用品

一头飘逸而富有光泽的头发，会使人显得年轻、漂亮，若与面部配合得恰到好处更显得神采飞扬，现在人们已越来越重视用于毛发的化妆品。

一　洗发化妆品

洗发化妆品是指用于清洁附着在头发和头皮上分泌的油脂、汗垢、脱落的头屑及聚集的灰尘等作用的清洁用品。它不仅具有清洁作用，而且还对头发、头皮的生理机能起促进作用，使头发光亮、美观和柔顺等作用。专门用于清洁毛发用的化妆品多称为洗发剂或洗发香波。

洗发香波的主要成分为表面活性剂和添加剂。表面活性剂起去污、发泡等作用，添加剂起赋予香波各种性能的作用。

1. 表面活性剂

（1）阴离子型表面活性剂　在香波中用的最多、最广泛表面活性剂。下面介绍几种代表性的阴离子型表面活性剂及作用。

① 脂肪醇硫酸盐（$ROSO_3M$）：香波中最常用的阴离子型表面活性剂之一，包括钠盐、钾盐和乙醇胺盐。其中月桂醇硫酸钠即十二烷基硫酸钠（$C_{12}H_{25}OSO_3Na$）的发泡力最强，去污力强（脱脂性强），并有一定的刺激性，但低温下溶解性较差（即耐寒性差）。一般适用于粉状、膏状和乳浊状香波。乙醇胺盐溶解性能好，低温下仍能保持透明，不产生混浊现象，适用于液体透明香波的原料。

② 聚氧乙烯脂肪醇醚硫酸盐[RO（CH_2CH_2O）$_n$$SO_3M$]：是目前应用于香波的主要阴离子型表面活性剂，具有优良的起泡性能和良好的去污能力，刺激性较小，与许多种表面活性剂和添加剂相容性好，易调节稠度，且生物降解性也即好，适宜于配制液体洗发香波。

③ 琥珀酸酯磺酸盐类[$RCOOCCH_2CH$（SO_3Na）COOM]：是近年来新开发的新型阴离子型表面活性剂，具有良好的洗涤性和发泡性，对皮肤和眼睛刺激性小，且有良好的渗透性能，属温和型表面活性剂，与其他表面活性剂混合使用，可适用于配制各种不同性能的香波。

④ 脂肪酸单甘油酯硫酸盐[$RCOOCH_2CH$（OH）CH_2OSO_3M]：作为香波的原料已有较长的历史，一般采用月桂酸单甘油酯硫酸铵[$C_{11}H_{23}COOCH_2CH$（OH）$CH_2OSO_3NH_4$]，其溶解性好，有良好的泡沫性，洗后使头发柔软而有光泽，适合于配制弱酸性和中性香波。

（2）非离子表面活性剂　作为增溶剂和分散剂，在香波中起辅助作用，可增溶和分散水中不溶性物质，也可改善阴离子型表面活性剂的刺激性，调节香波的黏度、稳定泡沫等。如软化剂、油脂和香精等。

常用的非离子表面活性剂有脂肪酸甘油酯、聚乙二醇脂肪酸酯、聚氧乙烯失水山梨醇脂肪酸酯、脂肪酸烷醇酰胺等。

（3）两性表面活性剂　与头发有良好的亲和吸附性和调理性，它与离子型和非离子型表面活性剂相容性好，可与它们混合使用。在香波中用作增稠剂、调理剂等。常用于香波的两性表面活性剂主要是甜菜碱和米唑啉类衍生物。

（4）阳离子型表面活性剂　去污力和发泡性能都比阴离子型表面活性剂差得多，主要用做头发调理剂。因为阳离子型表面活性剂易在头发表面上吸附而形成保护膜，能赋予头发光滑、光泽和柔软性，使头发易梳理、抗静电，而且还有润滑和杀菌作用。将阳离子型表面活性剂与富脂剂（如高级醇、羊毛脂及其衍生物、蓖麻油等）复配能增强皮肤和头发的弹性，防止头皮干燥、皲裂等。

2. 添加剂

洗发香波的添加剂种类很多，如调理剂、增稠剂、滋润剂、遮光剂、澄清剂、酸化剂、螯合剂、稀释剂、防腐剂、色素及香精等。它们赋予香波各种不同的功能。

（1）调理剂　主要作用是改善洗后头发的手感，使头发光滑、柔软、易于梳理，并且梳理后有成型作用。毛发是氨基酸多肽角蛋白质构成的网状高分子聚合物，从化学结构和性质来说，同系物及其衍生物之间有着较强的亲和性。因此，各种氨基酸、水解胶蛋白、卵磷脂等，都对头发有一定的调理性作用。

现代洗发香波则多应用阳离子高分子化合物作为调理剂，如阳离子纤维素聚合物（JR-400）、阳离子瓜尔胶（GuAR）、阳离子高分子迪恩普（DNP）、阳离子高分子蛋白肽等。其次是有机硅表面活性剂、羊毛脂类及其衍生物等，都是目前多功能香波的理想调理剂。

（2）增稠剂　可增加香波的稠度，获得适宜的黏度，提高香波的稳定性。常用的增稠剂有无机增稠剂和有机增稠剂两大类。

无机增稠剂有氯化钠、氯化铵、硫酸钠、三聚磷酸等。一般无机增稠剂不能多加，否则会产生盐析现象而分层和增大刺激性。氯化钠和氯化铵主要用于透明香波增稠，用量一般不超过3%。硅酸铝镁与少量纤维素混合，增稠效果明显而稳定，适用于不透明香波增稠，一般用量0.5%~2.5%。

有机增稠剂有聚乙二醇酯类，如聚乙二醇（6000）二硬脂酸酯、聚乙二醇（6000）二月桂酸酯等，还有卡波树脂是交联的丙烯酸聚合物，可用来增稠和稳定乳液香波；聚乙烯吡咯烷酮不仅具有增稠作用，而且有调理和抗敏作用。纤维素衍生物也可用来调节香波的稠度。脂肪酸烷醇酰胺不仅有增泡、稳泡作用，也可用作增稠剂。

（3）去头屑止痒剂　人们对头皮屑的成因有较一致的看法，认为是头皮上新陈代谢的产物。头皮表层细胞的不完全角化和卵圆糠疹菌的寄生是头屑增多的主要原因。去屑止痒剂有硫化硒（SeS）、水杨酸及其盐、六氯化苯羟基喹啉、聚乙烯吡咯烷酮-碘配合物及某些季铵化合物等。

（4）螯合剂　其作用是防止在硬水中洗发时生成钙、镁皂而黏附在头发上，增加去污力和洗后头发光泽性。常用的螯合剂有柠檬酸、酒石酸、乙二胺四乙酸钠（EDTA）或非离子表面活性剂，如烷醇酰胺、聚氧乙烯失水山梨醇油酸酯等。

（5）澄清剂　在配制透明香波时，有时加入脂肪类、香精等油溶性物质，会出现不透明变混浊现象，可加入少量醇类物质，如乙醇、甘油（丙三醇）、丁二醇、己二醇、山梨醇或非离子表面活性剂，如壬基酚聚氧乙烯醚等，增加溶解度，而使之保持和提高香波透明度。

（6）珠光剂　也称遮光剂，添加适量珠光剂，使香波液体产生悦目的珍珠光泽感，提高产品的视觉效果。常用的珠光剂主要有硬脂酸金属盐（钙、镁、锌盐）、鲸蜡醇、脂蜡醇、氯氧化铋及合成的乙二醇单硬脂酸酯（$C_{17}H_{35}COOCH_2CH_2OH$）和乙二醇双硬脂酸酯（$C_{17}H_{35}COOCH_2CH_2OOCC_{17}H_{35}$）等。

（7）酸化剂　弱酸性洗发香波对头发护理、减少刺激性是有利的。在香波配制时，因加入碱性物质而引起碱性增强，某些调理剂要起到调理性作用必须在pH6以下。用无机盐如NaCl、NH_4Cl做增稠剂时，在弱酸性条件下，其增稠效果明显，防止氨挥发。在pH低于7时，固定氨作用强等要求，需要调节其pH为弱酸性。因此，适当加入酸性物质即酸化剂，如柠檬酸、酒石酸、磷酸、硼酸及乳酸等，同时还起到其他添加剂的作用。

（8）营养剂　为使香波具有护发、养发功能，常在香波中添加滋润、营养等作用的营养剂。主要有：

① 维生素类：如维生素E、维生素B_5等，能赋予头发光泽，保持润湿，修补头发的损伤，增加头发的营养成分等作用。

② 氨基酸类：如丝肽、水解蛋白等，起到营养和修复损伤头发的作用，同时也具有一定的调理作用。

③ 中草药提取液：如人参、何首乌、芦荟、当归等的提取液，加入香波中除营养作用外，还可以促进皮肤血液循环、促进头发生长和防止脱发等作用。坚持使用可使头发具有光泽、乌黑、柔顺等效果。

【专业向导】

洗发香波与护发素的诞生

注意容貌修饰的人都会发现，头发的美化和护理是美容中最能见效的。或者说，就美容而言头发是最有开发前景的一片领地。头发的护理和美化有许多环节，如头发的清洁和护养，这些环节的实施都离不开化学制品和化学变化。

在以往的许多岁月里，注重讲究的人们常用一般的香皂，甚至是肥皂去洗头。这固然可以除去头发上的污垢，但由于肥皂和香皂呈碱性，它们会使头皮失去较多的油脂，头发失去自然光泽和美感。而今香波已取代了肥皂，香波的去污能力来自其中所含的表面活性剂 ，例如烷基硫酸盐等，它在水溶液中可电离产生带长链亲油基和短链亲水基的阴离子，是头发去污的佳品。有些表面活性剂，如咪唑啉等，去污能力相对差些，但刺激性小。含这类表面活性剂的香波适用于儿童洗涤。除主要成分外，香波中还有一些其他辅助成分，即乳化剂、稳定剂、防腐剂、紫外线吸收剂等。此外，一些特殊香波，如营养香波、医用香波等则加有特殊的头发营养成分或防止疾病的药物。

一般，洗发香波只起清洁的作用，而且在去污的同时，或多或少地会使头发表面的油脂受到损失。如果香波里含有肥皂的话，肥皂还会吸附在头发上，不易洗净。为了弥补发香波的不足，护发素诞生了。最早的护发素主要成分是柠檬酸、酒石酸一类的有机酸，它可以中和头发上残留的肥皂。护发素中还掺有动、植物油脂或液体石蜡，它可以补充头发失去的油脂，使其恢复正常。较高级的护发素中，加有能吸附在头发表面的以季铵盐为阳离子的表面活性剂，它可以抑制头发表面产生静电，克服头发不易梳理的缺点。

二 护发化妆品

健康头发的表面上有一层薄的油膜，可保持头发的光泽并维持头发的油水平衡。如果常用脱脂能力较强的洗发剂洗发或因染发、烫发等破坏了油膜，而使头发变得干燥、发脆、枯黄等时，需要适当补充油分和水分，以使头发滋润、柔软、增加强度、恢复原有的光泽。

护发用化妆品的主要作用是补充头发油脂和水分的不足，赋予头发色泽自然、光亮、健康的外表。同时，减轻或消除头发或头皮的不正常现象，如头屑过多等，达到滋润和保护头发的作用，兼有修饰和固定发型的作用。

常用的护发用化妆品有护发素、发油、发蜡、发乳、发膏、发霜、焗油等。

1. 护发素

护发素也称润丝，是一种保持头发和头皮清洁、保护头发和补充营养，促使头发健康的护发用品。洗发后立即将它揉搽在头发上，用适量水漂洗，其中所含的阳离子型表面活性剂分子可吸附在头发表面上形成一层单分子膜，阳离子的正电荷可抵消头发上的静电，使头发变得柔软、光滑、容易梳理。护发素有透明和乳液状两种类型。透明状护发素常含有螯合剂、澄清剂等，可清除钙、镁皂等残留物，有助于恢复头发的光泽和梳理性，适用于油性头发使用碱性香波洗发之后的调理；而乳液状护发素含有阳离子型季铵盐，适用于油性和正常头发。

护发素的主要成分为阳离子表面活性剂、油性成分、胶性成分等。

阳离子表面活性剂常用的有溴化季铵盐、氯化季铵盐如十八烷基三甲基溴化铵、十八烷基三甲基氯化铵、十八烷基二甲基苄基溴化（氯化）铵等。

水溶性高分子化合物等胶性成分起增稠、增黏或成膜作用，有助于护发定型。多采用天然胶黏剂，如阿拉伯胶、黄耆胶等，以及合成胶黏剂，如聚乙烯吡咯烷酮、聚乙烯醇等。

辅助成分的加入可提高护发素的护发性能和使用性能。保湿剂，如甘油、丙二醇、山梨醇和聚乙二醇等有保湿、调理、调节黏度作用。富脂剂，如白油、植物油、羊毛脂、高级脂肪醇等油性成分，可补充头发油性成分不足，起到护发、柔润性和光泽性作用。乳化剂多采用非离子表面活性剂，如单硬脂酸甘油酯、聚氧乙烯脂肪醇醚、聚氧乙烯脂肪醇酯等，主要起乳化作用，兼有护发、滋润、柔软等作用。

护发素配方举例见表11-1。

表11-1　某护发素配方

组分		质量分数/%
调理剂　硬脂基三甲基氯化铵		2.0
保湿剂　甘油		5.0
胶黏剂　聚乙烯醇		1.0
富脂剂　十六醇		3.0
表面活性剂　聚氧乙烯（20）失水山梨醇		1.0
其他	单硬脂酸酯	1.0
	防腐剂	0.2
	香精	0.5
	蒸馏水	86.3

2. 发油

发油又称头油。它是由动、植物和矿物油混合而成的透明油状液体，其主要作用是补充头发的油分不足，增加光亮度。洗发后晾干头发，涂擦发油可起到滋润、保护头发的作用，还有一定的修饰和固定发型的作用。

发油的主要原料是动、植物油或矿物油及其他油性原料。过去以天然植物油，如蓖麻油、橄榄油、杏仁油等，因其黏滞感强，现已部分被矿物油代替，如低黏度液状石蜡或白油。从使用效果如成膜透气性、润滑性等方面看，异构烷烃要好于正构烷烃矿物油。为提高矿物油性成分的滋润性、光泽性和溶解性，常添加植物油、脂肪酸酯类和羊毛脂的衍生物等。为防止油脂氧化酸败，添加抗氧剂是必须的。

3. 发蜡

发蜡是由半固体的油脂和蜡混合制成的不透明蜡状用品，主要作用是头发定型和增加头发的光亮度。由于黏性大、油腻感强及难以清洗等缺点，已逐渐被其他新型护发用品所代替。

发蜡的主要原料是矿物油脂和固体蜡类，矿物油脂如白油、凡士林，固体蜡类如石蜡、地蜡等，为了提高其性能，采用某些合成油脂和蜡类，如乙酰化羊毛脂、聚氧乙烯十六醇醚等。为防止氧化酸败，加入抗氧剂是必不可少的。其香精用量一般为0.6%~1.0%，根据需要还可加入不同色泽的油溶性色素。

4. 发乳

发乳是一种稠度适宜、洁白乳化型护发化妆品。主要作用是补充头发油分，使头发柔软、润滑、光泽性好，并有适度的整发效果。

其乳化体类型有O/W型和W/O型两种，尤其O/W型发乳用后感觉滑爽、无黏腻感。此外，还有去头屑、止痒、防止脱发等功能的药效发乳。

发乳可均匀地涂敷于头发上，水分挥发或吸收后，其油分可附着在头发上，形成油性薄膜，起到护发作用，使头发油润、光亮，并且易于梳理和定型。从使用效果看，O/W型发乳优于W/O型发乳，后者易使头发粘连，不宜清洗。因此，O/W型发乳较为常用。

发乳的原料主要是油脂类、水分和乳化剂。此外，还有香精、抗氧剂及其他添加剂等。

油脂以白油、凡士林等矿物油脂为主，有时为了提高发乳的稠度、乳化体的稳定性及其光泽性，需加入高碳醇、蜡类和羊毛脂及其衍生物等。

为了制得膏体细腻、稳定性好的发乳，选择适当的乳化剂是十分重要的。常用的乳化剂有脂肪酸皂、脂肪醇硫酸盐、脂肪酸酯、聚氧乙烯衍生物等。

5. 发膏

发膏是近年来比较流行的透明膏体状护发化妆品。主要有无水透明和乳化型透明发膏两种类型。

（1）无水透明发膏　在室温下是透明、胶体均匀的膏体，使用时无拉丝或发脆等特点，具有涂敷均匀、无黏腻感的特点。其主要原料是由油脂和凝胶剂组成。油脂采用矿物油如白油或液状石蜡，凝胶剂主要是采用脂肪酸皂，如硬脂酸和棕榈酸的铝、镁、锌等金属皂。另外，加入适量的脂肪酸酯可改进膏体的脆性、收缩性等质量问题，提高使用效果。

（2）乳化型透明发膏　是易涂布均匀，无油黏滞感，护发、定型效果良好，用后容易清洗的护发用品。

乳状液分散相的微粒子直径小于0.1 μm时，乳状液外观呈透明状，又称为微乳状液。乳化型透明发膏即属于这种微乳状液。为了制得这种透明、稳定的微乳状液，要求分散相用量少，乳化剂的种类和用量等都是重要的影响因素。乳化型透明发膏多为油/水型微乳状液，其主要原料为油性成分、乳化剂、耦合剂（助乳化剂）等。

油性成分的种类、性能和用量对其透明度影响很大，油的结构必须与乳化剂相似，如碳氢链长短等。常用的是液状石蜡，也可适当地配以酯类、脂肪醇等。一般用量为15%~25%。

乳化剂的选择对形成透明微乳状液起着关键作用。大多采用聚氧乙烯脂肪醇醚及其磷酸酯类。也可选用亲油性和亲水性乳化剂配合使用，其配比要依据HLB值。乳化剂的用量一般为10%~25%。耦合剂又称为助乳化剂，多采用多元醇，如甘油、丙二醇、聚乙二醇等，既起到乳化剂的作用，又可起到保湿剂的作用，一般用量为3%~6%。

6. 发露

发露是用于定型的透明液体化妆品。与油性的发蜡、发乳相比较，不但具有柔软头发的作用，而且用后感觉清爽，容易清洗。其主要成分为乳化剂、油性成分及乙醇。

7. 焗油

焗油是通过蒸汽将油分和各种营养成分渗入发质内和发根，起到养发、护发的作用，其效果优于一般护发素。焗油可以使头发增加自然光泽、滋润柔软，尤其对损伤性头发，如经常染发、烫发或风吹日晒造成的干枯、无光、变脆等有修复功能。焗油多半是液体或膏状的。

焗油的主要成分是油脂、多元醇类以及季铵或阳离子聚合物，其组成与护发素相近。

三　定发用化妆品

定发用化妆品（图11-2）也称整饰头发用化妆品，其主要作用为增加头发光泽、梳整头发、保持发型。由于这类产品在功能和用途上常是综合性的，有时难以与护发用化妆品区分。定发用化妆品有发胶、喷雾发胶、摩丝、定型发膏等。

图11-2　定发用产品

为了达到固发作用，这类产品的组成特点是原料组分中含有醇溶性或水溶性成膜剂，能在头发表面上形成一层柔软而有一定韧性的薄膜，起到保持发型作用。按其使用方式又有气压式和非气压式之分。

1. 气压式定发用品

气压式定发用品有喷发胶、摩丝等。这类用品具有使用方便、成膜均匀、定发效果好等特点。

（1）喷发胶　是用于喷在头发上，干燥后在头发表面上形成一层柔软而有韧性的薄膜，发丝相互黏合，而保持发型的定发用品。其主要成分包括成膜剂、增塑剂、溶剂、喷射剂等。

成膜剂是醇溶性合成树脂，如聚乙烯吡咯烷酮（PVP）、N-乙烯吡咯烷酮和醋酸乙烯酯共聚物（VP/VA共聚物）及聚丙烯酸树脂类等。溶剂是乙醇。这些树脂溶于乙醇中形成醇溶性树脂物，喷在头发后，乙醇立即挥发，树脂则在头发上形成薄膜，起到定型作用。

增塑剂使形成的薄膜柔软、可塑并有韧性，主要有高碳醇类、羊毛脂、硅油、蓖麻油等。

喷射剂主要是氯氟代烃类，如三氯一氟甲烷（氟利昂-11）、二氯二氟甲烷（氟利昂-12）、一氯二氟甲烷（氟利昂-22）等。因氯氟代烃类对大气臭氧层有破坏作用，从环保角度现已逐渐被淘汰，而改用丁烷、丙烷及二甲醚等代替。它们都是低沸点化合物，常温下在密闭容器内产生一定的压力，当开启阀门时，则可将醇溶性物质一起喷射出。

（2）摩丝　又称泡沫发胶，是一类较新型的定发用化妆品。对头发有柔软、易梳理、抗静电等作用。摩丝的组成有成膜剂、表面活性剂、溶剂、喷射剂等。成膜剂以高聚物树脂为主，与喷发胶基本相同。具有定发和调理功能的摩丝也可以不加成膜剂。表面活性剂起到泡沫基质和发泡剂的作用，多采用非离子表面活性剂（HLB值为12~16），如聚氧乙烯油醇醚、聚氧乙烯失水山梨醇脂肪酸酯等。溶剂是以水和乙醇混合形式代替全部乙醇。喷射剂用量一般少于喷发胶。摩丝常添加脂肪酸酯、羊毛脂衍生物、硅油等或营养成分，改善摩丝的滋润、可塑及护发性能。

2. 非气压式定发用品

非气压式定发用品与气压式定发用品的不同在于，它是以水为主要溶剂的定发用品，包括定型发胶或定型发膏等。避免使用氟氯代烃或低碳烷烃作为喷射剂而引起环保或易燃等不安全问题。

（1）定型发胶　也称定型液或定发水。它的配方组分中除了不含有喷射剂外，基本上与喷发胶相似。主要成分有成膜剂、增塑剂、柔软剂、溶剂等。

成膜剂主要有聚乙烯吡咯烷酮、聚丙烯酸钠、聚乙烯吡咯烷酮与醋酸乙烯酯共聚物、丙烯酸树脂烷醇胺等合成胶质类，它们可溶于水和乙醇混合溶剂。多元醇、羊毛脂衍生物等既可作为增塑剂，也可作为保湿剂，以起到使成膜柔软、可塑和对头发滋润、保湿的作用。

（2）定型发膏　是透明胶冻状膏体的头发定型用品。其作用和组成与定型发胶相似，为使之能形成膏体形式，一般不采用乙醇作为溶剂，加入黏胶剂，如纤维素类水溶性黏胶剂。成膜剂仍为聚乙烯吡咯烷酮、聚丙烯酸等水溶性合成树脂等。

四　脱毛化妆品

脱毛化妆品是指用于减少和清除体毛的化妆品。使用脱毛化妆品可去除人体某些部位过多的毛发，从而使皮肤光滑洁净，达到健美靓肤食物目的。脱毛的方法大致有三种：① 物理性脱毛，如拔毛、剃毛、黏性脱毛；② 机械脱毛，如X光脱毛、电解脱毛、激光脱毛；③ 化学性脱毛，即使用脱毛化妆品脱毛。

脱毛化妆品依据性状不同可有脱毛露、脱毛蜜、脱毛霜（脱毛膏）、脱毛凝胶、脱毛摩丝、脱毛气溶胶、脱毛胶纸等。效果好、使用最多的是脱毛霜。脱毛摩丝在包装方面采用压力罐装，具有高度的稳定性、有效性和安全性，脱毛彻底，无毒副作用，所以越来越走俏。

脱毛化妆品中添加了具有脱除毛发作用的物质，这类物质即是脱毛剂，通常可分为四类。

1. 无机脱毛剂

无机脱毛剂包括碱土金属的硫化物和其他碱金属。常用的有硫化镁、硫化钙、硫化锶、硫化钡、硫化钠、硫化钾、氯化钙、碳酸钙、氢氧化钙等。它们都具有迅速的脱毛功能，但硫化物有令人不快的臭味。

2. 有机脱毛剂

有机脱毛剂包括巯基乙酸盐类和二甲胺或其他氨基化合物。其中巯基乙酸盐类有巯基乙酸钙、巯基乙酸钠、巯基乙酸锶等。这类脱毛剂是目前使用最多的，它具有脱毛速度快，对皮肤刺激性低及几乎无臭的特点。

3. 天然脱毛剂

天然脱毛剂包括生姜粉、姜油酮、腊菊类提取物和金盏花属提取物等。

4. 脱毛辅助剂

常用尿素、碳酸胍之类有机氨作为增效辅助剂，目的是加强脱毛效果。其机制是使毛发角蛋白溶胀变性，从而使胱氨酸分子中的二硫键与脱毛剂充分接触，促进二硫键的切断，使得毛发更容易脱除。

五　育发化妆品

育发化妆品是指有助于毛发生长，并能减少脱发和断发的化妆品，又称生发化妆品。正常人每日最多可脱落70~100根头发，而脱发病是指头发脱落超过了头发正常代谢的程度，或由于某种原因引起头发部分甚至全部脱落。导致脱发的原因很多，常与遗传、内分泌、精神、心理、损伤及某些疾病、药物等诸多因素有关。防止脱发，必须查明原因，对症治疗。使用育发化妆品是其中一种辅助方法。

育发化妆品育发化妆品常见的有生发液、生发霜、生发香波等，主要是由各种具有生发作用的药物、水、乙醇、香精、色素等制成的。其中所用的生发药物包括化学合成药物和天然药物两大类。常用具体药物的类别及作用如下：

1. 抗炎杀菌剂

抗炎杀菌剂包括化学合成药物水杨酸、新洁尔灭、六氯酚、间苯二酚、十六烷基三甲基溴化铵等和天然药物樟脑、当归、春黄菊等，主要起消炎、杀菌、防腐作用。

2. 去屑止痒剂

去屑止痒剂包括化学药物甘宝酸、二硫化硒、吡啶硫酮锌、盐酸吡哆素等和天然药物薄荷脑、蜂王浆等，主要起杀菌、止痒、去头屑的作用。

3. 微循环活化剂

微循环活化剂包括化学药物长压定、可乐定、谷维素、乙基氯化铵、嘧啶衍生物、维生素E衍生物等和天然药物芍药、当归、红花、桃仁、银杏、苦参等的提取物，它们有扩张头皮毛细血管、活化毛母细胞的作用。

4. 局部刺激剂

局部刺激剂包括化学药物蚁酸酊、奎宁及其盐类、烟酸苄酯、新药920、水合氯醛等和天然药物生姜酊、辣椒酊、斑蝥酊、补骨脂酊、薄荷脑、毛果碱、金鸡钠碱、大蒜提取物等，主要起刺激头皮、扩张头皮毛细血管的作用。

5. 毛根赋活剂

毛根赋活剂包括尿囊素、感光素、泛酸及其衍生物、胆固醇与硫磺混合物、桧醇等化学药物和胎盘提取液、茜草科生物碱等天然药物。它们能激活与毛发生长相关的酶，促进毛发生长。

6. 成长促进剂

成长促进剂包括鞣质、苯酚、二氧化锗、十五烷酸甘油酯等化学药物和首乌、白芨、白藓皮、侧柏叶、高丽参、女贞子、羌活、脑素肽等天然药物，它们可促进毛发再生成长。

7. 促渗剂

促渗剂包括氮酮、二甲基亚砜、乙醇等化学药物和甘草提取液等天然药物，它们可促进药物透皮吸收。

8. 营养剂

营养剂包括维生素B_6、生物素、胱氨酸、蛋氨酸、丝氨酸、亮氨酸、卵磷脂等化学合成药物和水解蛋白、人参、丹参、黄芪、宫宝素等天然药物。它们可供给，毛发再生营养素。

9. 保湿剂

保湿剂包括生物透明质酸、甘油、丙二醇、山梨醇等化学合成药物和冬虫夏草提取物等天然药物，以提高头皮保温性和柔软性，增强头部皮肤机能，促进毛发生长。

【生活向导】

经常烫发有危害

人体毛发的主要化学成分是角质蛋白。它是由多种氨基酸组成，其中以胱氨酸的含量最高，可达15.5%，蛋氨酸和胱氨酸的比例为1∶15。自然头发中，胱氨酸含量为15%~16%。烫发后，胱氨酸含量降低为2%~3%，同时出现之前没有的半胶氨酸，这说明烫发有损发质。

经常烫发的危害有很多，其中危害最大要属其中的药水。市面上很多烫发药水中都含有碱性成分，具有一定的氧化作用，一旦接触到头皮，容易造成头发中的水分流失殆尽，头发干枯无光泽。对于那些皮肤原来就有过敏的人们，会因为烫发中的药水而产生过敏反应，所以在烫发前先做过敏性的检查，保护好自己的头发。

烫发、染发应该避免同时进行，否则既影响烫发效果，又影响染发的色彩持久性。染发和烫发一样，都对头发损伤很大，需要您定期到发廊做专业的油护理，最好是一个月两次，这样秀发才会保持健康。

烫发后可以补充复合维生素B和胡萝卜素帮助缓解伤害。这是因为维生素B_{12}能促进血液循环畅通，提高肌体对蛋白质的利用率，促进头部细胞生长发育；而胡萝卜素能够吸收紫外线，减轻头发的氧化和变色程度。将维生素B和胡萝卜素一起服用，能够使毛发更加滋润有光泽。

烫发不应太频繁，一般情况下3~6个月烫一次。值得注意的是，怀孕中的女性最好不要去烫发，其危害可能会影响到宝宝的健康成长。

【练习题】

一、填空题

1. 根据人体的健康、分泌和保养情况，可将头发分为________、________、________和________四种情况。

2. 脱毛的方法大致有三种：________、________、________。

二、选择题

1. 头皮屑过多者不应食用（　　）食物。

A. 油腻　　B. 蒸煮　　C. 白灼　　D. 脱水

2. 脂溢性脱发者应多摄入（　　）的食物。

A. 富含维生素A　　B. 富含维生素B_6、维生素B_2

C. 富含维生素C　　D. 动物脂肪

3.（　　）食物不适宜头皮屑过多者食用。

A. 高蛋白　　B. 高植物纤维素　　C. 腌制、熏制　　D. 油炸、烧烤

4. 洗发后的头发，由于洗发液的作用，头发的pH发生变化，偏向（　　）。

A. 软　　B. 硬　　C. 酸　　D. 碱

5.（　　）是在烫发过程中修复并形成头发的永久纹理。

A. 蛋白键　　B. 盐键　　C. 氢键　　D. 以上都不是

6. 为了清除头发中的油分，可使用（　　）。

A. 乳剂　　B. 油脂　　C. 表面活化剂　　D. 润滑剂

7. 能改善头发的张力和多孔性的洗发水称作（　　）洗发水。

A. 染发　　B. 药用　　C. 护发　　D. 普通

归纳小结

头发是人体美化的重点部位，头发的柔顺、光泽和飘逸是人们身体健康的标志之一。美发化妆品主要针对头发的清洁、保养与美化而言，本项目内容介绍包括毛发的构造与功能及常见的美发用品成分和主要性质。

模块四

实践实训

化学实验须知

化学实验是学习化学的重要手段，在化学教学中占有重要地位。化学实验的主要任务是理解和巩固所学知识，掌握化学实验基本操作技术，培养独立思考、发现问题、解决问题的能力。通过化学实验，一方面使学生树立辩证唯物的观点，另一方面也可以培养学生实事求是和严谨的科学态度，养成准确、细致、整洁等良好习惯，为将来从事专业操作和分析配置实验打下一定的基础。

在实验室，必须遵守下列各项规则和要求。

1. 实验前认真做好预习，明确实验目的和基本原理，了解实验内容和方法，对实验操作做到心中有数。

2. 实验应在教师指导下，按实验教材进行操作。仔细观察、认真记录深入思考，联系理论学习得出正确结论。实事求是地写出简明的实验报告。若实验现象不够理想或实验完全失败，要在教师指导下，分析其原因，重做实验。

3. 严格按操作规程进行实验，重视安全操作，熟悉安全知识。爱护仪器，节约药品，仪器和药品要按规定取用，遵守纪律，保持实验室的安全与整洁。

4. 实验完毕，清洗仪器，若有损坏，应进行登记。关好水和电，方能离开实验室。

化学实验安全规则

1. 不允许把各种化学药品任意混合，以免发生意外事故。

2. 凡是进行有刺激性气味、有恶臭、有毒物质的实验，都应在通风橱里或在室外通风的空地上进行。

3. 易挥发、易燃物质的实验，要远离明火。

4. 不能用手接触药品，更不能品尝药品的味道；闻物质的气味时，用手扇动气体入鼻。

5. 加热试管时，不要将试管口对着别人或自己；也不要俯视正在加热的液体。

6. 浓酸、浓碱具有强腐蚀性，勿溅在衣服或皮肤上。

7. 使用电器时，应注意安全，用毕应将电器的电源切断。

实验室意外事故处理

1. 被玻璃割伤时，伤口若有玻璃碎片，需先取出，然后抹上红汞药水并包扎。

2. 烫伤，可用高锰酸钾或苦味酸溶液揩洗灼伤处，再擦上凡士林或烫伤油膏。

3. 若在眼睛或皮肤上溅着强酸或强碱，应立即用大量清水冲洗，然后强酸用碳酸氢钠稀溶液冲洗，强碱用硼酸稀溶液冲洗。最后再用清水冲洗。

4. 若吸入氯气、氯化氢气体，可立即吸入少量酒精和乙醚的混合蒸汽使之解毒。吸入硫化氢气体而感到不适时，应立即到室外呼吸新鲜空气。

5. 如有毒物进入口内，可将5~10 mL稀硫酸铜溶液加入一杯温水中，内服后，用手指伸入咽喉部，促使呕吐，然后立即送医院。

6. 若因酒精、苯或乙醚等引起着火，应立即用湿布或沙土（实验室应备有灭火沙箱）等扑火。若遇电气设备着火，必须先切断电源，再用二氧化碳或四氯化碳灭火器扑灭火种。

7. 触电时，首先切断电源，然后在必要时进行人工呼吸。

8. 伤势较重者，必须立即送医院抢救。

化学实验报告格式

序号	实验名称	仪器/药品	实验步骤及现象	反应方程式
备注				

实验一 化学实验基本操作

【实验目的】

1. 了解化学实验室的规则和要求
2. 认识常用玻璃器皿并学会洗涤方法
3. 学习固体和液体试剂的取用，掌握用试管进行加热的方法

【实验内容】

1. 酒精灯的使用

化学实验中最常用的加热工具是酒精灯。由于酒精易挥发、易燃烧，所以在使用酒精灯时，要特别注意安全，严格操作。

2. 玻璃器皿的洗涤

要取得实验的预期效果，必须把仪器洗干净。每做完一次实验，就立即把仪器洗干净。如不立即洗干净，则某些物质会粘在仪器内壁上，不易洗掉，影响下次实验效果。用过的塞子和导管等也应冲洗干净。洗仪器时可以使用肥皂、合成洗涤剂或去污粉。洗涤后的玻璃仪器内外壁上应没有水珠附着，再用少量蒸馏水多次冲洗后，才能作为干净仪器。确系无法洗净时，可交实验管理员统一处理。

3. 药品的处理

（1）不要用手拿药品　不要品尝药品的味道，不要直接嗅药品的气味，要用手扇闻。

（2）取用溶液　要用量筒，向量筒或试管中倒入液体的方法要沿壁倾倒。读量筒里容积的数据时，眼睛应和液体凹面成水平。

（3）取少量溶液　要用滴瓶上所附的滴管或用单独的干净滴管。不要使药液进入滴管上的胶管内，以免沾污药液和损坏胶管。用滴管向容器或试管中滴加药液时，不要使滴管碰在容器壁上。

4. 加热的方法

（1）加热液体物质　使用试管、烧杯、烧瓶、蒸发皿等器皿。在加热烧杯和烧瓶时，要用石棉网垫着，使其受热均匀，以免炸裂。烧热的玻璃器皿，也不能和冷物体接触。

（2）加热试管　要用试管夹将试管倾斜而受热，这样可以增大被蒸发液体的表面，同时液体也不易溅出。试管口不要对着别人或自己。热试管的底部不要和酒精灯的灯芯接触，以免使试管受冷炸裂。用试管加热时，火焰不宜高出试管内液面，因液体上方的玻璃很热时，溅出的液体能使玻璃炸裂。

（3）加热固体药品　可将固体药品装入试管底部，铺平，管口略向下倾斜，以免管口的冷凝水滴倒流而使试管炸裂。

5. 化学实验常用仪器（图1）

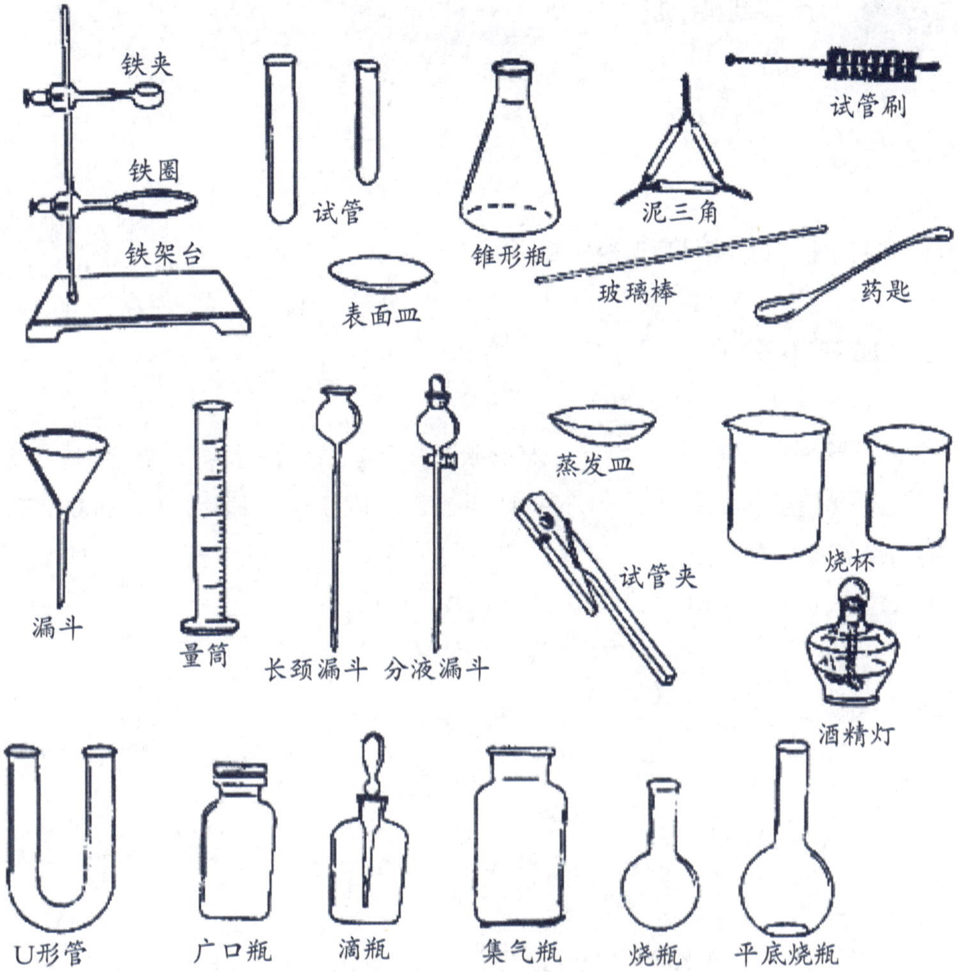

图1　化学实验常用仪器

【实验思考】

1. 使用酒精灯时应注意些什么?
2. 固体试剂、液体试剂应如何取用?
3. 用试管进行加热时，应注意些什么?
4. 玻璃器皿洗净的标准是什么?

实验二 元素周期律

【实验目的】

巩固对同周期、同主族元素性质递变规律的认识。

【实验用品】

仪器：试管、试管夹、酒精灯、火柴、烧杯、砂纸、药匙、漏斗、滤纸、镊子。

药品：K、Na、Mg条、Al片、2 mol/L NaOH溶液、0.5 mol/L $MgCl_2$溶液、0.5 mol/L溶液、0.5 mol/L $AlCl_3$溶液、酚酞、氯水、溴水、0.1 mol/L NaBr溶液、0.1 mol/L NaI溶液、0.1 mol/L H_2SO_4、0.1 mol/L H_3PO_4、0.1 mol/L HNO_3、pH试纸。

【实验内容与步骤】

一、同周期元素性质的比较

1. 钠、镁、铝与水的反应

（1）钠与水的反应　取一个100 mL的小烧杯，加入50 mL蒸馏水，用镊子取一小块（豆粒大小）金属钠，用滤纸吸干其表面的煤油，投入烧杯中，观察现象 ____________。加入2滴酚酞，观察溶液颜色变化 ____________。写出反应方程式 ____________。

（2）镁、铝与水的反应　取2支试管，各加入5 mL蒸馏水，取一小段镁条，一小块铝片，用砂纸擦去表面的氧化膜，观察镁、铝的光泽和颜色，放入试管中，观察有无有反应发生 ____________。再加热至沸，观察现象 ____________。写出反应方程式 ____________，____________。说明：金属性Na比Mg、Al要 ____________（填强或弱）。

2. H_2SO_4和H_3PO_4酸性强弱的比较

（1）取1条pH试纸，滴1滴0.1 mol/L H_2SO_4，观察颜色变化 ____________，与标准色卡比较，pH为 ____________。

（2）取1条pH试纸，滴1滴0.1 mol/L H_3PO_4，观察颜色变化 ____________，与标准色卡比较，pH为 ____________。说明：硫酸比磷酸的酸性 ____________（填强或弱）。

3. $Mg(OH)_2$、$Al(OH)_3$与碱的反应

（1）取1支试管，加入3 mL 0.5 mol/L $MgCl_2$，逐渐滴加过量的2 mol/L NaOH，观察现象________。

（2）取1支试管，加入3 mL 0.5 mol/L $AlCl_3$，逐渐滴加过量的2 mol/L NaOH，观察现象 ____________。

说明：$Al(OH)_3$可以溶于碱显示 ____________ 性，而$Mg(OH)_2$，不溶与碱，只显 ____________ 性。$Mg(OH)_2$的碱性比$Al(OH)_3$ ____________（填强或弱）。

结论：同周期元素，从左到右，金属性逐渐 ____________；非金属性逐渐 ____________。

二、同主族元素性质的比较

1. 钾、钠与水的反应

（1）钠与水的反应　同前。

（2）钾与水的反应　取1个100 mL的小烧杯，加50 mL蒸馏水，用镊子取1小块（豆粒大小）金属钾，用滤纸吸干其表面的煤油，投入烧杯中，立即用漏斗罩住烧杯，观察现象 ____________。加入2滴酚酞，观察溶液颜色变化 ____________。写出反应方程式 ____________。

说明：钾与水的反应和钠与水的反应谁更剧烈 ____________。

2. NaCl、NaBr、NaI 与氯水和溴水的反应

（1）取3支的试管，各加入1 mL 0.1 mol/L NaCl、0.1 mol/L NaBr 和0.1 mol/L NaI，然后分别向3支试管中滴加1 mL氯水，振荡，观察现象____。

（2）取3支试管，各加入1 mL 0.1 mol/L NaCl、0.1 mol/L NaBr 和 0.1 mol/L NaI，然后分别向3支试管中滴加1 mL 溴水，振荡，观察现象 ________________________。

说明：非金属性 ____________ > ____________ > ____________。

3. 硝酸和磷酸的酸性比较

（1）取1条pH试纸，滴1滴0.1 mol/L HNO_3，观察颜色变化 ____________，与标准色卡比较，pH为 ____________。

（2）取1条pH试纸，滴1滴0.1 mol/L H_3PO_4，观察颜色变化 ____________，与标准色卡比较，pH为 ____________。

说明：硝酸比磷酸的酸性 ____________（填强或弱）。

结论：同主族元素，从上到下，金属性逐渐 ____________；非金属性逐渐 ____________。

	IA	IIA	IIIA	IVA	VA	VIA	VIIA
第三周期							
第四周期							
第五周期							

【实验思考】

1. 镁条、铝条与水反应前为什么要用砂纸打磨表面?
2. 同周期、同主族元素的性质，随着原子序数的递增，发生什么变化?

实验三 海带和碘盐中碘含量的检测

【实验目的】

海带富含碘元素，食用碘盐中也应含0.002%的碘酸钾。但如何测知海带中碘元素的存在形式和含量高低?如何知道自己所购回的是真正的碘盐呢?通过此次实验和探索，让学生具体对海带和碘盐进行检测，以得出科学准确的结论。

【实验用品】

仪器：试管、试管夹、试管架、烧杯、量筒、玻璃棒、酒精灯、火柴。
药品：海带、碘盐、熟淀粉、氯水、蒸馏水、盐酸、KI、NaCl、亚铁盐、氯化亚锡。

【实验原理】

海带或碘盐中的碘遇淀粉变蓝紫色。

【实验内容与步骤】

1. 将一根海带用适量温水浸泡数小时后，取浸泡后清液200 mL，稍加过滤，取其滤液3~5 mL于试管中，滴加几滴熟淀粉溶液后，再滴加氯水，即可见试管中溶液立即变蓝。实验证明海带中富含碘离子。注意滴加氯水时不可过量。

此处也可用Fe^{3+}溶液代替氯水，实验现象也很明显。若气温偏低，宜适当加热。

2. 将500 g袋装食用碘盐全部倒入500 mL烧杯中，加适量蒸馏水，液面以刚浸没食盐晶体稍过一点为宜，用玻璃棒充分搅拌，静置。取其清液 3~5 mL于试管中，滴加 2~3滴熟淀粉溶液，再滴加2~3滴盐酸，可用下列三种试剂分别进行检验，均可得到理想效果。

（1）向其中加入1~3滴KI溶液，即见试管内溶液变蓝。该反应灵敏度高，但因人为加入碘离子，难免有其他因素会将碘离子氧化为单质碘而引起信度不高。

（2）向其中加入亚铁盐溶液，振荡，片刻后即可见试管内溶液变蓝。若气温偏低时，可稍加热，试管中溶液就会很快变蓝。

（3）用氯化亚锡溶液滴入试管中，先勿振荡，可明显看到Sn^{2+}离子溶液与碘盐溶液界面处出现有趣的蓝色环，稍行振荡，蓝色环向下移动。

同时用纯净的NaCl作对照实验，效果会更好。

实验四 电解质溶液pH测定

【实验目的】

1. 掌握配制各种溶液的方法
2. 了解在各种pH的溶液中各指示剂所显示的特征颜色
3. 熟练掌握pH试纸的使用方法
4. 初步学习酸度计测定溶液pH方法

【实验用品】

仪器：烧瓶、烧杯、试管、pH计、pH试纸、点滴板等。

药品：甲基橙指示剂、溴百里酚蓝指示剂、酚酞指示剂、茜黄素指示剂、蒸馏水。

【实验内容与步骤】

一、配制各种pH的溶液

1. 在一只清洁的烧瓶中装入400 mL蒸馏水并加热到沸腾。把一只小烧杯倒扣在烧瓶口上，让它冷却。蒸馏水中往往由于溶有CO_2而微显酸性，加热可驱出CO_2，煮沸过的蒸馏水，将作为一种pH为7的溶液，并将用于下列稀释溶液。

2. 从试剂台上取5 mL 10^{-3} mol/L HCl溶液，用45 mL煮沸过的蒸馏水加以稀释，搅拌。最终溶液中的H_3O^+浓度是10^{-4} mol/L，pH = 4。

3. 由5 mL pH为4的溶液配制50 mL pH为5的溶液。由5 mL pH为5溶液配制50 mL pH为6的溶液。

4. 类似地，用10^{-8} mol/L NaOH溶液，依次地配制pH为10、9和8的溶液。

现在有了pH范围从3到11的9种溶液。取5 mL的各溶液分别放在9只清洁和干燥的试管中。向每只试管中加入（不多于2滴）甲基橙指示剂溶液，摇动试管并观察每一只试管中产生的颜色。把这些结果记录在数据表内。

相似地，取新鲜的样品用下列各种指示剂（不多于2滴）进行试验：甲基红、溴百里酚蓝、酚酞和茜黄素等。

二、测定未知酸和碱溶液pH

1. 用各种指示剂测定溶液pH

在清洁干燥的试管中各加入5 mL酸液，向各试管中加入不同的指示剂2滴，记录所观察到的颜色。

用相同的方法，向0.05 mol/L的未知碱溶液中加入各种指示剂记录产生的颜色，碱溶液由试剂台提供。

2. 用pH计测定溶液pH

可从pH计表头上直接读出0.1pH单位，测量精度较高，是工业生产中常用仪器。

用二只洁净，干燥的烧杯，分别加入50 mL未知酸和碱溶液，并测定和记录pH，其测定的方法见酸度计使用说明。

三、用pH试纸测定盐类水溶液的pH

取少量下列各盐溶液于点滴板上，用广泛pH试纸测定其pH。

$CaCl_2$（0.1 mol/L）NaAc（0.1 mol/L）

NH_4Ac（0.1 mol/L）NH_4Cl（0.1 mol/L）

【实验思考】

测定溶液的pH比较简便的方法是用pH试纸。这种试纸是由多种指示剂的混合溶液浸制而成。把待测液滴在试纸上，试纸显示的颜色和标准比色卡相比，就可以指导该溶液的pH。测定溶液pH最精确的方法是用pH计。问：

1. pH测定方法常见的有几种?
2. pH测定原理是什么?
3. pH测定的注意事项有哪些?

实验五　胶体的性质

【实验目的】

1. 掌握胶体的制备方法和性质
2. 掌握胶体的聚沉方法
3. 了解配合物的生成与组成，配离子与简单离子的区别
4. 了解配合物与复盐的区别

【实验准备】

仪器：试管、50 mL烧杯、20 mL量杯、酒精灯、U形管两支、铁架台、铂或石墨电极、直流电源、刻度滴管。

药品：蒸馏水、硫磺的酒精饱和溶液（用时过滤，取其清液），氢氧化铁溶液，NaCl（固）、三硫化二锑溶胶、0.5 mol/L的NaCl、$MgCl_2$和$AlCl_3$溶液，1%动物胶，0.1 mol/L的$CuSO_4$、$FeCl_3$、NaF、$NiSO_4$、$BaCl_2$、$NH_4Fe(SO_4)_2$、$K_3[Fe(CN)_6]$、Na_2S、NaCl和$AgNO_3$溶液，6 mol/L的$NH_3 \cdot H_2O$溶液、0.4%酒石酸锑钾溶液、FeS（固体）。

【实验步骤】

胶体的制备、性质和聚沉

（1）制备

① 改变熔剂法制备硫溶胶：取试管1支，加入20滴蒸馏水，再向此试管中滴入硫的酒精饱和溶液3滴，边滴边摇动试管，有何现象发生？

____

② 利用水解反应制备氢氧化铁水溶胶：在1支试管中加入三分之一的水，放在酒精灯加热至沸，然后迅速加入2 mL 0.1 mol/L $FeCl_3$溶液，溶液呈 __________ 色，此溶液即为氢氧化铁溶胶（保留此液以便做下面的实验）。这种制备溶胶的方法属于____

__________，它是利用$FeCl_3$的______________________________反应制得的。

③ 二硫化二锑溶胶制备：往0.4%酒石酸锑钾溶液中缓慢通入H_2S气体直到溶液呈现红色为止（保留此液以便做下面的实验）。

（2）胶体的电学性质（电泳现象）取U形管2支，1支注入上面制备的氢氧化铁溶胶，另1支注入三

硫化二锑溶胶，分别固定在铁架台上，再分别插入铂电极，接通直流电源，若用6V电压，30 min左右（若用30V电压，则10 min左右）便可观察到胶粒向某一电极移动现象。此现象叫 ________。氢氧化铁溶胶的胶粒向 ______ 极运动，因为它带有 ______ 电荷，称做 ______ 溶胶；而三硫化二锑溶胶的胶粒向 ______ 极运动，因为它带有 ______ 电荷，称为 ______ 溶胶。

电泳现象可做演示实验，由教师装置好后，让学生观察、记录。

（3）胶体的聚沉

实验内容	现象	所加试剂滴数	聚沉快慢	解释
	出现浑浊			
	出现浑浊			
	出现浑浊			

【实验思考】

1. 试述溶胶的制备方法。溶胶有哪些特征？
2. 溶胶为什么比较稳定？如何破坏胶体？
3. 电解质溶液使胶体聚沉有什么规律？
4. 如何正确区分正溶胶和负溶胶？
5. $[Ni(NH_3)_6]SO_4$在水溶液中主要以何种微粒存在？
6. 配合物与复盐的主要区别是什么？

实验六 化妆品中的甲醇测定

【实验目的】

用于测定香水类及喷发胶系列化妆品中的甲醇，本法最低检测量0.02%（V/V）。

【实验用品】

仪器：分光光度计，恒温水浴，微量取样器，蒸馏装置，125 mL分液漏斗，10 mL比色管。

药品：甲醇（99.5%），乙醇（不含甲醇），碳酸钾，石油醚，饱和氯化钠溶液，15%磷酸溶液，75%硫酸溶液，20%亚硫酸钠溶液，5%高锰酸钾溶液，2%变色酸溶液。

【实验原理】

甲醇（CH_3OH）分子量32.04，无色，易挥发，能与水和大多数有机溶剂互溶。

甲醇具有一定毒性，特别对人的眼睛危害较大，接触过量的甲醇可造成双目失明。甲醇在香水及喷发胶系列产品中为限用物质，国家卫生标准规定其含量不能超过0.2%。

甲醇的测定方法有气相色谱法和比色法等。气相色谱法简单、快速、准确，已成为国家标准（GB7917.4—87）。但国内目前实验室条件不同，没有气相色谱仪的实验室，可用化学法测定甲醇含量。此方法对仪器设备要求简单，方法精度可以满足化妆品卫生标准要求。含乙醇的化妆品中的甲醇在蒸馏时，乙醇、甲醇一起被蒸出。蒸出物中的甲醇在酸性条件下被高锰酸钾氧化成甲醛，甲醛在浓硫酸中与变色酸共热，生成紫红色水溶性化合物，于波长580 nm处比色定量。

【实验内容与步骤】

1. 配制甲醇标准溶液

吸取1 mL甲醇于100 mL容量瓶中加水定容，配成含甲醇1%的溶液。再稀释，配成0.01%~0.2%的系列。

2. 样品预处理

取10 mL样品于分液漏斗中，加入10 mL饱和氯化钠溶液，混匀，再加10 mL石油醚振荡混合，分取下层。石油醚层用5 mL饱和氯化钠洗两次，合并全部水层于蒸馏瓶中。

3. 蒸馏醇

小心收集蒸馏液15 mL，向蒸馏液中加入碳酸钾至白浊为止，静置约30 min，取上清液于比色管中，用乙醇稀释至10 mL，准确量取5 mL，加水使成100 mL作试验溶液。

4. 标准曲线绘制

取各种浓度标准溶液各1.0 mL于10 mL比色管中，分别加入0.1 mL 15%磷酸和0.2 mL的5%高锰酸钾，轻轻振荡混合，放置15 min。然后加入0.3 mL的20%亚硫酸钠溶液使其脱色。在冰水冷却条件下，慢慢加入4 mL的75%硫酸混合，立即加入0.3 mL 2%变色酸，边振荡边于80~85℃水浴中加热20 min，冷却后用1 cm比色皿，以纯水为参比，在580 nm处测定吸光值，绘制标准曲线。

5. 测定样品

取试验溶液1.0 mL于10 mL比色管中，按上步操作，测其吸光度值，从曲线上可查出甲醇的含量。

6. 计算

甲醇%（V/V）= A × 20，式中A为从工作曲线处查得的甲醇的百分含量。

【实验思考】

实验的精密度和准确度：在实验室测定人工合成香水，甲醇含量为低（0.05%左右）、中（0.1%左右）、高（0.3%左右）浓度时，相对标准偏差分别为3.1%~4.0%、2.0%~1.5%、0.8%~1.9%。用香水作回收实验，加入甲醇含量低、中、高浓度时，平均回收率分别为93%~102%、97%~105%、99%~108%。

注意点：

（1）本方法适用于香水以及含有甲醇的各类化妆品，其反应式如下：

$$5CH_3OH+2KMnO_4+4H_2SO_4 \rightarrow 5CHOH+2MnSO_4+2KHSO_4+8H_2O$$

甲醛在浓硫酸中与变色酸加热时，生成紫红色水溶性化合物。

（2）如果变色酸试剂中杂质含量较高，或者存放时间较长时，必须进行精制提纯，即将变色酸溶于少量纯水中，用盐析法重结晶。

（3）加入碳酸钾可使醇、水相充分分开。要少量多次，并不停振摇，以免局部结块包裹甲醇，碳酸钾加入量1~2 g，直至在容器底部有碳酸钾沉淀为止，在室温条件下，放置约30 min，可使甲醇充分与水相分离。

（4）在磷酸酸性条件下高锰酸钾氧化甲醇，比使用硫酸效果好，而且过量添加磷酸也不会有太大影响。

（5）亚硫酸钠用量必须准确，慢慢滴加至刚使高锰酸钾褪色为止。

（6）硫酸的添加量影响呈色，所以要求准确，硫酸浓度高时，甲醛以外的物质要呈色。加入硫酸时还要注意不使溶液温度上升过高。

（7）加变色酸时，因为溶液要发热，必须要敏捷地将上述溶液加入各试管中，同时振摇试管，以防止呈色差异。呈色慢或样品溶液和标准系列均不显色时，可能是由于变色酸中含有杂质，或浓度不够，这时可增加显色剂变色酸的用量，如从0.3 mL增加至0.5~0.9 mL，并将水浴缓慢升温至80~85℃后，按测定步骤在水浴中加热20 min。另外，标准溶液和实验溶液中的乙醇浓度必须保持一致。

实验七　糖类、脂肪、蛋白质的性质

【实验目的】

1. 掌握葡萄糖的还原性和淀粉的水解反应知识
2. 认识蛋白质的性质，学会蛋白质的检验方法
3. 了解油脂皂化反应的意义，学会检验油脂的不饱和性

【实验用品】

仪器：试管、试管夹、试管架、烧杯、量筒、温度计、玻璃棒、铁圈、铁夹、铁架台、石棉网、点滴板、酒精灯、火柴。

药品：0.1 mol/L $AgNO_3$、2 mol/L NH_3H_2O、0.3 mol/L葡萄糖溶液，10 g/L淀粉溶液、3 mol/L H_2SO_4溶液、碘水、棉纱、纯羊毛线，鸡蛋清溶液、饱和（NH_4）$_2SO_4$溶液，饱和$CuSO_4$溶液、饱和醋酸铅溶液、甲醛溶液，无水乙醇、水合茚三酮试剂，猪油，乙二醇，30%NaOH溶液、饱和NaCl溶液，菜子油、桐油，四氯化碳，5%$HgCl_2$溶液，3%碘的四氯化碳溶液。

【实验内容】

1. 葡萄糖的还原性

取清洁试管1支，加入0.1 mol/L $AgNO_3$溶液2 mL，逐滴加入2 mol/L $NH_3·H_2O$，边滴边振荡，直至生成的沉淀刚好溶解为止，即得多伦试剂。然后在多伦试剂中加入0.3 mol/L葡萄糖溶液1 mL，将试管置于60℃水浴上加热数分钟，取出试管，观察现象 ＿＿＿＿＿＿，说明原因 ＿＿＿＿＿＿。写出反应的化学方程式 ＿＿＿＿＿＿＿＿。

2. 淀粉的水解

取10 mL 10 g/L淀粉溶液于小烧杯中，加入5 mL H_2O 1 mL和3 mol/L H_2SO_4溶液，在水浴上加热，然后每隔2min用滴管取1滴淀粉水解液于点滴板上，再滴加1滴碘液，观察颜色的变化，直至碘液不变色为止。写出化学反应方程式 ＿＿＿＿＿＿＿＿。

3. 蛋白质的性质

（1）蛋白质的灼烧　取一截棉纱和一截羊毛线，分别放在火焰上灼烧，闻两者灼烧产生的气味。灼烧棉纱发出 ＿＿＿＿＿气味，灼烧羊毛线发出 ＿＿＿＿＿气味。

（2）蛋白质的盐析作用　取1 mL鸡蛋清溶液于干净试管中慢慢加入1 mL饱和（NH_4）$_2SO_4$溶液，观察现象 ＿＿＿＿＿，说明 ＿＿＿＿＿＿＿＿＿＿＿。加水2 mL，轻轻晃动，观察到＿＿＿＿＿现象。说明 ＿＿＿＿＿＿＿＿＿＿。

（3）蛋白质的变性作用　取1支试管，注入3 mL鸡蛋清溶液，在酒精灯上加热，观察到现象 ＿＿＿＿＿。加水2 mL，观察到 ＿＿＿＿＿，说明了 ＿＿＿＿＿。

（4）重金属盐对蛋白质的凝结作用　取2支试管，各加入1 mL鸡蛋清溶液，在1支试管中加1滴饱和$CuSO_4$溶液，有 ＿＿＿＿＿生成；在另1支试管中加1滴饱和醋酸铅溶液，有＿＿＿＿＿ 生成。各加入5 mL蒸馏水，观察到 ＿＿＿＿＿ 现象。说明 ＿＿＿＿＿＿＿＿。

（5）有机溶剂对蛋白质的凝结作用　取2支试管，各加入1 mL鸡蛋清溶液，然后分别加入1 mL甲醛溶液和1 mL无水乙醇溶液，混匀，观察到 ＿＿＿＿＿ 现象。再分别加入5 mL蒸馏水，观察到 ＿＿＿＿＿ 现象，说明 ＿＿＿＿＿＿＿＿。

（6）蛋白质的颜色反应　在1支试管中加入鸡蛋清溶液1 mL，再加入水合茚三酮试剂3~4滴，酒精灯上加热，观察到现象 ________________。

4. 油脂的皂化

取50 mL干净小烧杯1支，加入1匙猪油（约4 g），在加入15 mL乙二醇，15 mL30%NaOH溶液，置于酒精灯上加热5~6 min后反应趋向完全。取玻璃棒一根蘸取皂化液滴入沸水中，如能完全溶解而无油滴析出，表明皂化反应已经完成。否则还需继续加热，直到无油析出为止。为什么？

____

在制得的黏稠皂化液中，加入热的饱和NaCl溶液至近烧杯口，搅拌，使肥皂盐析出而出，浮在液面，取出冷却，肥皂即凝固而成。

5. 油脂的不饱和性

取2支干净试管，分别加入菜子油和桐油各1~2 mL，再加入四氯化碳1~2 mL，使之溶解，滴入1~2滴$HgCl_2$溶液，然后滴入含3%碘的四氯化碳溶液，边滴入，边振荡，边观察现象。可见到 ________________，说明 ________________。

【兴趣实验】

白糖变黑碳

将60 g白糖（砂糖应研细）放入敞口的圆柱形铁皮罐内（或放于烧杯中），加温水6 mL，搅匀后置于石棉板上，冬天要用水浴温至30~40℃。量取浓硫酸30 mL，倾入罐中，用玻棒仔细地搅和，当酸、糖混合物开始发黑时，将玻棒垂直插在罐中央，用手扶住，放置片刻，大量疏松多孔状的黑色物质不断地从罐内涌出，还放出带有焦煳味的气体，反应完毕，整块黑色的物质形如“黑面包”，可完整地取出观察。

说明：本实验的原理是利用浓硫酸强烈的脱水作用，使蔗糖炭化。因此使用的浓硫酸浓度要保证，不能使用已吸了水的硫酸。

【实验思考】

1. 在葡萄糖与托伦试剂的反应中，要使银镜明亮，操作关键是什么？
2. 引起蛋白质变性的因素有哪些？
3. 皂化值低、碘值大分别说明油脂的什么性状？

实验八 雪花膏的制作

【实验目的】

学会生产雪花膏，了解护肤产品的主要原料构成及制作原理。

【实验用品】

仪器：不锈钢加热锅（带有蒸汽夹套）、搅拌机、量筒、电子天平、温度计等。

药品：油相：硬脂酸、单硬脂酸甘油酯、十八醇、白油

水相：甘油、氢氧化钾、防腐剂、去离子水

香精

【实验原理】

雪花膏是水和硬脂酸在碱的作用下乳化的产物，生产雪花膏的主要原料为硬脂酸，碱，水和香精。但为了使其有良好的保湿效果，常常添加甘油、山梨醇和聚乙二醇。雪花膏的膏体应洁白细密，无粗颗粒，不刺激皮肤，香气宜人，主要作为润肤、打粉底和剃须后用化妆品。雪花膏中添加的碱的不同对产品质量有很大影响，一般采用氢氧化钠或氢氧化钾，具有较好的硬度和光泽。配方中需加入的碱的量决定于香料硬脂酸的酸值和中和成皂的百分率，一般在配方中需要15%~30%的硬脂酸，其余为游离硬脂酸。

基本配方

成分	含量
油相：硬脂酸	10.0
单硬脂酸甘油酯	1.0
十八醇	2.0
白油	2.0
水相：甘油	5.0
氢氧化钾	0.5
防腐剂	适量
去离子水	79.5
其他：香精	0.3

【实验内容与步骤】

1. 按比例精确称量各配方中的组分，液体可用移液吸取所用体积。

2. 先将油相原料中的硬脂酸、单硬脂酸甘油酯、白油在不锈钢加热锅内加热，温度控制在90~95℃，维持30 min灭菌。

3. 将水相原料同样在不锈钢加热锅内加热，温度控制在90~95℃，维持30 min灭菌。

4. 使用搅拌器边搅边下将水相缓缓倒入油相，继续保持温度搅拌片刻，使乳化反应完全。

5. 在50℃时边搅拌边加入香精，搅拌均匀至膏状。

6. 静置冷却后装瓶。

【实验思考】

1. 雪花膏有粗颗粒：原因是搅拌效率不高或碱用量过多。

2. 膏体出水：原因是碱用量不足或水中有较多盐分。

3. 擦用时起条：制作不当所致，如原料混合时温度过低，搅拌不匀，碱性原料不能全部中和，致使少量游离碱析出或硬脂酸用量过多。

实验九 香水的配制

【实验目的】

适用于配制各类常见香水类，使学生从具体操作中获得专业相关知识的提高。

【实验用品】

仪器：烧杯、量筒、吸管、滤纸、容量瓶（1000 mL）、电子天平。

药品：檀香脑、香兰素、麝香酮、合成麝香、龙涎香醇、龙蒿、当归、香紫苏、岩兰草、沉香醇、广藿香、异丁紫香酚、甲基紫罗兰酮、橡苔、香柠檬、茉莉、玫瑰、冬青油、薰衣草、胡椒醇、依兰油、乙醇肉桂酯、安息香、乙醇（95%）。

【实验原理】

香水是各种动植物、合成香料的香精溶于乙醇的溶液，再加适量定香剂、色素等。香水通常含有10%~25%的香精。混合好的香水要经过1~3个月的低温陈化。香水陈化是静置在有安全装置的密闭容器中，陈化期中有一些不溶性物质沉淀出来，应过滤除去，以保证香水透明清晰。香水的调制十分重要，即刚刚制成的香水，香水未完全调和，需放置较长时间，这段时间称为陈化期。在陈化期中，香水的香气会渐渐由粗糙转变为醇和芳馥，此谓成熟或圆熟。乙醇对香水、古龙水等的质量都有很大影响，不能带有丝毫杂质，否则会对香气产生严重的破坏。一般香水、古龙水、花露水都用95%的乙醇。

基本配方（东方香型）

成分	含量 / %
檀香脑	1.2
香兰素	1.8
麝香酮	0.6
合成麝香	0.4
龙涎香醇	0.5
龙蒿	0.5
当归	0.1
香紫苏	0.6
岩兰草	1.2
沉香醇	0.6
广藿香	0.4
异丁紫香酚	0.7
甲基紫罗兰酮	1.0
橡苔	1.2
香柠檬	4.5
茉莉	0.4
玫瑰	0.3
冬青油	0.04
薰衣草	0.06
胡椒醇	0.7
依兰油	1.4
乙醇肉桂酯	0.5
安息香	1.0
乙醇（95%）	80.0

【实验内容与步骤】

1. 预处理

制造香水的原料如乙醇、香精和水必须纯净，不能带有杂质，所以使用前要经过预处理，这样才能保证产品外观清澄、气味醇和、香气圆润。

① 酒精的预处理　包括纯化和陈化。纯化有两种常用的方法，即酒精加碱回流法和高锰酸钾氧化法，目的是去除杂质。在乙醇中加入氢氧化钠，煮沸回流数小时后，再经一次或多次分馏收集香气最纯正的部分用来配制香水，或可以在酒精中加入高锰酸钾溶液，迅速搅拌后静置，滤去沉淀，再加入活性炭，放置数天后，再经过硅胶过滤，进一步吸收杂质，在纯化后的酒精中放入少量香料，在15℃下密封放置数月，陈化。

② 香精的预处理　在香精中加入少量预处理的乙醇，陈化1个月后使用。

③ 水的预处理　蒸馏或灭菌去离子水，通常用柠檬酸钠或EDTA来去除金属离子。

2. 混合

将乙醇、香精和水按一定比例放入不锈钢或搪瓷、搪银、搪锡的容器中，搅拌混合放置一段时间，让香精中的杂质成分沉淀，这样成品的澄清度及在寒冷条件下的抗混浊都有改善。

① 按比例精确称量各配方中的组分，液体可用移液管吸取所用体积。

② 先将乙醇放入密闭容器内，同时加入香精、色素，轻轻搅拌，最后加去离子水混合均匀，然后密封储存。

3. 陈化

为保证香气质量，将配制好的香水先要进行低温静置贮存。普通香水至少静置一个星期以上，高级香水要静置一个月以上。

4. 冷冻

陈化完毕后，将容器取出，在-5℃下冷冻3h。香水遇到较低温度，就会变成半透明或雾状物，此后如加热也不会澄清，就此始终浑浊，因此，香水必须冷冻后再进行过滤。

5. 过滤

取出溶液静置片刻后用滤纸过滤，将冷冻后的一些不溶性物质沉淀出来。可反复多次过滤，最终使所得物质澄清透明。

6. 调整

经过过滤后，香水色泽可能会变淡，另外乙醇也可能有所挥发，所以需在后期调整色泽和乙醇的含量。

7. 装瓶

先用蒸馏水清洗瓶子，装瓶时应在瓶颈处留一些空隙，防止贮藏期间瓶内溶液受热膨胀使瓶子破碎。

实验十　洗发香波的制作

【实验目的】

学会制作洗发香波，了解洗发产品的主要原料构成及制作原理。

【实验用品】

仪器：烧杯、量筒、吸管、量筒瓶、玻棒、电子天平、温度计。

药品：十二烷基硫酸钠、椰子油单乙醇酰胺、丙二醇单硬脂酸脂、硬脂酸、氢氧化钠、去离子水、香精。

【实验原理】

专门用于洗涤头发用的化妆品称为发剂或香波，它上有表面活性剂为主要成分制成的液体状、固体状或粉状的制品。用香波洗头不仅能除去头发头皮上的污垢，对人体健康无不良影响，而且能对头发、头皮的生理机能起促进作用，还会使头发光亮、美观、和顺，起到美发作用。

普通香波应具备：有适度的去污能力；起泡性好，且在常温下泡沫稳定；梳理性好，头发洗后不硬，有光泽；温和，对眼睛安全，不引起头痒和产生头屑。

基本配方

成分	含量 / %
十二烷基硫酸钠	20.0
椰子油单乙醇酰胺	1.0
丙二醇单硬脂酸脂	2.0
硬脂酸	5.0
氢氧化钠	0.75
去离子水	71.25
香精	适量

【实验内容与步骤】

1. 配置方法

（1）精确称量各组分。

（2）将硬脂酸加入去离子水中，加热至90℃溶解。

（3）在搅拌下，将十二烷基硫酸钠、氢氧化钠、椰子油单乙醇酰胺、丙二醇单硬脂酸脂依次加入，混合均匀。

（4）将混合液冷却至55℃，加入香精，缓缓搅拌混匀。

（5）静置后即得到成品。

2. 注意要点

（1）黏度　提高表面活性剂用量有助于提高黏度。

（2）耐热耐寒性能　配方中的盐不利于耐寒性能。

（3）pH的稳定性　应加入适量缓冲剂。

参考文献

1. 韦尔立. 化妆品化学［M］. 北京：高等教育出版社，1995.
2. 刘尧. 化学［M］. 北京：高等教育出版社，1998.
3. 毛培坤. 化妆品功能性评价和分析方法［M］. 北京：中国轻工业出版社，1998.
4. 德田胜彦著，陈素铃译. 香水宝典（日）［M］. 北京：世界图书出版公司北京公司，1999.
5. 王淑芳. 实用化学［M］. 苏州：苏州大学出版社，2000.
6. 顾莉琴. 化妆品学［M］. 北京：中国商业出版社，2000.
7. 陈玲. 化妆品化学［M］. 北京：高等教育出版社，2002.
8. 李明阳. 化妆品化学［M］. 北京：科学出版社，2002.
9. 贺孟泉. 美容化妆品学［M］. 北京：人民卫生出版社，2002.
10. 吴永宁. 现代食品安全科学［M］. 北京：化学工业出版社，2003.
11. 冯凤琴. 食品化学［M］. 北京：化学工业出版社，2005.
12. 黄桂宽，李雪华. 实用美容化学［M］. 北京：科学出版社，2005.
13. 沃森（英）. 食品化学安全［M］. 北京：中国轻工业出版社，2006.
14. 周立国. 精细化学品化学［M］. 北京：化学工业出版社，2007.
15. 王明慧. 精细化学品化学［M］. 北京：化学工业出版社，2009.
16. 孙秀兰. 食品安全化学污染防治［M］. 北京：化学工业出版社，2009.
17. 裘炳毅. 化妆品工艺的物理化学基础［M］. 北京：中国轻工业出版社，2010.